BIBLIOTHÈQUE DE L'ENSEIGNEMENT TECHNIQUE

LES MACHINES

LEUR HISTOIRE
LEUR DESCRIPTION, LEURS USAGES

PAR

ÉMILE WITH

INGÉNIEUR CIVIL

5e Livraison.

PARIS

LIBRAIRIE POLYTECHNIQUE

J. BAUDRY, LIBRAIRE-ÉDITEUR

RUE DES SAINTS-PÈRES, 15

LIÉGE, MÊME MAISON

1873

[illegible]

DESCRIPTION, [illegible]

PAR

EMILE [illegible]

[illegible]

PARIS

[illegible] POLYTECHNIQUE

[illegible]

[illegible]

[illegible]

LES MACHINES

PARIS. — TYPOGRAPHIE A. HENNUYER, RUE DU BOULEVARD, 7.

BIBLIOTHÉQUE DE L'ENSEIGNEMENT TECHNIQUE

LES MACHINES

LEUR HISTOIRE
LEUR DESCRIPTION, LEURS USAGES

PAR

ÉMILE WITH

INGÉNIEUR CIVIL

TOME SECOND

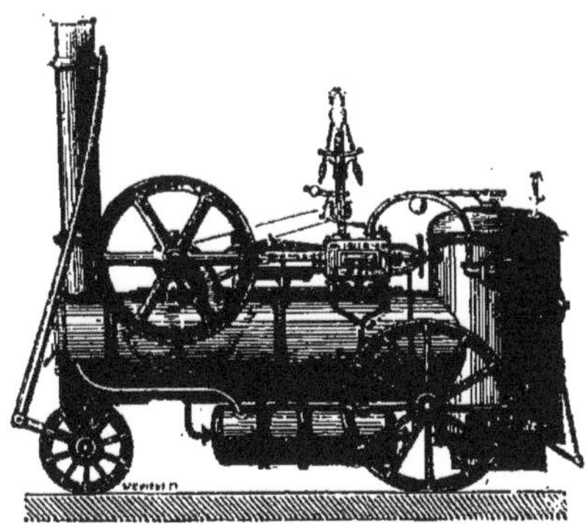

PARIS

LIBRAIRIE POLYTECHNIQUE
J. BAUDRY, LIBRAIRE-ÉDITEUR
RUE DES SAINTS-PÈRES, 15
LIÉGE, MÊME MAISON

1873

LES MACHINES

CHAPITRE XV.

MACHINES A VAPEUR.

HISTORIQUE.

L'application de la vapeur d'eau au mouvement des machines est déjà très-ancienne ; mais les machines à vapeur dont on se sert aujourd'hui sont de date récente. Elles n'ont pas été créées instantanément comme l'imprimerie à caractères mobiles, ou la poudre à canon, ou la photographie ; l'idée en a germé pendant des siècles, s'est développée petit à petit, et ce n'est qu'à force d'un labeur continuel qu'on les a rendues pratiques et qu'on a pu les généraliser.

Pour retrouver les traces de cette invention, il faut remonter à l'antiquité. L'éolipyle de Héron d'Alexandrie est le premier engin à vapeur que nous connaissions : c'est une boule creuse en airain tournant sur un axe horizontal ; elle est munie de deux tuyaux perpendiculaires, l'un en haut l'autre en bas, et recourbés à leur extrémité ; elle est à moitié remplie d'eau et placée sur le feu ; la vapeur se dégage et, en sortant des tubes, produit par sa réaction la rotation de cette boule.

Voici donc un mouvement de produit ; mais quant à l'utiliser comme force motrice, personne n'y a songé jusqu'à Salomon de Caus, qui, en 1615, employa la pression de la vapeur pour élever l'eau. Dans son système, la sphère est fixe, un tube droit vertical y est introduit.

La vapeur presse sur l'eau, qui monte dans ce tube à une hauteur en rapport avec cette pression ; au fur et à mesure qu'elle s'élève et s'écoule, une nouvelle quantité en est introduite dans la boule par une ouverture munie d'un entonnoir. Cet entonnoir peut être fermé au moyen d'un robinet, afin que la vapeur ne s'échappe pas.

Quelques années après cette tentative, Branca, ingénieur italien, proposa une autre application de cette sphère. Devant le tube par lequel sort la vapeur, se trouve une roue avec des palettes ; sur ces palettes frappe la vapeur, et la roue tourne. Voilà donc la machine rotative déjà imaginée ; mais elle enseigna que la vapeur libre ne produit qu'un effet minime.

En 1660, le marquis de Worcester donna la description d'un moyen qu'il disait avoir inventé pour élever l'eau ; ce moyen n'est autre que celui de Salomon de Caus, c'est-à-dire la boule chauffée ; seulement Worcester en proposa deux pour éviter la perte de temps occasionnée pendant le remplissage de la boule unique; cet essai s'arrêta là.

Dans l'appareil du capitaine Savery, la vapeur n'est plus formée par l'eau à élever, mais par une masse d'eau séparée dans une chaudière ; et elle passe alternativement dans deux récipients remplis d'eau et installés à proximité ; elle presse sur l'eau et la fait monter ; puis les récipients se refroidissent. La vapeur se condense et produit le vide. L'eau d'un bassin inférieur ou d'un puits est ainsi aspirée et remplit ces récipients de nouveau. Un jeu de soupapes règle cette marche.

L'eau à élever ne se trouve pas dans la chaudière, comme précédemment ; mais par le contact continuel de la vapeur elle ne s'échauffe pas moins, et il est même indispensable qu'il en soit ainsi, sans cela la vapeur en la touchant se condenserait de suite et ne pourrait plus exercer aucune action. Alors, pour élever de l'eau, il faut commencer par la chauffer ; c'est donc du calorique ou du combustible de perdu.

Afin d'obvier à ce grave inconvénient, Papin laisse flotter le piston sur l'eau dans le cylindre ; la vapeur presse sur ce piston qui est à peu près inerte quant à l'absorption du calorique; elle reste chaude et l'eau reste froide désormais.

Jusqu'à présent, cette machine bornait l'emploi de sa force à élever de l'eau. Papin voulait en faire un moteur ; à cet effet, il recueillait l'eau dans un bassin supérieur, puis la laissait retomber sur une roue à palettes. Ce n'était donc qu'une chute d'eau artificielle qu'il avait ainsi créée ; mais il n'y donna pas suite ; il s'occupa de faire agir la vapeur sur le piston d'un cylindre, dans lequel il versait de l'eau, puis il poussait ce piston qui avait une petite ouverture par laquelle l'air s'échappait ; quand il se trouvait sur la surface de l'eau, on fermait cette ouverture avec une tringle et on allumait du feu sous le cylindre. La vapeur en se dégageant soulevait le piston comme le couvercle d'une marmite ; on retirait alors le feu, la vapeur se condensait, l'air pressait sur le piston, qui en descendant soulevait un poids attaché à une corde enroulée sur des poulies. On rallumait le foyer, et ce jeu recommençait, car il n'était pas nécessaire de renouveler l'eau.

La première machine à vapeur pratique a été construite vers 1700, par Newcomen, serrurier à Southampton, en Angleterre. On l'avait employée et on l'emploie encore quelquefois pour l'épuisement des eaux de mines. Son principe repose sur la production du vide dans un cylindre, afin que l'atmosphère puisse agir par son poids sur un piston. Papin avait fait disparaître la vapeur en enlevant le feu et Newcomen en la condensant par l'eau froide, qu'il injectait dans le cylindre au lieu de la faire tomber sur sa surface extérieure.

L'atmosphère seule agit ; de là le nom de *machine atmosphérique* qu'on a donné à cet appareil qui est coûteux, car il perd beaucoup d'eau et brûle beaucoup de charbon.

On a dès lors cherché un meilleur emploi de ces derniers éléments, en donnant à la vapeur une tension supérieure à l'atmosphère et on a créé la machine à haute pression sans condensation et avec l'échappement de la vapeur après la production de l'effet mécanique.

C'est encore Papin qui a réalisé cette idée qu'il cherchait à appliquer à la propulsion des bateaux. Sa chaudière est surmontée de deux cylindres et communique avec eux alternativement au moyen d'un robinet. Les tiges des pistons sont attachées à des manivelles, à des bielles et à des balanciers qui transmettent le mouvement.

C'est ici que s'arrête la première période de l'histoire des machines à vapeur. La seconde période est occupée uniquement par les inventions de James Watt, qui cherchait à donner aux mécanismes une marche régulière et économique surtout, car les machines primitives brûlaient presque toute la houille qu'elles extrayaient du fond des mines.

Ses inventions sont presque toutes indiquées dans la patente qui lui fut octroyée en 1770 par le Parlement anglais.

Voici le texte de ce curieux document :

Ma méthode pour diminuer la consommation de la vapeur et par suite la dépense de combustible dans les machines à feu, consiste dans les principes suivants :

1° Le vase dans lequel la force de la vapeur est employée pour faire marcher la machine, doit, pendant tout le temps que la machine est en mouvement, être maintenu au même degré de chaleur que la vapeur qui s'y introduit. A cet effet, je l'enferme d'abord dans une enveloppe en bois, puis je l'entoure de vapeur;

2° Dans les machines qui sont mues soit en totalité, soit en partie, en employant la condensation de la vapeur, ce fluide doit être condensé dans des vases séparés des cylindres à vapeur, mais qui, au besoin, peuvent communiquer ensemble ; j'appelle ces vases *des condenseurs ;*

3° La portion d'air ou tout autre gaz qui n'est pas condensé par l'action du condenseur et qui peut être un obstacle au mouvement de la machine doit être expulsé des condenseurs à l'aide de pompes ;

4° Je me propose d'employer dans plusieurs cas la force expansive de la vapeur pour agir sur les pistons, de la même manière que l'on se sert aujourd'hui de la pression atmosphérique pour les machines à feu ordinaires. Dans les cas où l'on ne peut se procurer toute l'eau nécessaire, les machines peuvent être mises en mouvement par la force de la vapeur seule en laissant échapper la vapeur dans l'air, après qu'elle a fonctionné.

Depuis James Watt, les machines à vapeur sont restées stationnaires, car les améliorations successives qu'elles ont reçues ne se rapportent qu'à des détails, et nullement à de nouveaux principes. La détente de la vapeur et l'emploi de la haute pression, dont aujourd'hui on fait un usage général, avaient déjà été indiqués par cet ingénieur, mot qu'on devrait faire dériver plutôt de *génie*, que d'*engin*, chaque fois qu'on parle de ce grand homme.

La connaissance détaillée de ces machines et leur conduite forment le métier, disons l'art du mécanicien, ou plus correctement du machiniste. Il ne peut guère être enseigné dans des livres.

On avait proposé d'instruire les conducteurs de machines dans des écoles spéciales, mais on n'a pas donné suite à ce projet. La pratique est préférable ; aussi les jeunes ingénieurs, pour compléter leur éducation, feront toujours bien de servir comme chauffeurs, puis comme mécaniciens pendant six semaines au moins ; cela vaut mieux qu'un cours théorique de six mois; ils deviendront alors aptes à contrôler le travail de leurs subordonnés.

Les administrations de chemins de fer et de bateaux à vapeur forment leur personnel sur les locomotives, dans les cabines ou les dépôts. Il faut croire qu'elles ont raison ; pour mon compte, je n'aimerais pas voyager dans des trains ou des steamers qui seraient conduits par un savant, eût-il même écrit de forts beaux volumes sur la mécanique (*).

§ 1. — PRODUCTION ET EMPLOI DE LA VAPEUR.

Les anciens confondaient l'air avec la vapeur. Vitruve dit en parlant des *éolipyles :* « Ce sont des boules d'airain creuses qui n'ont qu'un très-petit trou par lequel on les remplit d'eau ; elles ne poussent aucun air avant d'être échauffées ; mais étant mises sur le feu, aussitôt qu'elles sentent la chaleur, elles envoient un vent impétueux, et enseignent par cette petite expérience, des vérités importantes sur la nature de l'air et des vents. »

La découverte des propriétés de la vapeur est moderne. Leur étude nous présente des phénomènes très-curieux et très-instructifs qui nous conduisent à des applications importantes dans les arts et métiers.

La mesure des degrés de la chaleur. — L'eau chauffée dans un vase ouvert, entre en ébullition ; on y plonge un thermomètre et on trace une marque au point où est monté le mercure ; on plonge ensuite ce thermomètre dans de la glace fondante, on fait une autre marque ; on divise l'intervalle en un certain nombre de parties, et on a les degrés thermométriques.

Cette introduction à une théorie des machines à vapeur, qui pour-

(*) Salomon de Caus, né en Normandie vers 1600. Il s'occupa de physique et d'alchimie. Ses travaux sont indiqués dans son livre intitulé : *les Raisons des forces mouvantes avec diverses machines.*

Denis Papin, médecin à Paris, vers 1700 ; comme protestant, il dut quitter la France ; il se réfugia à Marbourg dans l'Electorat, où il inventa un appareil connu sous le nom de *digesteur* ou *marmite de Papin* servant à cuire la viande ; c'était une chaudière.

James Watt est né en 1736, en Angleterre ; il commença par être apprenti opticien à Glasgow. Tout en réparant les appareils de physique, entre autres un modèle de la machine de Newcomen, destinés à l'instruction des élèves, il découvrit de notables améliorations à introduire dans la machine à vapeur.

La biographie de ces illustres personnages se trouve dans le livre intitulé : *les Inventeurs et leurs Inventions*, par Emile With.

rait paraître puérile aux esprits superficiels, a pour but de préparer les lecteurs à la compréhension de la mesure du calorique qui sert à évaluer la puissance de la vapeur. On entend dire souvent : il y a 20 degrés de chaleur en France, et 40 en Espagne ; donc en Espagne il fait deux fois plus chaud qu'en France. Mais en Sibérie on a 20 degrés de froid ; s'ensuit-il qu'il y fait quarante fois moins chaud qu'en France, ou soixante fois plus froid qu'en Espagne? Nullement. L'unité avec laquelle on puisse mesurer le chaud et le froid n'est pas encore inventée, et l'indication des degrés n'est qu'un terme de comparaison. Ainsi un distillateur sait que, si le thermomètre marque tel chiffre, il faut mettre telle substance dans la chaudière ; les entrepreneurs de chauffage des édifices publics doivent maintenir constamment le thermomètre à telle hauteur, etc.

Du reste, les dénominations *chaud* et *froid* sont conventionnelles ; nous disons : au point zéro cesse le froid et commence la chaleur ; mais le zéro en lui-même, où est-il généralement? On le place, nous l'avons vu, au point où l'eau commence à geler, et où la glace commence à dégeler, c'est un point que l'imagination a de la peine à saisir. On voit au moment du dégel des tas de neige qui fondent ; il se forme de petits ruisseaux qui se couvrent d'une croûte de glace.

Le physicien Fahrenheit a pris pour points extrêmes le bouillonnement de l'eau et la congélation du mercure qui est son point zéro à 32 degrés au-dessous de la glace fondante ; il a divisé cet espace en 212 degrés ; on ne sait pas par quelle raison il a pris ce chiffre qui ne correspond à rien.

Nous nous en tiendrons à la glace fondante et à la division en 100 degrés (centigrades) ; c'est la division scientifique, technique ; mais le public admet toujours les 80 degrés de Réaumur. Le nom de Réaumur est plus populaire que celui de Celsius, inventeur du thermomètre centigrade.

La mesure de l'effet de la chaleur. — Quand il s'agit de mesurer l'effet que la chaleur a produit, on se sert d'une unité qui est la *calorie ;* elle représente la quantité de calorique nécessaire pour élever de 0 à + 1 degré centigrade la température de 1 litre ou kilogramme d'eau. Ainsi pour 1 000 litres d'eau à 15 degrés qu'on veut chauffer à 80 degrés, il faut employer 1 000 × (80 — 15) ou 65 000 calories.

Les différents corps n'exigent pas la même quantité de chaleur pour passer de 0 à + 1 degré ; la chaleur nécessaire pour y arriver est la *chaleur spécifique*. Si la chaleur spécifique de l'eau est 1, celle du fer est 0,12 ; de la fonte 0,13 ; du cuivre 0,09.

La puissance calorifique des combustibles. — La quantité de chaleur que les divers combustibles peuvent fournir, ou leur puissance calorifique, a été déterminée par les physiciens dans leurs laboratoires, et par les praticiens dans leurs usines ; les uns ont opéré délicatement sur de petites quantités et ont jugé du petit au grand, les autres ont opéré sommairement sur de grandes masses et ont jugé du grand au petit. Finalement ils sont tombés d'accord et nous ont donné les chiffres suivants, qui se rapportent aux combustibles employés dans les machines.

1 kilogramme de bois séché à l'air, donne......	2 900	calories.
— — au four...........	3 600	—
— de charbons de bois ordinaire....	6 000	—
— de charbon de bois ordinaire sec..	7 000	—
— de tourbe....................	1 500	—
— de charbon de tourbe...........	5 800	—
— de coke......................	7 050	—
— de houille de 1re qualité	7 030	—
— — 2e qualité	6 400	—
— — 3e qualité	5 000	—
— d'huile de pétrole..............	9 000	—

Comme les bois employés en grand sont mesurés au volume, nous indiquerons ci-dessous les calories que peut fournir 1 stère des diverses essences (*).

Aune	(stère) donne................	1 300 000	calories.
Bouleau	—	1 520 000	—
Charme	—	1 570 000	—
Chêne	—	1 550 000	—
Hêtre	—	1 600 000	—
Pin	—	1 300 000	—
Sapin	—	1 400 000	—

(*) Les bois à l'état ordinaire renferment près de 30 pour 100 d'humidité. Le bois de sapin contient, par stère, 140 kilogrammes de charbon et 7 kilogrammes de cendres ; le hêtre renferme 190 kilogrammes de charbon et 30 kilogrammes de cendres. L'hydrogène contenu dans un stère de bois pèse 3 kilogrammes en moyenne.

La transformation de l'eau en vapeur. — Ce phénomène qui se passe sous nos yeux n'est pas aussi simple qu'il le paraît à première vue. Quand on chauffe de la glace, il se forme un mélange de glace et d'eau, dont la température reste la même. Le thermomètre qu'on y plonge marquera toujours zéro, jusqu'à ce que la glace soit entièrement fondue. Si la chaleur continue à affluer, elle agit de nouveau sur le thermomètre, puisque l'eau devient de plus en plus chaude; puis il s'arrête à 100 degrés; la chaleur ne s'emploie plus qu'à vaporiser l'eau, et elle se cache dans la vapeur, c'est la *chaleur latente*. Si la vapeur se condense, ou se réduit à l'état liquide, elle dégage cette chaleur qui devient alors *patente*; elle augmente la température des corps où elle se condense.

La vaporisation peut avoir lieu de deux manières : à la surface, ce qui est l'*évaporation;* ou dans l'intérieur du liquide ce qui est l'*ébullition.*

L'eau peut être transformée en vapeur dans un vase ouvert, ou dans un vase fermé, et voici dans quelles conditions :

L'eau chauffée dans un vase ouvert s'élève à 100 degrés; sa température ne peut dépasser cette limite, à laquelle, d'après la définition du thermomètre, l'eau commence à bouillir; l'excès de chaleur est employé à produire la vapeur; cette production continue jusqu'à ce qu'il n'y ait plus d'eau.

Dans un vase fermé, par exemple, une chaudière, la production de la vapeur a lieu tout autrement. Il est bien entendu que le vase n'est pas rempli en entier, car alors il ne se produirait pas de vapeur du tout. Mais s'il y a un espace vide ou rempli d'air, la vapeur se forme, puis elle s'échauffe, se comprime en vertu de son élasticité, et cherche à s'échapper avec une énergie proportionnelle à la quantité du combustible consommé. Si la vapeur est contenue dans un vase dont les divers points n'ont pas la même température, sa force élastique est celle qui correspond à la plus basse température de ces points.

Si la température de l'eau ne change pas, il ne se produit plus de vapeur; la vapeur a atteint sa tension maxima; c'est la *vapeur saturée;* on dit aussi : l'espace où la vapeur se trouve est saturé, ou l'espace est rempli de vapeur saturée. La vapeur à saturation fait équilibre par sa tension à une nouvelle production de vapeur; si on la laisse échapper, l'ébullition de l'eau recommence, et avec elle la formation de nouvelle vapeur.

L'air n'agit pas sur la vapeur, si ce n'est qu'il retarde la production de cette dernière par la pression qu'il exerce sur elle. Cette pression vaincue, les molécules de vapeur se logent peu à peu dans les molécules d'air ; c'est un mélange. Dans le vide, la vapeur se forme instantanément; sur les hautes montagnes, l'eau bout déjà à 80 degrés, parce que l'air y est raréfié.

Les conditions de la production de la vapeur. — Elles sont exprimées par les formules suivantes :

La quantité (q) de chaleur contenue dans un poids (p) donné de vapeur à la température t (en degrés centésimaux) est $q = p\,(550 + t)$ calories. Il faut 550 calories pour vaporiser 1 litre d'eau.

La quantité (c) de combustible nécessaire pour obtenir un poids (p) donné de vapeur, ou pour transformer le même poids (p) d'eau en vapeur à une température donnée est : $c = \frac{p}{n}\,(550 + t')$ kilogrammes.

(t' est la différence des températures entre l'eau à vaporiser et celle de la vapeur à produire ; n le nombre des calories que produit un kilogramme déterminé de combustible dans un foyer ordinaire.)

La quantité d'eau nécessaire (u) à la température (t) qu'il faut ajouter à un poids (p) de vapeur à la température (t') pour que le mélange soit à la température (t'') est : $u = \frac{p\,(550 + t' + t'')}{t'' - t}$.

La quantité de vapeur (p) nécessaire pour élever la température de l'eau ressort de la formule précédente; cette quantité est : $p = \frac{u\,(t'' - t)}{550 + t' + t''}$.

La densité de la vapeur d'eau ou le poids (a) de 1 mètre cube de vapeur en kilogrammes est : $a = \frac{0{,}78r}{1 + 0{,}004t}$.

(r est la pression en kilogrammes par centimètre carré ; t la température centigrade.)

Enfin le volume de 1 kilogramme de vapeur (v), lorsqu'on connaît sa température et sa tension, est : $v = \frac{348}{h}\,(270 + t)$.

(h est la colonne de mercure qui indique la tension de la vapeur et t sa température.)

Tout se perfectionne dans l'industrie ; il n'est donc pas surprenant qu'on substitue quelquefois à de vieilles formules empiriques des formules nouvelles. La manière d'envisager les phénomènes physiques peut avoir changé, ou des expériences plus correctes ont pu indiquer d'autres coefficients. Dans le cas qui nous préoccupe, on a donc substitué à la première formule de cet article la formule suivante : $q = p\,(606 + 0{,}305t - t')$ calories.

S'il s'agit de trouver le poids de la vapeur formée par une calorie, ou le poids de la vapeur produite par 1 kilogramme de combustible, on peut déduire ces quantités de cette dernière équation.

L'élasticité de la vapeur. — La force élastique de la vapeur, ou sa compressibilité, s'accroît jusqu'à un maximum qui dépend de la température de l'eau. Si cette température n'augmente pas, répétons-le, il ne se produit plus de vapeur ; l'espace où elle se trouve est saturé, la température de l'eau étant tenue au même point, car la pression de la vapeur est liée à sa température ; l'une ne peut ni s'abaisser ni s'élever, sans que l'autre suive ces mêmes degrés.

Pour se rendre compte de la tension énorme que la vapeur peut acquérir, il faut considérer qu'un cube d'eau est transformé en 1 700 cubes de vapeur dans un vase ouvert. Les molécules de vapeur sont donc 12 fois plus éloignées les unes des autres que les molécules d'eau, puisque le nombre 12 au cube donne environ le chiffre 1 700. L'élasticité de la vapeur est exprimée par les chiffres du tableau ci-après.

Température de la vapeur en degrés centésimaux.	Tension de la vapeur exprimée par la hauteur d'une colonne de mercure en mètres.
0	0,005
+10	0,009
20	0,017
30	0,032
40	0,055
60	0,149
80	0,355
100	0,760
110	1,075
130	2,030
150	3,581
170	5,762
190	9,442
200	11,690
220	17,390
230	20,930

Observations. — On obtient la tension de la vapeur exprimée en atmosphères, en multipliant les chiffres de la seconde colonne par 1,32; et en pression sur $0^{mq},0001$ (kilogrammes) en les multipliant par 1,03.

Comme on le pense bien, on n'a pas fait une expérience spéciale pour chaque degré; on a pris des points de repère et on a calculé proportionnellement les termes intermédiaires. Du reste, dans les machines on ne s'occupe que des hautes pressions de la vapeur, qui augmentent rapidement, à mesure que la température s'élève. On peut admettre que la force élastique des vapeurs croît en progression géométrique, quand les températures croissent en progression arithmétique.

La transformation de la chaleur en mouvement.— C'est la faculté de dilatation ou de tension que possèdent la vapeur ou d'autres gaz, qui constitue le principe des machines à vapeur, à air chaud, à gaz d'éclairage, etc. En effet si la chaudière communique avec un cylindre et son piston, ce dernier peut prendre un mouvement par la force de cette vapeur. Cette action a lieu tant qu'il y a formation de vapeur par l'eau et le feu, ou toute autre émission spontanée; ce qui est la théorie de la transformation de la chaleur en mouvement. La vapeur perd son calorique, au fur et à mesure que le piston s'élève, et c'est cette chaleur perdue ou utilisée qui s'est transformée en mouvement.

L'unité pratique de mesure de la pression de la vapeur. — C'est l'atmosphère; quelquefois aussi on mesure directement la pression par le poids, et on dit : la vapeur dans la chaudière presse de tant de kilogrammes sur $0^{mq},0001$.

On appelle *basse pression* une pression de 1 atmosphère et demie; — *moyenne pression*, de 2 à 4 atmosphères; — *haute pression*, de 5 atmosphères et au delà. Quelques praticiens ont porté la pression jusqu'à 10 atmosphères. Il est facile d'arriver même à des tensions supérieures, car elles se produisent à des températures au-dessous de 200 degrés. On peut donc, avec de petits pistons, comme dans les locomotives, obtenir des effets considérables. Mais il ne faut guère dépasser 7 atmosphères; car au delà les fuites de vapeur sont à craindre, les réparations deviennent plus fréquentes, et les explosions plus terribles.

La condensation de la vapeur. — Elle peut avoir lieu de deux manières :

Premièrement, si une masse de vapeur est mise en communication avec un espace dont la température est inférieure à celle de cette vapeur, la condensation se produit jusqu'à ce que la température de la vapeur corresponde à celle de cet espace.

Secondement, si l'on diminue le volume de la vapeur au delà de sa force élastique correspondant à sa température, cette élasticité n'augmentera plus ; une partie de la vapeur se condensera en repassant à l'état liquide ; si ensuite on augmente l'espace dans lequel la vapeur peut se répandre, l'eau de condensation reprendra son état de vapeur. (Voir le paragraphe *Condenseurs.*)

L'appareil à mesurer la détente de la vapeur. — Nous connaissons déjà les manomètres ; ils donnent la pression qui existe dans la chaudière. Mais quand il s'agit d'évaluer le travail du moteur, il faut connaître la pression dans le cylindre. Il est clair qu'elle ne peut pas être déduite de celle dans la chaudière ; car la chaudière est chaude, le cylindre ne l'est pas, et la vapeur s'y refroidit ; en outre elle agit avec détente. On en mesure donc directement la pression au moyen d'un appareil spécial que nous allons faire connaître.

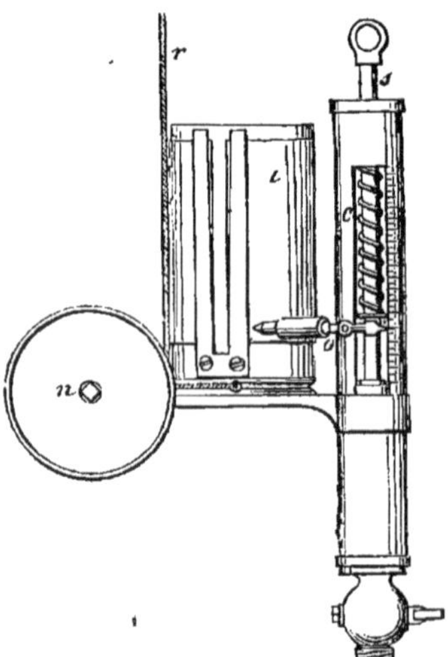

Fig. 289.

L'*indicateur Watt* (fig. 289) se compose d'un petit cylindre avec un piston et vissé sur le cylindre moteur. La vapeur — si sa pression augmente — fait monter ce piston qui, avec sa tige, comprime un ressort ; si la pression diminue, ce ressort fait descendre le piston. Cette montée et cette descente sont inscrites par des diagrammes sur une feuille de papier au moyen d'un crayon dont la tige du petit piston est munie. On n'a qu'à regarder le dessin pour se rendre compte de ce mécanisme. En bas à la lettre *a* la vapeur doit entrer et pousser le piston enfermé dans le cylindre *c ;* on voit dans sa capsule le ressort qui pousse en sens inverse sur la tige du piston, ainsi que le crayon *s* qui dessine, en montant et en descendant. Le rouleau de papier, sur lequel s'appuie le crayon, tourne, et ce sont ces deux mouvements combinés du rouleau et du crayon qui donnent naissance aux diagrammes, au moyen desquels on évalue la puissance des machines ; puisque la hauteur de la ligne diagrammatique donne la pression de la vapeur, et puisque la distance horizontale mesure la course du piston. Or, pression et course multipliées ensemble, sont l'expression du travail d'une machine à vapeur. N'oublions pas de dire que la pression de la vapeur est aussi indiquée en atmosphères par le mouvement du ressort sur une échelle graduée attachée au petit cylindre.

Il ne reste plus qu'à expliquer de quelle façon tourne le papier avec le cylindre sur lequel il est enroulé. C'est la machine elle-même qui produit ce mouvement. A cet effet une corde r enroulée sur le cylindre n est attachée à la tige du piston de la machine à vapeur. Ce cylindre n porte en arrière un petit treuil sur lequel s'enroule une deuxième corde fixée au cylindre du papier. Lorsque la tige du piston à vapeur fait un mouvement, elle tire la corde r. Le tambour tourne, le treuil tourne, de même que le papier. Si la tige fait un mouvement inverse, toutes les pièces retournent à leur place par un ressort caché dans le cylindre du papier, qui reçoit donc un mouvement de rotation alternatif. Comme toutes les conceptions mécaniques, cet indicateur aussi n'est pas parfait : l'inertie de ses organes et les frottements du piston peuvent donner lieu à des erreurs ; néanmoins il rend de bons services, quand il s'agit de régler la distribution et la détente, car il offre le moyen de suivre la marche de la vapeur avec une exactitude suffisante pour la pratique.

La détente, ou expansion de la vapeur. — C'est la faculté que la vapeur possède de se détendre, quand elle est enfermée dans le cylindre, et quand la communication avec la chaudière est fermée. Pendant la détente, le piston continue à marcher en raison de sa vitesse acquise, et, en raison de cette détente de la vapeur, qui agit comme un ressort, le piston arrive au fond avec une faible vitesse. Quand au contraire la communication avec la chaudière reste ouverte, elle permet l'entrée d'une manière continue de la vapeur qui agit par ébullition ou en pleine pression. Le piston arrive animé d'une très-grande vitesse au fond du cylindre, et sa force vive est perdue comme travail.

James Watt eut le premier l'idée de la détente, mais il n'y donna pas suite.

Par quelles raisons fait-on agir la vapeur avec détente? Pour adoucir le mouvement et pour économiser la vapeur à pleine pression, qui coûte du combustible.

La quantité de vapeur qu'on admet à la détente n'est pas constamment la même; elle dépend de la puissance de la machine qui doit être variable suivant la résistance. La détente doit donc l'être aussi; c'est ce qu'on appelle la *détente variable,* et on applique cette dénomination également au mécanisme qui produit cette variation à volonté. Nous verrons plus loin que ce n'est pas précisément une soupape qui permet cette détente variable; il suffit que le tiroir laisse un passage plus ou moins grand à l'entrée de la vapeur.

Un calcul très-simple conduit au résultat exemplaire que voici : le travail de la vapeur à pleine pression dans une course de piston est de deux fois et demi plus grand que le travail avec détente si elle commence au sixième de la course; mais, comme pour le travail sans détente il faut six fois plus de vapeur, il y a économie à employer la détente.

La limite de la détente dans les machines à haute pression et sans condensation ne doit pas être inférieure à 1 atmosphère et demie.

Ces principes étant admis, on peut se rendre compte par une série de chiffres des avantages qui résultent de l'emploi de la vapeur avec détente. Au fur et à mesure qu'elle s'opère, avons-nous dit, le piston est soumis à des pressions de plus en plus faibles. La détente forme donc une espèce d'échelle; entre deux degrés de cette échelle la détente peut être considérée comme constante, si ces degrés sont très-rapprochés. En multipliant la pression due à la détente entre ces deux degrés par le chemin que parcourt le piston, et en additionnant tous ces produits, on obtient le travail exécuté pendant toute la durée de la détente; on y ajoute le travail avant la détente, et on aura le travail total.

Ainsi, au moment où commence la détente et où le piston aura à parcourir sa course totale — qui est divisée en 10 parties — le travail est égal à 1. S'il parcourt 1/10 (s'il ne lui reste plus que 9/10 à parcourir) le travail est de 1,11; enfin s'il est à fond de course (s'il ne reste plus que 1/10 à parcourir), le travail est de 3,3; on a alors le petit tableau suivant, dont les chiffres ont été déterminés par des expériences et le calcul :

Course du piston à effectuer.	Travail produit (unité abstraite).
1,0	1,00
0,9	1,11
0,8	1,22
0,7	1,36
0,6	1,51
0,5	1,69
0,4	1,92
0,3	2,20
0,2	2,61
0,1	3,30

Voici le travail produit par l'action de 1 mètre cube de vapeur avec la détente et à 1 atmosphère de pression :

Volume de la vapeur après la détente, en mètres cubes.	Quantité de travail fourni en kilogrammètres.
1,00	10,00
1,01	10,40
1,05	10,80
1,10	11,30
1,20	12,20
1,50	14,50
1,80	16,40
2,00	17,50
3,00	21,70
4,00	24,70
5,00	27,00
6,00	28,80
7,00	30,40

Les chiffres ci-dessus ne servent que de points de repère ; les chiffres intermédiaires se trouvent facilement par interpolation (*).

(*) Vitruve, architecte romain, vivait cent ans avant Jésus-Christ ; il a laissé un célèbre traité d'architecture.

Réaumur, physicien, né à la Rochelle en 1683.

Celsius, professeur d'astronomie à Upsal (Suède), mort en 1744 ; il avait adopté la division en 100 degrés avant l'invention du système décimal.

Fahrenheit, physicien, né à Dantzig (Prusse) ; vers 1700 il se fixa en Hollande ; il publia plusieurs écrits sur des questions d'histoire naturelle.

§ 2. — FOYERS.

Le foyer ou fourneau d'une machine à vapeur, dans lequel la combustion a lieu, se compose d'une cavité en maçonnerie ou en cuivre au bas de laquelle sont la grille et le cendrier. La flamme circule autour de la chaudière et passe ensuite par les carneaux pour se rendre dans la cheminée. Il y a aussi des foyers intérieurs : ce sont de vastes tubes qui traversent les chaudières (fig. 290). On les emploie pour

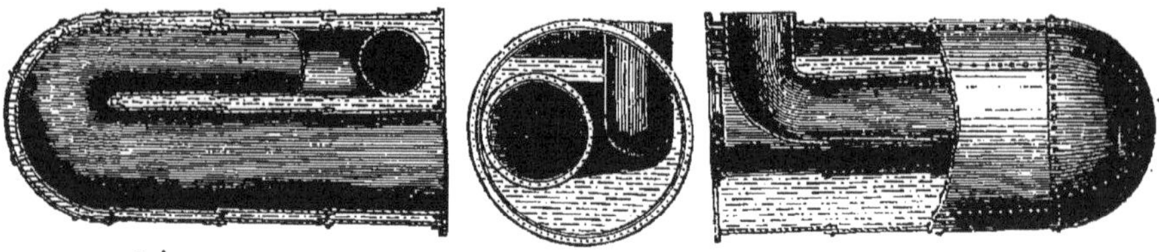

Fig. 290.

ne pas perdre la chaleur qu'absorbent les massifs de maçonnerie qui entourent les chaudières à foyer extérieur. Malheureusement dès que la pression de la vapeur augmente, ces tubes peuvent être écrasés. On remédie à ce grave inconvénient par la diminution de l'épaisseur de ces tubes, qu'on rachète en augmentant leur nombre, et on arrive ainsi aux *foyers tubulaires* ou plutôt aux *chaudières tubulaires*, ce qui est le terme consacré (fig. 291); les tubes traversent la chaudière et par conséquent en font partie. Nous les reprendrons dans le paragraphe suivant.

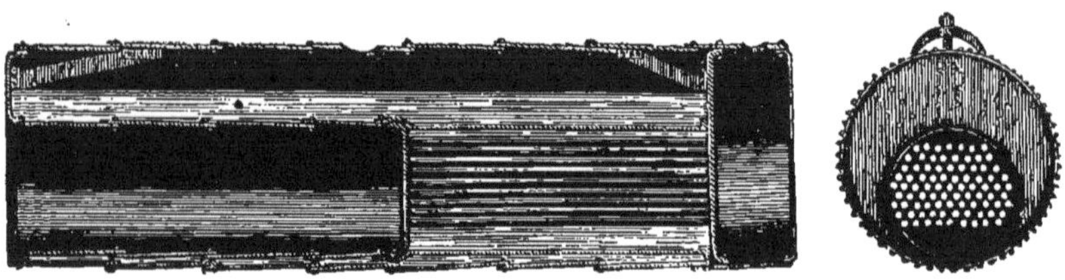

Fig. 291.

Les grilles. — Ces appareils sont composés d'une série de barres de fer ou de fonte en claire-voie convenablement espacées pour laisser un libre passage à l'air. L'espace vide est de 1/3 à 1/4 de la surface totale de la grille; les barreaux doivent avoir $0^m,02$ à la surface d'en haut et $0^m,01$ à la surface d'en bas; il faut laisser $0^m,01$ de vide.

Une longue expérience a appris que sur une surface de grille de 1 mètre carré on peut brûler 40 à 45 kilogrammes de houille par heure, à une épaisseur de $0^m,10$ et avec une hauteur de foyer de $0^m,30$; il est nécessaire que l'air puisse pénétrer aisément. Si c'est du coke, 1 mètre de surface brûle 50 kilogrammes par heure sur une épaisseur de $0^m,60$; une distance de 1 mètre est laissée entre la grille et le ciel du foyer. On peut calculer la surface de chauffe d'une machine à basse pression à raison de $0^{mq},06$ à $0^{mq},07$ par force de cheval.

Disons, en passant, que la fonte offre le désavantage de fondre, le fer de se détruire par l'oxydation, et qu'entre ces deux maux on est encore à chercher le moindre; en attendant on se sert de grilles en fer laminé, lequel coûte moins cher que le fer forgé.

Le cendrier. — C'est l'espace où tombent les cendres. Sa profondeur est limitée par la longueur de la grille; souvent on le prolonge, sous forme de voûte, dans toute la longueur du fourneau afin d'activer le tirage.

Les carneaux. — Ce sont des conduites latérales pratiquées autour des chaudières dans les fourneaux en maçonnerie pour livrer passage à la fumée qui se rend du foyer à la cheminée, et pour établir le plus grand contact possible entre l'air chaud et la surface qui sépare l'eau du feu, qu'on appelle *surface de chauffe*. La section des carneaux doit être calculée de façon que le tirage ne soit pas affaibli; on peut donner à cette section le quart de la surface totale de la grille.

Les cheminées. — Dans les machines à vapeur fixes les cheminées ont 20 à 25 mètres de hauteur. Pour 20 mètres de hauteur la section supérieure est 1/5 de la surface de la grille; au delà, cette section est de 1/6; la section inférieure est de 1/4. Il faut 18 mètres cubes d'air pour la combustion de 1 kilogramme de houille. Il existe donc une corrélation intime entre les dimensions de la grille et de la cheminée, pour obtenir un tirage convenable. Le tirage est naturel ou artificiel; dans ce dernier cas on emploie un jet de vapeur, comme nous le verrons à l'article *Locomotives*.

Les conditions d'équilibre du mouvement de l'air dans les cheminées peuvent être exprimées par les équations suivantes :

$$P = h(t - t');$$

$$M = \frac{pc\ (1 + 0{,}004t)}{3\,600};$$

$$V = \sqrt{2gP};$$

$$d = \sqrt[5]{\frac{M^2}{2ga}\ (13d + 0{,}05l)}.$$

(P, pression produite par l'écoulement de l'air chaud dans la cheminée; M, volume d'air chaud qui s'écoule dans une seconde; V, vitesse d'écoulement de la fumée; *d*, diamètre de la cheminée; *h*, hauteur de la cheminée; coefficient de dilatation de l'air égal à 0,004 ; *t*, température qui règne dans la cheminée égale à 300 degrés; *t'*, température de l'atmosphère; *p*, nombre de kilogrammes de combustible à brûler par heure; *c*, volume d'air qui est nécessaire pour brûler 1 kilogramme de combustible; *a*, pression produite par l'écoulement de l'air; *l*, longueur du circuit de la fumée.)

Les appareils fumivores. — Nous venons de décrire les foyers dans leur simplicité primitive ; ils suffisaient quand il ne s'agissait que de brûler le combustible en vue de la production de la vapeur. Aujourd'hui il s'agit également de consumer la fumée en vue de l'économie et de la salubrité, et de par la loi. Les moyens pour y arriver se divisent en trois catégories.

Le premier moyen a pour but de condenser ou de précipiter la fumée; ce moyen très-coûteux n'est guère appliquable qu'aux vapeurs métalliques; il consiste à lancer un jet d'eau, sous forme de pluie, dans les conduits où circule la fumée; mais cette projection diminue le tirage, qu'on ne peut rétablir que par des appareils très-compliqués.

Le deuxième moyen comprend l'addition de la vapeur surchauffée au combustible enflammé. Le foyer est entouré d'un tube en fer creux percé d'une multitude de petits trous ; ce tube communique avec la chaudière, qui lui envoie une partie de sa vapeur; et comme il se trouve dans le feu, un peu au-dessus de la flamme, la vapeur se surchauffe et sort avec violence de ces trous, s'étend comme une nappe sur tout le foyer, dissout la fumée et active la combustion à un point tel, que le charbon prend la couleur de rouge blanc. Dès que la fumée est entièrement consumée, c'est-à-dire, dès que le charbon est transformé en coke, le chauffeur peut diminuer ou même fermer entièrement la communication de la chaudière, afin que la vapeur ne soit pas perdue. Cette combustion de la fumée par la vapeur surchauffée est attribuée à la décomposition de cette vapeur, aussi bien qu'à une action purement mécanique qui active le tirage.

Le troisième moyen embrasse les appareils fumivores mécaniques. Ce sont des dispositions particulières du foyer qui font subir à la houille une première distillation; elles sont innombrables; les plus connues sont les suivantes : Les *grilles à gradins* (fig. 292) sont des barreaux superposés en talus *a*, entre lesquels l'air peut circuler aisément. — Les *tables mouvantes* font arriver la houille fraîche petit à petit et la présentent au feu; ce sont des grilles mobiles avec des chaînes. — Les *pistons à cornues* poussent la houille au fur et à mesure hors de son réservoir sur le foyer; ils donnent un chargement continu. — Les *foyers à flamme renversée* reçoivent au-dessus de la grille l'air qui force la fumée de traverser par en bas la couche incandescente.

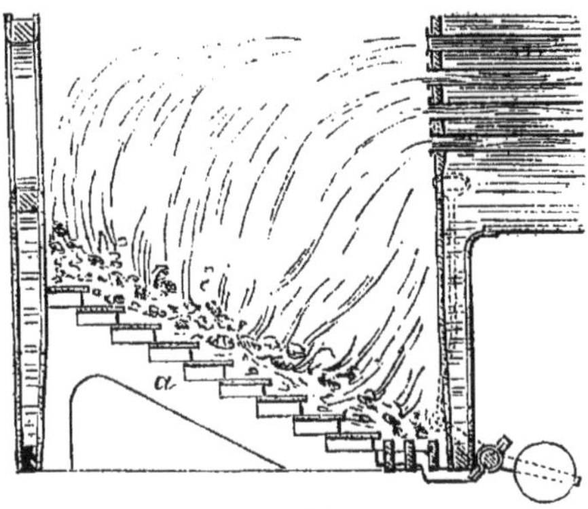

Fig. 292.

La pratique n'a pas encore été favorable à ces appareils à cause de leur complication. Pour rendre un foyer aussi fumivore que possible, on se contente de faciliter l'accès de l'air et d'adapter une grille très-large, sur laquelle puisse s'étendre le combustible à une faible hauteur; de cette manière il ne bouche plus les interstices entre les parties incandescentes et empêche le courant d'air, surtout au moment où l'on charge le foyer, et où se produit le plus de fumée, ce que tous les bons chauffeurs cherchent à éviter.

La commission d'hygiène et de salubrité du département de la Seine a rédigé sur la fumivorité une instruction qu'elle a notifiée à tous les propriétaires de chaudières à vapeur de ce département.

§ 3. — CHAUDIÈRES.

Les chaudières des machines à vapeur peuvent être envisagées au point de vue technique et au point de vue administratif; car dans tous les pays l'autorité fait surveiller ces dangereux engins. Les chaudières sont en fer, en acier, quelquefois en cuivre ; on n'en fait plus en fonte. Généralement on n'emploie que le fer battu ou laminé. La première chaudière de Newcomen peut nous paraître singulièrement établie : la partie supérieure était en plomb et la partie inférieure en cuivre.

Pour que les chaudières offrent toutes les conditions voulues d'un bon fonctionnement, il faut : qu'elles puissent résister d'une manière uniforme dans toutes leurs parties; que leur construction soit simple afin de faciliter le nettoyage et les réparations; que la vaporisation soit entièrement libre, ce qui ne peut plus avoir lieu dès que les formes deviennent compliquées; que les déformations résultant de l'inégalité de dilatation soient évitées avec des assemblages corrects.

L'intérieur des chaudières peut être visité; l'ouvrier s'y introduit par l'ouverture appelée *trou d'homme*, qui est fermé au moyen d'une plaque en fonte boulonnée et placée en dedans, afin que la vapeur la presse en dehors et la serre davantage. Le trou d'homme n'est pas une disposition indispensable; on se borne aussi à démonter le *dôme de prise de vapeur ;* qui est un cylindre dont la chaudière est surmontée, et dans lequel la vapeur s'accumule, afin que l'eau qu'elle avait entraînée retombe dans la chaudière. La vapeur est alors sèche, mais ce dôme affaiblit la résistance de la chaudière ; on le supprime alors, et on fait passer le tuyau de prise de vapeur par la chaudière ; il devient alors *une chambre à vapeur*, un *surchauffeur*, puisque l'eau entraînée s'y vaporise. Dans la plupart des cas on se contente d'un espace suffisant laissé au-dessus du niveau de l'eau. Les précautions prises contre le *refroidissement de la chaudière* afin d'éviter les pertes de chaleur, consistent à l'entourer de maçonneries, d'une chemise en bois, en cuivre, en tôle, en feutre, en paille mélangée avec du plâtre, en terre triturée avec des poils. On se contente aussi de l'air renfermé entre la chaudière et la chemise en tôle, ce qui forme une couche isolante.

Telles sont les dispositions communes à toutes les chaudières; nous allons entrer maintenant dans quelques détails sur leur construction et leur fonctionnement, lequel nous résumerons à la fin de ce paragraphe.

La forme des chaudières. — Les chaudières ont deux espèces de formes : l'une (de Watt) est à fond plat ou concave, dite *chaudière à tombeau* pour les basses pressions; l'autre (de Woolf) est cylindrique circulaire pour les hautes pressions.

La chaudière de Watt offre une grande surface de chauffe, mais elle est facilement déformable; dès que la force de la vapeur dépasse 1 atmosphère, elle cherche à la déformer en repoussant les parties rentrantes, et en courbant les parties planes. Les chaudières de Watt existent encore dans quelques mines en Angleterre; en France on les abandonne.

La chaudière de Woolf n'offre pas une grande surface de chauffe, mais elle ne se déforme pas, puisque sa section est un cercle. Faites un tube carré ou elliptique en papier fermé à un bout, soufflez dedans et vous verrez qu'il prendra la forme circulaire. Il est vrai que la résistance maxima serait obtenue par la forme sphérique, mais on n'est pas encore parvenu à exécuter de grandes chaudières en boule. Le cylindre terminé par des calottes se rapproche le plus de la sphère.

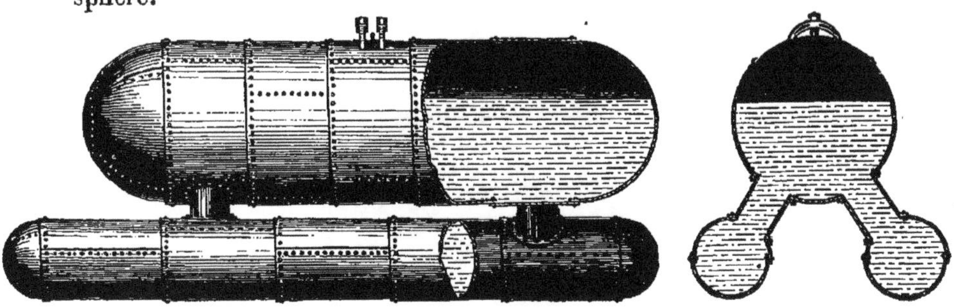

Fig. 293.

Pour augmenter autant que possible la surface de chauffe dans les chaudières Woolf, on adapte à leur fond des *bouilleurs* qui y sont rivés par des tubulures (fig. 293); comme ils sont placés directement au-dessus du feu, on peut, lorsqu'ils sont usés, les enlever sans déranger la chaudière et sa maçonnerie.

Les chaudières cylindriques ne sont pas toujours placées horizontalement; il y en a aussi des verticales. La chaudière verticale (fig. 294) au huitième de la grandeur naturelle est chauffée au

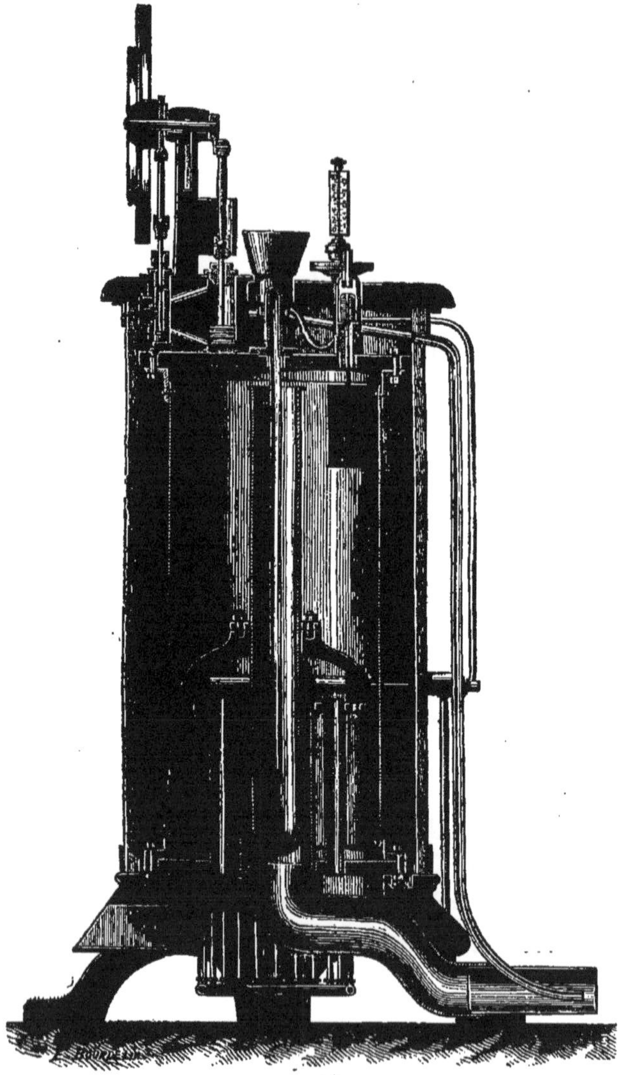

Fig. 294.

gaz; elle donne une force de 8 kilogrammètres par seconde avec une consommation de 600 litres de gaz et de 2 litres d'eau par heure.

Elle porte les organes de transmission, on l'appelle *moteur domestique*.

Dans la figure 295, on voit le profil, la face et la coupe d'un autre spécimen de chaudière verticale.

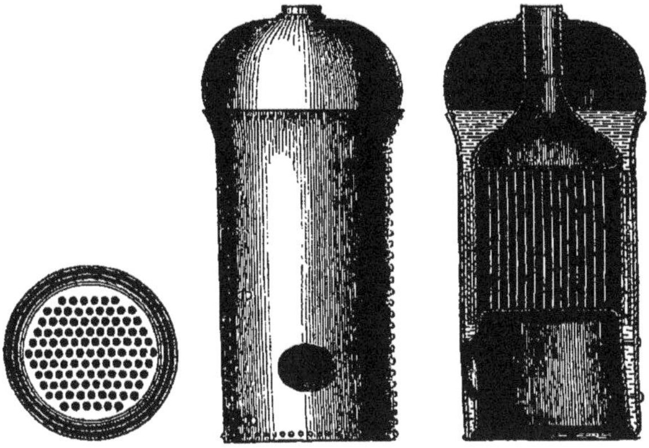

Fig. 295.

Les dimensions des chaudières. — La longueur des chaudières est ordinairement égale à cinq fois leur diamètre, lequel ne doit pas dépasser 1 mètre.

La surface qu'elles offrent à l'action de la flamme du foyer ou leur surface de chauffe détermine la force de vaporisation. La surface de chauffe est la moitié de la surface totale de la chaudière, et les deux tiers de la surface des bouilleurs. Un calcul analogue fixe la capacité d'une chaudière à $0^{mc},57$ par force de cheval.

Les chaudières à basse pression doivent présenter une surface de chauffe de $1^{mq},40$ par force de cheval et les chaudières à haute pression $1^{mq},30$.

Il faut 26 mètres carrés de surface de chauffe pour vaporiser 1 mètre cube d'eau par heure. Chaque mètre carré vaporise donc 40 litres à l'heure ; mais en moyenne on ne compte que sur 25 litres. Alors, étant donnée la quantité de vapeur à produire, on peut calculer la surface de chauffe, et, par conséquent, les dimensions de la chaudière.

L'*épaisseur* (*e*) *en millimètres* de la tôle d'une chaudière à vapeur est calculée d'après la formule $e = 1,8\,d\,(n-1) + 3$. (d, diamètre de la chaudière en mètres ; n, tension absolue de la vapeur en atmosphères ; la pression effective est $n-1$.)

Exemple. — Etant données les dimensions d'une chaudière à bouilleurs, quelle est la force de vaporisation en chevaux-vapeur ?

Longueur de la chaudière, 6 mètres; diamètre, 1 mètre; longueur d'un bouilleur, 6 mètres; son diamètre, $0^m,4$. Surface de chauffe de la chaudière (1/2) = 9,42; surface de chauffe des deux bouilleurs (2/3) = 10,05; surface totale, 19,47 divisés par 1,3 (surface par cheval) = 15 chevaux-vapeur.

Exemple. — Etant donnée la surface de chauffe d'une machine à basse pression, quelle est sa force? Surface du fond, 10 mètres carrés; les deux surfaces latérales, 16 mètres carrés; surface totale, 26 mètres carrés, divisés par 1,4 (surface par cheval) = 17,20 chevaux-vapeur.

Exemple. — Problème inverse de celui qui précède. Quelle est la longueur x d'une chaudière de 1 mètre de diamètre, capable d'alimenter une machine de 10 chevaux-vapeur?

$$\frac{x \times \pi \times 1 \times 2}{1,3 \times 3} = 10 \text{ chevaux-vapeur}; \; x = 6^m,21.$$

Les dispositions intérieures des chaudières. — Nous n'aurions pas assez de place pour donner seulement la nomenclature, avec un aperçu très-succinct, de toutes les dispositions qui ont été imaginées afin d'obtenir le plus de vapeur sèche possible, avec la moindre quantité de combustible.

Le principe de ces dispositions est de placer le foyer dans la chaudière, ainsi que nous l'avions annoncé. Mais au lieu de faire circuler les flammes autour des tubes bouilleurs renfermant l'eau, on fait passer le feu à travers les tubes que l'eau entoure. Ces tubes, multipliés à l'infini, ou du moins par centaines, constituent les *chaudières tubulaires.*

Une surface de chauffe considérable étant ainsi obtenue, on a cherché à résoudre la seconde partie du problème qui est de fournir de la vapeur sèche. On sait que la vapeur entraîne des particules liquides et perd de sa force expansive. Il ne faut donc laisser entrer dans la chaudière une nouvelle quantité d'eau, que quand la première a été complétement vaporisée. A cet effet, on fait circuler l'eau dans des serpentins; de là le nom de *chaudières à circulation.* Elles sont moins encombrantes et moins sujettes aux explosions que les autres systèmes, mais leur entretien est plus coûteux. On emploie également un appareil de surchauffe, composé de 16 tubes droits de 2 mètres de hauteur sur 0,20 de section, et reliés entre eux par des coudes. Placés à la suite des carneaux, ils sont enveloppés par les gaz chauds.

Quand il s'agit d'une grande production de vapeur, on réunit plusieurs chaudières dans un même atelier, qui alors ne chôme pas, si une des chaudières exige des réparations.

La surveillance administrative des chaudières. — L'autorité ne peut guère surveiller le fonctionnement des chaudières à vapeur; elle ne peut que prendre lors de l'installation des machines les garanties voulues pour la sécurité publique, tout en évitant d'arrêter par des restrictions vexatoires le développement de l'industrie, car la vapeur tend à devenir le moteur universel.

La première ordonnance française qui règle le service des machines à vapeur date de quarante ans ; d'autres ordonnances l'ont suivie, et celle de 1843 précède directement le décret du mois de janvier 1865, qui se base sur les perfectionnements introduits dans la construction des machines et des appareils de sûreté, et notamment sur la qualité supérieure des métaux employés aujourd'hui pour les chaudières; ce décret donne un nouvel essor aux fabriques en enlevant les entraves dont l'usage des machines à vapeur était entouré.

Les anciennes prescriptions classaient ces engins parmi les établissements insalubres, et ils exigeaient une vérification minutieuse de tous leurs détails techniques, ainsi qu'une enquête sur leur emplacement et leur mode d'installation. D'après le nouveau règlement, les machines à vapeur ne sont plus comptées comme établissements insalubres; elles pourront désormais être installées sans information préalable et sur simple déclaration du manufacturier. — Tel est sommairement l'esprit progressif, libéral de ce décret acclamé de toutes parts, et qui a déjà produit les plus heureux effets dans l'industrie.

L'épreuve des chaudières.— D'après le décret précité, l'épreuve des chaudières — pour lesquelles les constructeurs emploieront les métaux à leur guise — consiste à les soumettre à une pression effective double de celle qui ne doit pas être dépassée dans le service. Dans ce but, on se sert d'une presse hydraulique. La pression est maintenue pendant le temps nécessaire à l'examen de toutes les parties de la chaudière. Après qu'une chaudière a été éprouvée avec succès, il y est apposé un timbre indiquant en kilogrammes par centimètre carré la pression effective que la vapeur ne doit pas dépasser. Les timbres sont placés de manière à être toujours apparents après la mise en place de la chaudière. Ils sont poinçonnés par l'agent officiel. Dans la pratique, la pression est de 1 kilogramme par centimètre carré, pour 1 atmosphère.

La classification officielle des chaudières. — D'après le décret de 1865 (titre II, *Dispositions relatives à l'établissement des chaudières à vapeur placées à demeure*), les chaudières sont divisées en trois catégories; cette classification est basée sur la capacité de la chaudière et sur la tension de la vapeur. On exprime en mètres cubes la capacité de la chaudière avec ses tubes bouilleurs ou réchauffeurs, mais sans y comprendre les surchauffeurs de vapeur; on multiplie ce nombre par le numéro du timbre augmenté d'une unité.

Les chaudières sont de la première catégorie quand le produit est plus grand que quinze; dans la deuxième, si ce même produit surpasse cinq et n'excède pas quinze; dans la troisième, s'il n'excède pas cinq.

Si plusieurs chaudières doivent fonctionner ensemble dans un même emplacement, et si elles ont entre elles une communication quelconque directe ou indirecte, on prend pour former le produit, comme il vient d'être dit, la somme des capacités de ces chaudières.

Les chaudières comprises dans la première catégorie doivent être établies en dehors de toute maison et de tout atelier surmonté d'étages. Il est interdit de les placer à moins de 3 mètres de distance du mur d'une maison d'habitation appartenant à des tiers. Si la distance de la chaudière à la maison est plus grande que 3 mètres et moindre que 10 mètres, la chaudière doit être généralement installée de façon que son axe longitudinal prolongé ne rencontre pas le mur de ladite maison, ou que, s'il le rencontre, l'angle compris entre cet axe et le plan du mur soit inférieur au dixième d'un angle droit. Pour le cas où la chaudière n'est pas installée dans les conditions ci-dessus, la maison doit être garantie par un mur de défense en bonne et solide maçonnerie et avoir 1 mètre au moins d'épaisseur en couronne; il est distinct du parement du fourneau de la chaudière et du mur de la maison voisine et est séparé de chacun d'eux par un intervalle libre de $0^m,30$ de largeur.

Sa hauteur dépasse de 1 mètre la partie la plus élevée du corps de la chaudière, quand il est à une distance de celle-ci, comprise entre $0^m,30$ et 3 mètres. Si la distance est plus grande que 3 mètres, l'excédant de hauteur est augmenté en proportion de la distance, sans toutefois excéder 2 mètres. Enfin la situation et la longueur du mur sont combinées de manière à couvrir la maison voisine dans toutes les parties qui se trouvent à la fois au-dessous de la crête dudit mur, d'après la hauteur fixée ci-dessus, et à une distance moindre que 10 mètres d'un point quelconque de la chaudière.

L'établissement d'une chaudière de première catégorie à la distance de 10 mètres au plus des maisons d'habitation n'est assujetti à aucune condition particulière. Les distances de 3 mètres et de 10 mètres fixées ci-dessus sont réduites respectivement à $1^m,50$ et 5 mètres lorsque la chaudière est enterrée de façon que sa partie supérieure se trouve à 1 mètre au moins en contre-bas du sol du côté de la maison voisine.

Les chaudières comprises dans la deuxième catégorie peuvent être placées dans l'intérieur de tout atelier, pourvu que l'atelier ne fasse pas partie d'une maison habitée par des personnes autres que le manufacturier et son personnel.

Les chaudières de la troisième catégorie peuvent être établies dans un atelier quelconque, même lorsqu'il fait partie d'une maison habitée par des tiers.

Les fourneaux des chaudières comprises dans la deuxième et la troisième catégorie sont entièrement séparés des maisons d'habitation appartenant à des tiers; l'espace vide est de 1 mètre pour les chaudières de la deuxième catégorie et de $0^m,50$ pour les chaudières de la troisième.

§ 4. — ACCESSOIRES DE LA CHAUDIÈRE.

Les chaudières doivent fournir la vapeur d'une manière régulière; à cet effet, on emploie plusieurs artifices, qu'on désigne sous le nom d'*accessoires de la chaudière*. Ce sont : les appareils alimentaires; les appareils indicateurs du niveau de l'eau et de la pression de la vapeur. Ces deux dernières sortes d'appareils seraient superflues, si l'alimentation remplaçait constamment la même quantité d'eau qui s'évapore; mais cela n'est pas. Ou l'alimentation ne fonctionne pas bien, et alors il n'y a pas assez d'eau; ou elle fonctionne bien, mais la machine fonctionnant mal, il arrive alors trop d'eau, et la qualité de l'alimentation devient un défaut ; une surveillance active est donc indispensable.

Les appareils alimentaires. — Leur travail consiste à introduire l'eau dans la chaudière, et d'en maintenir le niveau à la même hauteur. Il est essentiel que l'eau soit préalablement chauffée, afin d'éviter un abaissement de la température dans le récipient de vapeur. En même temps, l'eau devient plus pure, parce que la chaleur lui fait déposer les sels ou les matières terreuses qu'elle tenait en suspension. En outre, on consomme moins de combustible, car l'eau peut être chauffée par des combustibles de rebut, ou par de la chaleur perdue. A cet effet, on se sert de l'eau chaude provenant du condenseur ; ou l'on fait passer l'eau froide, par des tubes placés dans le tuyau d'échappement de la vapeur, ou dans la cheminée, ou encore par un tube rechauffeur disposé sous la chaudière, à l'instar d'un bouilleur. L'alimentation est continue ou intermittente ; dans le dernier cas, le mécanicien fait fonctionner les appareils, quand il s'aperçoit que le niveau commence à baisser.

Les appareils d'alimentation comprennent : les pompes alimentaires, le petit cheval, l'injecteur, le retour d'eau.

Les *pompes alimentaires*. — Ce sont des pompes foulantes, mises en mouvement par la machine même, ou par l'ouvrier chauffeur. Le diamètre est au moins le dixième de celui du piston à vapeur. La course de leur piston est la moitié de celle du piston à vapeur. A petit diamètre, elles ont un piston plein, — cylindre en fonte, appelé *plongeur*, qui plonge en entier dans le corps de pompe. Les pompes à grand diamètre ont le piston moins haut, mais garni de chanvre.

Les pompes alimentaires sont sujettes à des dérangements qui proviennent de ce que des corps étrangers, tels que graisse, étoupes, etc., amenés du condenseur ou du puits, viennent obstruer les tuyaux d'aspiration ou de refoulement, et qu'ils s'interposent dans les soupapes qui alors ne retombent plus. Ces soupapes peuvent s'user et ne plus fermer exactement. L'air peut s'introduire dans la pompe, ce qui est indiqué par un sifflement ; on trouve la fuite en promenant une flamme le long du tuyau.

Pour éviter ces accidents, il faut que le machiniste voie bien clair, et qu'il ait toujours l'ouïe tendue. Dès que de l'eau ne sort pas de la soupape de la pompe, quand il la soulève, c'est que l'eau n'entre plus dans le tuyau d'aspiration ; s'il sort de l'eau chaude, c'est signe que l'eau de la chaudière arrive dans la pompe, parce que la soupape de refoulement ne fonctionne plus. Les soupapes doivent faire du bruit quand elles retombent, sinon elles sont arrêtées. Il faut que le mécanicien touche aussi souvent que possible le tuyau de refoulement pour s'assurer s'il est chaud ; alors l'eau n'y passe plus, et la chaudière peut se vider. Il est prudent d'appliquer deux pompes, dont une de rechange, en cas d'accident.

L'*injecteur* est un appareil de nouvelle invention, dont il sera question dans le paragraphe des *Locomotives*.

Le *petit cheval* est une pompe à vapeur attachée à la chaudière même.

Le *retour d'eau* est un récipient placé plus haut que la chaudière; il reçoit l'eau d'un réservoir supérieur ; il communique avec la chaudière au moyen de deux tubes. Quand il s'agit d'alimenter, on remplit d'eau ce réservoir et on le ferme hermétiquement au moyen de ses robinets; puis on ouvre les deux tubes; par le premier passe la vapeur qui presse sur l'eau et la refoule dans la chaudière par le deuxième tube qui va jusqu'au fond. Cet appareil exige une grande dépense de vapeur et produit toujours une forte descente de pression. Si, au lieu de faire porter le deuxième tube jusque sur le fond de la chaudière, on ne le laissait plonger que de quelques centimètres dans l'eau, ce retour d'eau pourrait fonctionner d'une manière continue, car sa vapeur s'introduirait dans le tube et forcerait l'eau de descendre. L'alimentation cesserait dès que le tube ne plongerait plus dans l'eau. Comme la vapeur chauffe l'eau, et comme elle retourne ensuite dans la chaudière, on a donné le nom de *retour d'eau* à cet appareil.

Les appareils indicateurs du niveau de l'eau. — D'après le décret de 1865, chaque chaudière doit être munie de deux appareils indicateurs du niveau de l'eau. Ce niveau ne doit pas être dépassé, afin que la vapeur n'entraîne pas l'eau dans les cylindres ; il ne faut pas non plus que l'eau reste au-dessous de cette ligne, afin que la chaudière ne soit pas exposée aux coups de feu. Cette ligne est tracée d'une manière très-apparente sur la chaudière et le parement du fourneau. Le niveau que l'eau doit avoir habituellement dans chaque chaudière doit dépasser d'un décimètre au moins la partie la plus élevée des carneaux, tubes ou conduits de la flamme et de la fumée dans le fourneau.

Ces appareils sont : les tubes indicateurs, les robinets d'épreuve, les flotteurs avec leur sifflet d'alarme.

Le *tube indicateur* est un tube en verre de $0^m,30$ de hauteur qui communique avec la chaudière au moyen de deux robinets; par celui d'en haut passe la vapeur; par celui d'en bas passe l'eau, dont on reconnaît ainsi le niveau. Ce tube est toujours placé sur le devant du foyer et en vue du chauffeur. C'est un instrument parfait en théorie; dans la pratique toutefois il présente quelques inconvénients; il se casse par le moindre choc, par la pression de la vapeur et par le brusque refroidissement; les dépôts salins — s'ils ne l'obstruent pas — le salissent, et cachent le niveau de l'eau. Il faut donc que d'autres appareils viennent en aide.

Les *robinets d'épreuve* sont trois robinets en cuivre placés sur la chaudière; celui du milieu est au niveau normal de l'eau; celui d'en haut, à une distance de $0^m,10$, doit donner de la vapeur; celui d'en bas doit donner de l'eau. Il y a encore d'autres robinets, dits *de vidange;* on les ouvre dans le cas d'une explosion imminente.

Le *flotteur avec son sifflet d'alarme* sert à indiquer le niveau dans la chaudière. Le spécimen (fig. 296) fait voir que si le niveau descend, la tige *a* descend également. L'ouverture au point *c* fermée par la soupape conique *c* s'ouvre, et la vapeur s'échappant par le sifflet d'alarme avertit le mécanicien et le chauffeur que le niveau réglementaire est dépassé. Mais s'il monte au-dessus de sa limite, rien ne l'indique; on ne peut savoir non plus à quelle profondeur il est descendu. On a donc attaché à la boule un fil d'archal qui se meut dans une boîte à étoupe. Il porte un levier avec index et un contre-poids, et il indique alors les divers niveaux. Mais la garniture d'étoupe avec laquelle ce flotteur est monté paralyse la mobilité de la tige de communication, car cette garniture doit être serrée, au point d'empêcher la sortie de la vapeur.

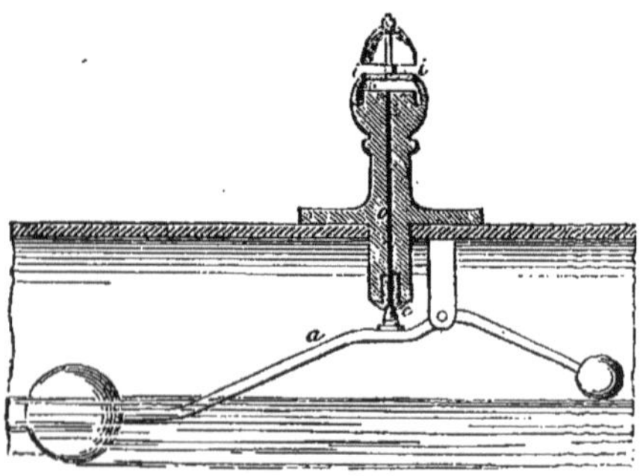

Fig. 296.

Le *flotteur magnétique Pinel* évite cet inconvénient; il est vissé sur la chaudière; le corps flottant est muni d'une tige. Cette tige porte un aimant qui glisse dans un tube en fer contre lequel il est pressé légèrement par un petit ressort. A l'extérieur de ce tube, et sur une plaque graduée, roule librement une aiguille qui est attirée par l'aimant et qui indique ainsi la hauteur de l'eau. Si ce flotteur magnétique évite un inconvénient, comme nous venons de le dire, il en présente un autre : c'est qu'il n'est pas bien visible sur de grandes chaudières.

Le *flotteur Bourdon* (fig. 297) diffère essentiellement des deux

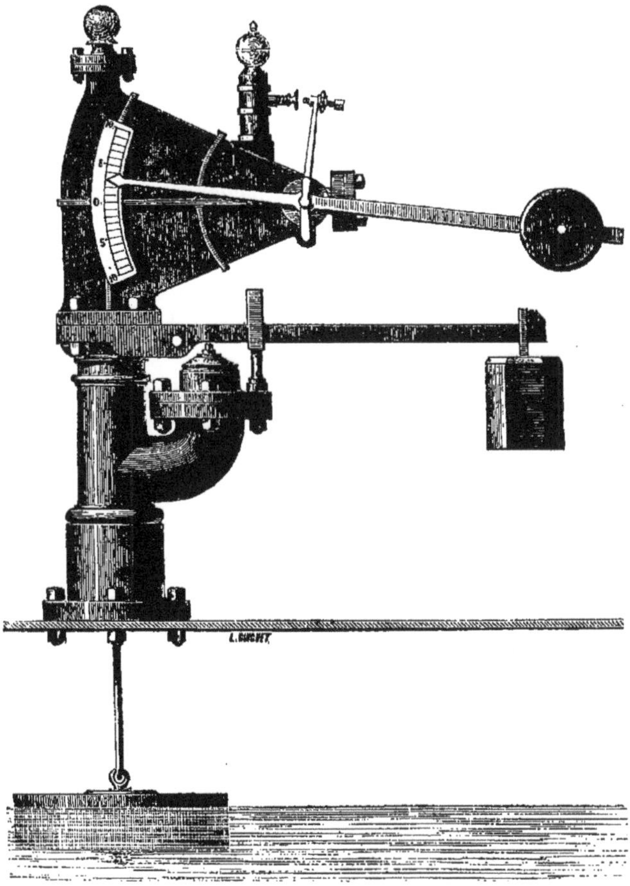

Fig. 297.

flotteurs ci-dessus, car il fait disparaître les graves inconvénients qui viennent d'être signalés. Il réunit le flotteur, le sifflet et la soupape. On voit la manœuvre du levier à contre-poids; arrivé à une certaine limite, il touche avec sa pointe le sifflet qui s'ouvre. La difficulté à vaincre consistait à rendre la rotation de l'axe du levier très-facile, tout en évitant la fuite de vapeur. M. Bourdon a donc taillé l'extrémité de cet axe en cône tronqué. Comme cet habile constructeur cherche toujours à perfectionner, on peut espérer qu'il donnera au coussinet de cet axe la forme sphérique; l'axe sera donc à rotule, ce qui facilitera la rotation tout en diminuant les chances de fuite, car les fluides s'échappent moins par les surfaces courbes que par les surfaces planes.

Les appareils indicateurs de pression de la vapeur. — Ils comprennent : les manomètres, les soupapes de sûreté, les rondelles fusibles.

Les manomètres. (Pour mémoire, voir les *Machines de précision.*) — D'après le décret déjà cité de 1865, toute chaudière de machine à vapeur doit être munie d'un manomètre en bon état, placé en vue du chauffeur. Une ligne très-apparente marque sur l'échelle le point que l'index ne doit pas dépasser. Un seul manomètre peut servir pour plusieurs chaudières fournissant la vapeur dans un réservoir commun.

Les soupapes de sûreté sont destinées à donner issue à la vapeur en cas d'excès de pression (fig. 298). Elles se composent d'une plaque *a* posée sur un petit dôme faisant corps avec la chaudière. Cette plaque est maintenue par le levier *oc*. La surface de contact ou le siége de la soupape doit être très-petit (1 millimètre), afin qu'il y ait le moins de frottement possible et que le jeu de cet appareil ait toujours lieu aisément. L'ouverture que ferme la soupape doit être disposée de manière que toute la vapeur produite dans un instant donné puisse s'échapper dans ce même instant.

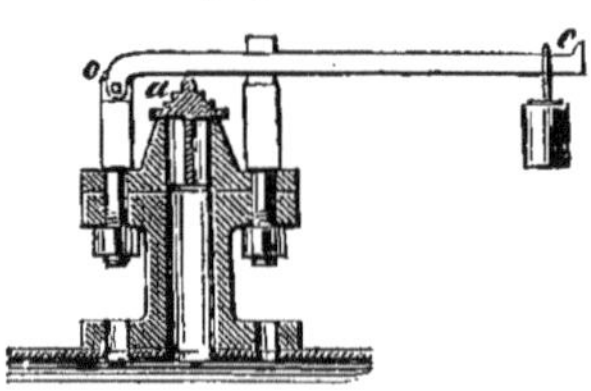

Fig. 298.

Malheureusement il n'en est pas ainsi. Les soupapes se lèvent presque toujours avant que la pression réglementaire ait exercé le maximum d'effet. Cela provient de ce que le levier ne presse pas exactement sur le centre de la soupape, laquelle se trouve alors plus chargée d'un côté que de l'autre; le côté le moins chargé se soulève aussitôt, et donne issue à la vapeur.

S'il faut prendre des précautions pour que les soupapes ferment bien, il ne faut pas non plus qu'elles ferment trop, qu'elles adhèrent sur leur siége si elles sont encrassées. Il faut donc qu'elles soient constamment tenues en bon état d'entretien. Une soupape qui n'a pas fonctionné pendant quelques jours cesse d'être un appareil de sûreté.

Comme règle pratique, on admet $0^{mq},0005$ à $0^{mq},0006$ de surface de la soupape, par force de cheval, dans les machines à basse pression.

Dans les machines à haute pression qui exigent un calcul spécial pour différentes pressions, on applique la formule :

$$d = 2,6\sqrt{\frac{s}{n - 0,41}}.$$

(d, diamètre de la soupape; s, surface de chauffe en mètres carrés; n, pression en atmosphères, de la vapeur dans la chaudière.)

Rappelons-nous que, dans les calculs de la pression effective, il faut toujours retrancher une atmosphère de la pression absolue qui est celle dans la chaudière.

Ainsi, étant donné la pression et connaissant la surface de la soupape, il s'agit de déterminer le poids dont il faut la charger pour équilibrer cette pression. On pense bien qu'on n'entassera pas des poids sur la soupape même; c'est un poids, pareil au poids curseur de la romaine, qu'on emploie. Sur les machines locomotives, on se sert d'un ressort appelé *balance*. (Voir *Locomotives.*)

La démonstration des équations d'équilibre des soupapes résulte de la théorie du levier. Dans ce calcul il se présente deux cas : étant donné le poids, chercher le bras de levier; et, étant donné le bras de levier, chercher le poids; la pression étant connue dans les deux cas, on a $\frac{p \times b}{r} = a$; d'où $r = \frac{p \times b}{a}$.

(p, pression sur la soupape; b, petit bras, et a grand bras de levier; r, poids curseur.)

D'après le décret du 25 janvier 1865, chaque chaudière doit être munie de deux soupapes de sûreté, chargées de manière à laisser la vapeur s'écouler, avant que sa pression effective atteigne, ou, tout au moins, dès qu'elle atteint la limite maxima indiquée par le timbre officiel. Chacune des soupapes offre une section suffisante pour maintenir à elle seule, quelle que soit l'activité du feu, la vapeur dans la chaudière à un degré de pression qui n'excède, dans aucun cas, la limite ci-dessus. Le constructeur est libre de répartir, s'il le préfère, la section totale d'écoulement des deux soupapes réglementaires entre un plus grand nombre de soupapes.

La soupape fut imaginée par Papin, que néanmoins on n'entend jamais citer précisément comme inventeur de cet appareil de sûreté. Si elle n'existait pas, la navigation à vapeur, l'industrie manufacturière, les chemins de fer, pourraient-ils être réalisés? Si l'on daignait y réfléchir un instant, on verrait que cette modeste soupape constitue une invention de premier ordre.

Les *rondelles fusibles.* — Dans le principe, on avait placé sur le ciel des chaudières une ou plusieurs rondelles en métal fusible, alliages de plomb, d'étain et de bismuth; d'après les proportions de ces métaux, les rondelles fondaient à une température donnée; la vapeur s'échappait, et on sauvait ainsi la machine d'une explosion. On les avait abandonnées à cause de l'altérabilité de l'alliage par un emploi prolongé, à cause de la difficulté de trouver le degré exact de fusibilité et à cause de l'arrêt forcé du service en cas de fusion, ce qui aurait dans la navigation à vapeur les inconvénients les plus graves. Cependant, aujourd'hui on a repris cette idée et on se sert de bouchons en plomb renfermés dans des boulons vissés sur la chaudière (*).

Le fonctionnement d'une chaudière à vapeur. — Après avoir fait connaître les détails dont se compose une chaudière, il nous est facile de les assembler pour nous rendre compte de leur fonctionnement (fig. 299).

Le feu traverse les carneaux *c*, entoure les bouilleurs *r*,*r*,*r*, passe sous le fond de la chaudière *a* et sort par la cheminée *o*. Le tirage est réglé par le registre *n*. Le flotteur *s* se trouve quelquefois près de la soupape, ou entre deux soupapes, derrière lesquelles sont placés deux tuyaux dont l'un sert à alimenter la chaudière et l'autre à introduire la vapeur dans la machine. Ces tuyaux sont cachés par le dessin.

La conduite de la chaudière exige de la part du chauffeur des soins continus; il doit commencer par en examiner tous les détails pour s'assurer de leur fonctionnement régulier; puis il procède au remplissage. Cette opération a lieu lorsque la chaudière a été vidée,

(*) Les rondelles fusibles ont été inventées, en 1820, par mon père, J.-B. With, né en 1778 à Schlestadt (département du Bas-Rhin), ancien élève de l'Ecole de Mars, l'Ecole polytechnique actuelle, mort à l'âge de quatre-vingt-six ans. Il a publié en 1825 un *Traité de la navigation à vapeur*.

ou si on s'en sert la première fois. On y verse l'eau au moyen de pompes ou d'un réservoir. Une des soupapes de sûreté doit rester ouverte pour que l'air puisse sortir. On procède à l'allumage après avoir bien nettoyé la grille et vidé le cendrier. Il faut veiller au moyen du registre à ce que la combustion soit régulière sur toute la surface de la grille. Dans les chaudières neuves, il faut chauffer lentement, pour voir s'il ne se déclare pas de fuite. On ferme la soupape quand le feu a été allumé et quand la vapeur, après avoir chassé l'air, commence à s'échapper. Il faut aussi fixer le volant, afin que la machine ne marche pas avant que la vapeur ait acquis la tension voulue. On

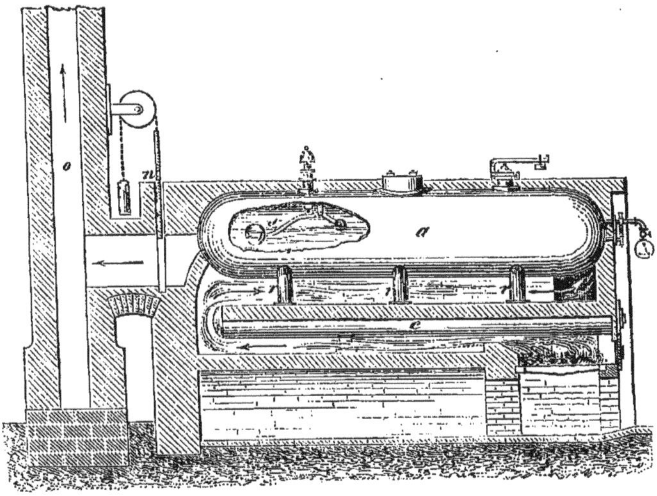

Fig. 299.

ouvre lentement la prise de vapeur pour éviter l'entraînement de l'eau dans les cylindres ; dès que la vapeur y est entrée, l'ébullition de l'eau augmente brusquement et le manque d'eau peut faire éclater la chaudière.

Lorsqu'on arrête le travail à la fin de la journée, il faut veiller à ce que le foyer ne se rallume pas pendant la nuit, et que la chaudière soit prête pour le lendemain. A cet effet, on alimente suffisamment, de façon que le niveau dépasse de $0^{m},10$ la hauteur normale. Pendant cette alimentation, on ouvre le robinet de vidange pour que les dépôts boueux s'écoulent. Si le feu doit être complètement éteint, il faut retirer tout le combustible et fermer la porte du foyer afin d'éviter le brusque refroidissement de la chaudière, lequel occasionne des fuites surtout dans les chaudières tubulaires. Le nettoyage de la chaudière doit se faire tous les quinze jours.

Le fourneau exige également de fréquents nettoyages; on enlève soigneusement les scories qui s'attachent à la maçonnerie.

La vapeur étant formée et se dépensant, on continue l'alimentation. Si l'eau est chaude, on l'introduit chaque fois que le niveau baisse de $0^m,03$ ou $0^m,04$; si, au contraire, l'eau est froide, on alimente plus souvent pour éviter le brusque refroidissement de la chaudière et l'abaissement de la pression qui en serait la conséquence. On profite alors, pour alimenter en toute sûreté, des moments où la tension de la vapeur est trop élevée.

Si par suite d'inattention de la part du chauffeur l'eau descendait trop, il faudrait avant tout s'assurer si la surface de chauffe n'est pas découverte; dans ce cas, il est urgent d'alimenter et d'activer le feu afin que la pression ne baisse pas trop. Mais si l'on a le moindre doute que la chaudière peut rougir, on ferme ses appareils d'alimentation et on jette le feu; on la laisse refroidir, puis on l'alimente avec la pompe à main qui doit se trouver près de chaque générateur.

§ 5. — EXPLOSION DES CHAUDIÈRES.

Arago disait en 1830 : « Les machines à vapeur seront les chefs-d'œuvre de l'industrie, dès qu'on sera parvenu à éviter leur explosion. »

Depuis cette époque, ces machines ne se sont pas sensiblement perfectionnées sous le rapport de la sécurité, car elles continuent à faire explosion comme dans l'origine.

Si ces accidents sont encore nombreux, par contre la quantité des machines à vapeur augmente dans de fortes proportions.

Nous devons alors examiner les causes des explosions, et chercher à indiquer les moyens à employer contre le retour de ces désastres.

Les causes des explosions des chaudières. — Ces explosions peuvent être attribuées à des défauts de construction et de surveillance.

Les *défauts de construction* sont : mauvaise qualité du métal ; tôles trop minces ; rivets trop éloignés les uns des autres ; insuffisance du nombre ou de la force des tirants; flexion brusque dans la tôle; insuffisance de la surface des soupapes.

Les *défauts de surveillance* sont : fermeture des soupapes par des poids additionnels; surélévation de la pression réglementaire; mauvais nettoyage des soupapes qui adhèrent sur leur siége; usure de la chaudière par des eaux corrosives; destruction des plaques par leur oxydation à la suite de l'infiltration de l'eau dans les maçonneries ; descente du niveau d'eau qui permet aux plaques de rougir et introduction intempestive de l'eau d'alimentation sur les plaques rougies donnant lieu à une formation instantanée de vapeur; production de vapeur en quantité supérieure à celle de la vapeur dépensée; mélange explosif des gaz provenant de la combustion, pouvant s'enflammer dans les carneaux et produire une détonation capable de briser la chaudière; diminution de la résistance du métal à la suite des *coups de feu;* enfin incrustations.

Il convient d'ajouter à cette nomenclature quelques explications sommaires sur les deux dernières causes d'explosion qui sont les plus fréquentes.

Les coups de feu sont des brûlures du fer; ils arrivent quand la surface de l'eau trop descendue découvre le métal que la chaleur traverse alors; il se ramollit; la vapeur tend à le repousser et y forme des bosses qui conservent, comme trace de la brûlure, une teinte rougeâtre. Complétement affaiblies, ces bosses n'offrent plus la résistance nécessaire, se déchirent et c'est ainsi que l'explosion se produit.

Les incrustations sont des dépôts terreux ou salins que les eaux impures forment sur les parois des chaudières au bout de quelques semaines; ils sont éminemment dangereux. La partie de la chaudière qu'ils recouvrent rougit, s'oxyde et se détériore; ils occasionnent l'explosion, s'ils se détachent, car l'eau envahit les plaques rougies, et il se produit instantanément une immense quantité de vapeur comme lors d'une alimentation intempestive; en outre mauvais conducteurs de chaleur, ils empêchent la vaporisation, et entraînent une plus grande consommation de combustible. On sait que le métal couvert d'eau ne peut pas être chauffé au rouge, car il ne sert que d'intermédiaire au feu, qui transforme l'eau en vapeur.

Afin que les incrustations ne se forment pas, il faut avoir recours à plusieurs moyens : laisser reposer les eaux dans des citernes, pour que les matières étrangères se déposent; sortir de la chaudière par des robinets de vidange les dépôts boueux; mêler à l'eau des corps gras, de la fécule ou des substances renfermant du tannin; employer surtout des pommes de terre, des copeaux de chêne ou de l'argile, qui, avec les dépôts calcaires forment de la boue qu'on évacue facilement; plusieurs de ces décoctions détachent aussi les pierres déjà formées; chauffer l'eau avant de l'introduire dans la chaudière, en utilisant à cet effet les combustibles de qualité inférieure, ou encore faire passer l'eau par une espèce de tube bouilleur ou *réchauffeur*, près de la cheminée, et profiter ainsi de la chaleur restante du foyer qui sans cet artifice serait perdue.

Le grand nombre d'inventions faites à ce sujet prouve l'importance qu'on attache aux méthodes de désincrustation; mais si malgré ces mesures de précaution les dépôts terreux se forment, il faut les faire enlever au burin par un ouvrier qui s'introduit dans la chaudière au moyen du trou d'homme.

Les signes prémonitoires et les effets d'une explosion. — Ce sont: fuites de vapeur à travers des fissures; élévation subite du manomètre; échappement violent de la vapeur par les soupapes; bouillonnement dans la chaudière.

Dans le cas d'un danger imminent, il n'y a qu'une chose à faire, c'est de cesser l'alimentation et de retirer le feu.

Lors de l'explosion des chaudières, il se manifeste souvent des effets mécaniques extraordinaires; ainsi on voit des murs qui sont renversés, des morceaux de métal qui sont lancés à travers les toitures et à de grandes distances. Ces effets ont pour cause la production presque instantanée d'une énorme quantité de vapeur, au moment de l'explosion même, où l'eau bouillante se trouve tout à coup exposée librement à l'atmosphère. Quelquefois aussi les chaudières sont soulevées à une grande hauteur dans l'air, où elles éclatent alors.

Les moyens d'éviter les explosions. — Nous ne connaissons que deux moyens : la visite périodique des chaudières, et l'instruction du personnel des machines.

La visite périodique des chaudières. — Il s'est formé, il y a une dizaine d'années, à Manchester, une association de manufacturiers dont les membres surveillent directement près de 1 500 chaudières dans leur district et soumettent en outre toute explosion dans le Royaume-Uni à une enquête sérieuse. A cet effet, les inspecteurs de l'association font des visites périodiques dans les ateliers; ils ordonnent que les chaudières soient dégagées entièrement et nettoyées, afin qu'ils puissent vérifier s'il n'y a pas de fissures dans le métal. Ils essayent ensuite les chaudières au moyen de presses hydrauliques. Ils recommandent en outre de restreindre l'usage des dômes de vapeur qui entraînent une diminution de résistance. Ce qui les préoccupe le plus, c'est le chauffage intérieur par le système tubulaire qui doit être préféré au chauffage extérieur. A l'article *Foyers*, nous avons annoncé les motifs de cette préférence.

A Liége et à Mulhouse, on a tenté d'organiser des associations pareilles à celles de Manchester, dont les efforts sont appréciés dans toute l'Angleterre.

L'instruction. — Nous avons cité, dans notre travail intitulé : *les Accidents sur les chemins de fer*, une certaine explosion due à l'imprudence d'un mécanicien qui s'était assis sur une planchette placée contre les soupapes d'une locomotive. Ce mécanicien ignorait la nature et les effets de la vapeur d'eau. Nous aurons occasion de parler un jour d'un contre-maître anglais, qui lors d'une explosion n'avait pas observé le règlement dont il portait toujours un exemplaire sur lui. Ce contre-maître ne savait pas lire. Ces deux exemples nous suffisent. La nécessité absolue d'instruire les ouvriers est un axiome. Quant à la manière de les instruire, les principes en sont indiqués sommairement dans l'introduction de ce livre. Il ne nous reste qu'à recommander aux ingénieurs d'écrire à l'usage de leur personnel un *Catéchisme des conducteurs de machines* et de l'imposer par des ordres de service dans les ateliers.

Il est du plus haut intérêt de populariser par tous les moyens possibles des connaissances qui peuvent nous mener sur la voie d'une nouvelle invention garantissant la vie humaine. Les inventeurs se trouvent dans toutes les classes de la société, dans la classe ouvrière surtout, où la vulgarisation des principes scientifiques pourra porter le plus de fruits.

§ 6. — CYLINDRES ET PISTONS.

Les cylindres et les pistons que nous allons décrire ne s'appliquent pas seulement aux machines à vapeur, mais aussi aux machines à eau, à gaz, etc.

La construction des cylindres. — Les cylindres ont une section circulaire ; ils sont en fonte et alesés ou tournés à l'intérieur pour offrir une surface polie. On les entoure d'une chemise en tôle, afin de former un espace annulaire dans lequel circule de la vapeur. Sans cette précaution, ils se refroidiraient et condenseraient la vapeur qui doit agir sur le piston. Ce serait une perte de pression de 1 à 2 atmosphères. On évalue à 20 pour 100 l'augmentation due à la présence de ces enveloppes.

Leur longueur est celle de la course du piston, plus l'espace nécessaire pour son jeu, de manière qu'il ne touche pas leur fond ; car au moindre défaut d'ajustage, et au moindre desserrement des écrous, le piston briserait sa tige ou défoncerait le cylindre. Cet espace qui s'étend sur un vingtième de la longueur du cylindre s'appelle l'*espace nuisible;* il est nuisible en ce sens, qu'il s'y accumule de la vapeur inerte, c'est-à-dire qui ne travaille pas.

La règle empirique établie par Tredgold pour trouver l'épaisseur du cylindre est : multipliez quatre fois la force élastique de la vapeur en kilogrammes sur $0^{mq},01$ par le diamètre en centimètres ; divisez ce produit par 420 ; multipliez ce résultat par le diamètre, et divisez par le diamètre moins 5,50 ; finalement ajoutez $0^{m},01$ pour l'usure.

La formule dans laquelle entrent directement la force et la vitesse est : épaisseur $= 0^{m},01 + 0,02d$.

(d, diamètre $= \sqrt{\frac{0,02f}{v}}$; f, force en chevaux ; v, vitesse du piston par seconde et en mètres.)

Au cylindre est attaché une caisse oblongue : la *boîte à vapeur*, dans laquelle se fait la distribution de la vapeur, comme nous le verrons à l'article *Tiroir*.

La construction des pistons. — Il y a trois espèces de pistons : les pistons à vapeur, à eau et à air. Dans l'origine, on les construisait en fonte avec garniture en chanvre, ce qui était suffisant pour les machines à basse pression ; mais dans les hautes températures cette garniture se brûlait, et il a fallu la changer trop souvent. On imagina alors de la recouvrir d'un cercle en fonte, ce qui n'était pas un progrès réel, car il y avait complication. Après cette garniture mixte vinrent les pistons entièrement en métal. Pour leur donner une certaine flexibilité et pour éviter ainsi le grippement contre la surface du cylindre, on les a divisés en tranches ou anneaux, divisés à leur tour en secteurs dont chacun est poussé vers les parois du cylindre par un ressort; ou encore on les a composés de deux cercles concentriques tournés sur un diamètre plus fort et coupés de manière à être rendus élastiques.

Les pistons sont des organes très-délicats, car ils s'usent vite et laissent alors passer la vapeur; on s'en aperçoit quand la machine marche avec difficulté, et quand l'échappement, au lieu d'être intermittent, devient continu.

Les boîtes dans lesquelles passent les tiges des pistons s'appellent *boîtes à étoupes;* elles sont bourrées avec du chanvre et du fil, ou avec du coton; ces étoupes sont plongées au préalable dans du suif fondu.

C'est encore Watt qui imagina cette disposition pour éviter le refroidissement du cylindre, occasionné par l'air qui venait en frapper la face intérieure, quand le piston descendait. L'air extérieur ne peut donc plus pénétrer dans le cylindre. Ces boîtes à étoupes, ou *stuffing boxes*, guident également la tige en ligne droite. Elles se composent de deux parties : la boîte qui reçoit l'étoupe, et le presse-étoupes qui la comprime. Ces deux pièces, qui sont généralement en fonte, s'assemblent avec des boulons.

Le diamètre d'un piston est un élément essentiel dans une machine à vapeur, dont la force dépend de ce diamètre; il est calculé d'après la formule :

$$d \text{ (diamètre en centimètres)} = (p - p') \sqrt{\frac{a}{0{,}39v}}.$$

(a, force en kilogrammes; v, vitesse du piston en mètres par seconde; p, pression, et p', contre-pression par centimètre carré.)

Au moyen de cette formule, on construit un tableau de la vitesse et de la pression correspondant à chaque diamètre. La vitesse du piston varie de $0^m,85$ à $1^m,10$ dans les machines à basse pression et de 1 mètre à $1^m,50$ dans les machines à haute pression.

Quant à la tige du piston, qui est un cylindre en fer, on a établi plusieurs formules pour déterminer son diamètre; mais il est inutile de les rapporter ici, puisque l'expérience a admis que le diamètre d'une pareille tige est égal au dixième du diamètre du piston. Le diamètre des tiges en acier est réduit aux six dixièmes de celui des tiges en fer.

Le travail absorbé par le frottement du piston contre le cylindre. — Une certaine quantité de travail est consommée par le frottement du piston, dont le contour doit être appliqué avec force contre le cylindre, au moyen de garnitures ou de ressorts, afin que, nous le répétons, la vapeur ne puisse jamais passer d'une face à l'autre du piston.

Ce travail pour chaque course de piston est $= t = \pi.d.e.l.f.p.$

(d, diamètre du piston ; e, son épaisseur ; l, sa course par seconde ; f, le coefficient de frottement ; p, pression contre le cylindre.)

§ 7. — MÉCANISMES DE DISTRIBUTION DE LA VAPEUR.

La vapeur de la chaudière est introduite dans la *boîte à vapeur*, caisse oblongue en fonte, faisant corps avec le cylindre, et cela par un tube en fonte, en fer ou en cuivre, appelé *tube de prise de vapeur*, dont le diamètre est le cinquième de celui du cylindre. Il a deux fermetures : l'une près de la chaudière, l'autre près de la machine. Ces fermetures se manœuvrent par des *régulateurs*, qui sont des robinets, des soupapes, des valves ou papillons, des plaques ou tiroirs d'admission qu'il ne faut pas confondre avec ceux du cylindre dont nous parlerons bientôt. L'ouverture plus ou moins grande du régulateur est tantôt laissée à la volonté du mécanicien, tantôt elle est produite par un appareil qui porte le nom de *régulateur Watt* ou *régulateur à force centrifuge*. Comme on le voit, le mot *régulateur* s'applique à deux appareils qui ne se ressemblent en aucune façon.

La vapeur de la boîte à vapeur est distribuée dans le cylindre par des passages ou conduits dont les ouvertures s'appellent *lumières*. Les deux ouvertures aux extrémités du cylindre sont les *lumières d'admission ;* la troisième, placée entre ces deux, est la *lumière d'échappement*, par laquelle la vapeur, après son fonctionnement, s'échappe, soit dans l'air, soit dans la cheminée, soit dans le condenseur, soit dans un second cylindre, comme dans les machines à doubles cylindres Woolf. Voici de quelle façon a lieu cette distribution dans le cylindre.

Des robinets pareils à ceux du canal d'introduction étaient les premiers appareils destinés à cet effet ; on ne les emploie plus souvent, car ils donnent lieu à des frottements considérables, s'usent très-vite, et laissent échapper la vapeur. Puis sont venues les soupapes qui s'ouvrent rapidement, mais qui se détériorent dans les grandes vitesses par le choc qu'elles exercent sur leur siége. Aussi les a-t-on disposées de manière qu'elles fonctionnent de côté, ce qui a conduit au tiroir.

Le tiroir. — Il se trouve dans la boîte à vapeur ; c'est une espèce de bloc de fonte creux, ou petite caisse renversée, qui se déplace continuellement et ouvre ou ferme les lumières d'introduction. En général, il est simple ; il n'est double que quand le cylindre est très-long ; car, dans ce dernier cas, la vapeur se détendrait inutilement. Les tiroirs doubles sont attachés à la même tige. Le tiroir est placé de façon qu'il ferme les deux lumières du cylindre quand le piston est aux extrémités de la course ; lorsque ce dernier descend, ou lorsqu'il se dirige de droite à gauche, et réciproquement, dans les cylindres horizontaux, le tiroir descend aussi, ouvre une des lumières et ferme

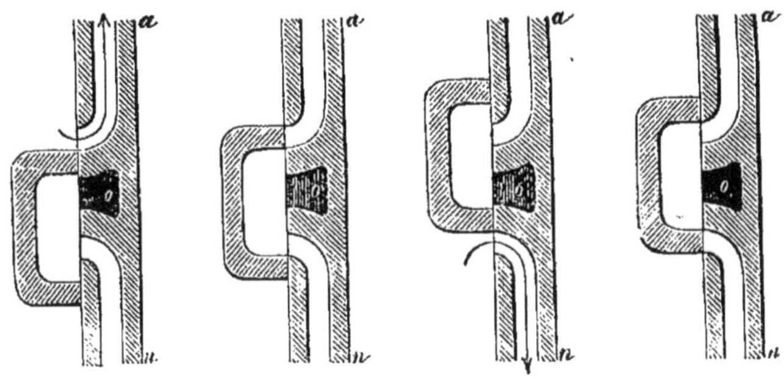

Fig. 300.

l'autre ; la vapeur s'échappe. Pour se rendre compte de ces mouvements, il faut s'en référer au dessin (fig. 300).

Dans la première position, la vapeur qui vient de la boîte passe librement par *a* et presse le piston pour descendre ; pendant cet intervalle, le dessous du cylindre *n* communique avec la lumière d'échappement *o*, et la vapeur s'échappe ; le piston descend en vertu de la différence de pression exercée sur ses deux faces.

Dans la deuxième position, ce tiroir remonte vers *a*, et le piston continue à descendre vers *n*. L'introduction de la vapeur cesse, mais celle du cylindre continue à s'échapper par *o;* celle qui se trouve vers *a*, en haut, agit par la détente, et c'est sous l'influence de cette dernière que le piston achève sa descente.

Dans la troisième position, le tiroir continue toujours à monter vers *a*, et la vapeur passe par le tuyau *n* pour presser le piston en bas ; pendant ce temps, la vapeur, venant de *a*, s'échappe par *o*.

Dans la quatrième position enfin, l'entrée de la vapeur par *n* est fermée, et la vapeur venue de *a* continue à s'échapper par *o*. Celle qui s'était introduite sous le piston agit par détente et finit par le pousser en haut. Le tiroir revient alors à sa position première, et le jeu recommence.

Le mouvement du tiroir s'obtient par un excentrique monté sur l'axe de la machine. C'est, nous le savons déjà, un plateau circulaire dont le centre ne coïncide pas avec celui de l'axe. Lorsque cet axe tourne, le bord de l'excentrique décrit un cercle autour de l'axe, et par suite monte ou descend d'une quantité égale à la double distance qui sépare les deux centres et qu'on nomme l'*excentricité*. La barre qui fait avancer le tiroir est reliée à l'excentrique par un anneau, dans lequel le plateau tourne. Cette barre monte ou descend de deux fois l'excentricité, comme par l'effet d'une manivelle dont la longueur serait précisément cette excentricité. La barre ou tige du tiroir est reliée à la barre d'excentrique, soit directement, soit par des leviers.

Autrefois, chaque barre d'excentrique se terminait par une espèce de fourche, ou *pied de biche*, qui saisissait le bouton placé à l'extrémité inférieure du levier de distribution attaché au tiroir. Les deux barres d'excentrique pouvaient alors être relevées ou abaissées et embrasser ce levier de distribution, afin de faire agir la vapeur tantôt dans un sens, tantôt dans l'autre.

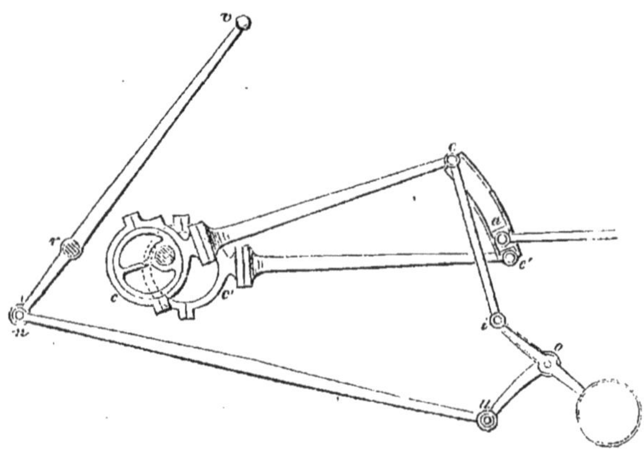

Fig. 301.

Dans les nouvelles locomotives, on n'emploie plus que la coulisse en arc de cercle dite *coulisse Stephenson* (fig. 301), qui relie les extrémités des deux barres d'excentrique, et dans laquelle est engagée la tête de la bielle qui commande la tige du tiroir.

c, c' sont les deux excentriques inverses, dont les bielles sont articulées à la *coulisse ee'*. La manette du mécanicien est au point *v*. Sa coulisse peut être élevée ou abaissée au moyen du levier *vni*, que nous examinerons plus tard en détail. Le *coulisseau a* est la tête d'une tige guidée dans son mouvement rectiligne.

Ce mouvement du tiroir, qui semble très-simple et très-pratique, offre de sérieux inconvénients. En effet, dans le moment où le piston descend, le tiroir ferme les lumières, et c'est alors que la vapeur devrait agir en plein pour pousser le piston et pour expulser la vapeur qui a fonctionné, mais qui reste en contre-pression. Il est vrai que cette contre-pression ne dure qu'un instant, rapide comme la pensée ; mais elle existe, et comme les coups de piston doivent se suivre avec une vitesse extrême aussi, le moindre retard y influe notablement. Donc, il faut faire disparaître cette contre-pression, et voici comment on y arrive :

On agrandit les bases du tiroir, afin qu'elles soient plus larges que les lumières. Cet élargissement du tiroir porte le nom de *recouvrement;* en outre, au lieu de placer le centre de l'excentrique à 90 degrés en avant de la manivelle, on le place à 10 degrés plus loin, de façon que le tiroir ait déjà ouvert de $0^m,003$ la lumière supérieure, au moment où le piston va descendre, et il aura ouvert en grande partie la lumière inférieure par laquelle la vapeur, qui a fonctionné en dessous, aura pu s'échapper. La quantité du recouvrement des tiroirs s'appelle l'*avance linéaire*, et l'angle dont il a fallu déplacer les rayons des excentriques, par rapport à leur position normale, est l'*avance angulaire*.

Le mouvement des tiroirs, ainsi réglé, obvie aux inconvénients des tiroirs primitifs et procure en outre quelques avantages accessoires que nous connaîtrons en suivant la marche du tiroir.

Lorsque le piston est en haut de la course, la vapeur arrive sur lui, l'échappement a déjà commencé, et le tiroir descend avec le piston jusqu'à ce que la lumière supérieure soit ouverte ; puis il remonte, tandis que le piston continue sa marche descendante ; mais avant qu'il ait terminé sa course, le tiroir, en remontant, aura atteint le bord supérieur de la lumière et arrêtera l'arrivée de la vapeur. A partir de cet instant, le piston continuera à descendre par l'effet de la détente qui a lieu pendant tout le temps que la bande du tiroir recouvre la lumière ; elle cesse naturellement lorsque la lumière va s'ouvrir pour laisser échapper la vapeur. Les mêmes effets se produisent lorsque le piston remonte.

L'échappement de la vapeur. — La vapeur, après son travail dans les cylindres, est dirigée dans la cheminée pour activer le tirage ; elle agit comme un piston qui pousse la fumée devant lui ; il se produit un vide dans lequel se précipite l'air après avoir traversé le foyer. On régularise la vitesse d'échappement par des valves dont le *tuyau d'échappement* est muni (voir *Locomotives*).

Les mécanismes de la détente de la vapeur. — Le recouvrement du tiroir offre un deuxième avantage : les rebords du tiroir étant plus larges que la lumière, la vapeur reste emprisonnée dans le cylindre, où elle agit avec détente. Certaines machines n'ont jamais un travail constant, entre autres la locomotive ; tantôt elle marche horizontalement, tantôt elle monte, tantôt elle descend ; le poids du train change à chaque station ; les rails sont plus ou moins glissants ; l'adhérence plus ou moins grande. Or, comme les obstacles que la machine doit surmonter sont variables, il s'ensuit que sa force doit l'être également, puisqu'elle doit leur être appropriée pour donner la vitesse ou la puissance de traction voulue. Vitesse ou puissance se traduisent ici par une dépense de vapeur qui est variée par la quantité de vapeur introduite dans le cylindre, ou par sa détente, au gré du mécanicien.

Dans le but de varier cette détente, on avait employé d'abord deux tiroirs superposés, dont le supérieur se composait de deux parties ayant la forme d'écrous montés sur un même axe fileté en sens inverse ; de façon qu'en tournant à droite ou à gauche, on les écartait ou on les rapprochait, et on variait ainsi la durée de l'admission de la vapeur. La coulisse de Stephenson est aujourd'hui généralement employée, à cause de sa simplicité, pour produire la détente variable ; à cet effet, on fait changer la position du coulisseau, ainsi qu'on le voit dans la figure précédente.

La cataracte. — Appareil spécial pour régulariser la marche d'une machine à vapeur destinée aux épuisements des mines ; il se compose d'une petite pompe foulante placée dans un baquet, au bas de la *poutrelle-tige*, attachée au balancier. A chaque oscillation du balancier, la poutrelle soulève le piston de la cataracte, et lui fait aspirer une quantité d'eau déterminée, qui est chassée ensuite par le poids du piston chargé d'un poids additionnel. Or le levier de la cataracte communique avec les encliquetages ; il ouvre et ferme les soupapes d'introduction et d'échappement de la vapeur. La vitesse d'écoulement de l'eau dépend de la vitesse du mouvement de la cataracte, et par conséquent de celui de la machine. Or, en réglant par un robinet l'écoulement de l'eau, on règle la vitesse de la cataracte, la marche des soupapes, et finalement celle de la machine à vapeur. Le nombre des coups de piston de la machine à vapeur et de la pompe est ainsi rendu proportionnel à la quantité d'eau à épuiser dans un temps donné.

§ 8. — CONDENSATION DE LA VAPEUR.

On condense ou l'on réduit en eau la vapeur après son fonctionnement dans le cylindre ; à cet effet, on y injecte de l'eau froide ; celle-ci s'échauffe aux dépens de la vapeur. Cette condensation a pour but de diminuer la contre-pression que la vapeur exercerait sur le piston, si l'atmosphère ou une nouvelle quantité de vapeur agissait du côté opposé. La condensation ne produit pas le vide complet ; elle exigerait une trop grande quantité d'eau froide. Au lieu d'une atmosphère de pression ou $1^k,03$ par centimètre carré, il ne reste qu'une résistance de $0^k,15$ par centimètre carré. La condensation est très-variable ; elle dépend de la température de l'eau et du degré de vide qu'on veut produire ; en été, il faut plus d'eau qu'en hiver. Le degré du vide dans le condenseur est mesuré par un manomètre.

On serait tenté de croire que la condensation par de l'eau injectée est très-simple et qu'elle a dû se présenter tout de suite à l'esprit. Cependant il n'en est pas ainsi ; c'est le hasard qui y a conduit. Un jour on s'aperçut que la condensation se produisait avec une rapidité beaucoup plus grande qu'à l'ordinaire ; on l'effectuait cependant par le même moyen, qui était le refroidissement extérieur du cylindre. On découvrit alors qu'une partie de l'eau mise sur le piston pour empêcher le passage des fluides tombait sous forme de pluie dans l'espace rempli de vapeur ; c'est cette observation qu'on mit à profit, et on injectait dans le cylindre l'eau avec une pompe à arrosoir ; finalement, on a introduit la vapeur à condenser dans un récipient spécial qui est le *condenseur ;* il est séparé entièrement du cylindre. Cette séparation du condenseur est une des conceptions les plus importantes de James Watt. Disons encore qu'au lieu d'être injectée mécaniquement, l'eau peut aussi l'être physiquement par aspiration directe. Mais cette aspiration par la seule pression atmosphérique rend la mise en train de la machine trop difficile, surtout si la hauteur à laquelle l'aspiration doit s'exercer est considérable.

Le condenseur. — Il est composé des parties suivantes :

Le *cylindre condenseur* est un cylindre en fonte ; la vapeur en sortant du cylindre moteur s'y précipite et se condense par l'eau froide injectée en une infinité de gerbes minces.

La *bâche à eau froide* est le récipient de l'eau qui vient du puits et qui est destinée à être injectée dans le condenseur.

La *pompe à eau froide* doit fournir par deux coups de piston 25 litres pour 1 kilogramme de vapeur à 40 degrés ; son diamètre est un tiers de celui du piston à vapeur.

La *bâche à eau chaude* est le réservoir où s'accumule l'eau chaude que la pompe à air doit refouler en partie dans la chaudière ; cette bâche est munie d'un dégorgeoir par lequel le trop-plein se déverse au dehors.

La *pompe à air* est mise en mouvement par le balancier de la machine ; son but est d'enlever l'eau de condensation à mesure que la vapeur est liquéfiée, ainsi que l'air que renferme toujours l'eau, et par conséquent aussi la vapeur d'eau. Si cet air n'était pas extrait du condenseur, il s'y accumulerait au point que sa pression serait supérieure à la pression atmosphérique. Cette pompe est à simple effet, la course de son piston est la moitié de celle du piston à vapeur; sur les deux coups du piston à vapeur elle donne seulement un coup. La pompe à air s'assemble avec la bâche d'eau froide au moyen d'une tubulure.

A chaque coup de piston ce mélange d'eau et de vapeur est expulsé par cette pompe, puis transporté dans la chaudière par la pompe d'alimentation. Cette alimentation avec de l'eau chaude est, soit dit en passant, très-avantageuse ; car elle arrive déjà avec une température de 40 degrés et, par conséquent, le combustible qu'il faudrait dépenser pour la porter à cette température est une économie. Pour obtenir une bonne condensation on doit disposer de 10 litres d'eau froide par minute et par force de cheval. Dans quelques circonstances exceptionnelles on a employé pour la manœuvre des pompes de condensation une machine à vapeur spéciale.

La théorie n'a pas encore déterminé les dimensions du condenseur; effectivement, il y a là, comme dans tous les calculs où la matière entre en ligne de compte, beaucoup d'éléments difficiles à classer. Ainsi, dès que le condenseur est très-grand, il devient presque impossible de le purger d'air et de faire pénétrer l'eau dans toutes les parties où la vapeur s'est accumulée; s'il est trop petit, quelque prompte que soit la condensation, la vapeur à condenser donne lieu à une contre-pression par suite de la difficulté qu'elle éprouve à pénétrer dans le condenseur même. Il faut donc s'en référer à l'expérience qui a appris que le volume du condenseur doit être égal à celui de la pompe à air ; il ne s'agit donc que de connaître ce dernier : il est égal à un tiers du volume engendré par le piston à vapeur dans une course simple.

En résumé, voici la marche de la condensation : le condenseur reçoit l'eau froide, la vapeur condensée et l'eau chauffée par cette vapeur sont enlevées par la pompe à air. Cette pompe enlève en même temps l'air mêlé à la vapeur et celui qui est dissous dans l'eau froide et qui s'en sépare par la chaleur. La pompe à air amène dans un réservoir l'eau chaude dont une partie est refoulée dans la chaudière par la pompe alimentaire, et dont le reste s'écoule au dehors.

Les conditions d'équilibre des fluides renfermés dans le condenseur. — Voici d'abord les notations :

p, poids de la vapeur à condenser ; $p \times 650$, quantité de calories emportées par la vapeur dans le condenseur ; p', poids de l'eau employée à condenser la vapeur p ; t, température de l'eau avant le mélange avec la vapeur ; t', température de l'eau après le mélange avec la vapeur ; $p'(t'-t)$, quantité de chaleur gagnée par l'eau en entrant dans le condenseur ; $p(650-t')$, quantité de chaleur perdue par la vapeur en se condensant ; 650, nombre de calories contenues dans 1 kilogramme de vapeur. Précédemment (p. 9), on a vu qu'il faut 550 calories pour vaporiser 1 litre d'eau ; en y ajoutant 100 calories pour porter l'eau de zéro à 100 degrés on a les 650 calories. Les praticiens admettent ce dernier chiffre, sur lequel les physiciens ne sont pas encore d'accord.

En établissant l'égalité entre ces deux dernières quantités, on obtient :

$$p'(t'-t)=p(650-t'). \qquad p'=p\left(\frac{650-t'}{t'-t}\right).$$

On se sert également de la formule pratique : $p' = 889\,a$.

(a, force de la machine en chevaux.)

Le volume à retirer du condenseur par la pompe à air, pour 1 kilogramme de vapeur condensée, est en chiffres sommaires : 2 litres d'eau et de vapeur condensée ; 24 litres d'eau introduits par le condenseur ; 24 litres d'air dégagé par l'eau de condensation ; 2 litres d'air dégagé par l'eau et la vapeur condensée venant de la chaudière ; 52 litres en totalité.

La température la plus convenable pour la condensation est de 40 degrés ; la pression dans le condenseur est alors d'un sixième d'atmosphère. Si l'on veut condenser à une température plus basse, il faut dépenser un plus grand volume d'eau froide qui, pour être enlevé par la pompe à air, exige un travail supérieur que l'augmentation du vide ne compenserait pas. La dixième partie de la puissance de la machine est absorbée par le mouvement des appareils de condensation.

L'utilité contestable des condenseurs. — La construction des condenseurs entraîne des complications dans les mécanismes; ils exigent des réservoirs, des pompes qui prennent une place considérable, et occasionnent des dépenses d'installation et d'entretien. Alors, malgré l'économie qu'ils offrent, il est souvent préférable de les supprimer et d'employer des machines sans condensation, à moins qu'il n'y ait de l'eau en abondance, comme dans les bateaux. Quant à l'eau de condensation qui est chaude, mais qui entraîne des graisses, elle ne peut guère être utilisée.

§ 9. — MÉCANISMES DE TRANSMISSION DE LA FORCE DE LA VAPEUR.

Nous avons vu que, généralement, la vapeur qui sort de la chaudière, entre dans un cylindre dont le piston reçoit un mouvement de va-et-vient. C'est ce mouvement qu'il faut utiliser en le gardant tel quel, par exemple un marteau pilon attaché à la tige du piston, ou en le transmettant à un balancier, à une bielle, à une manivelle.

La transmission par balancier. — Le premier travail qu'on avait demandé aux machines à vapeur, c'était de faire marcher les pompes des mines par un mouvement de va-et-vient qui est le même que celui du piston à vapeur ; le transmettre à la tige de la pompe par un balancier est le mode le plus simple. Mais les extrémités du balancier décrivent des arcs de cercle que les tiges ne pourraient suivre sans se fausser. Pour que cela n'arrive pas, Watt a inventé le *parallélogramme articulé* qui se compose de trois tringles en fer *cv*, *vn* et *na*,

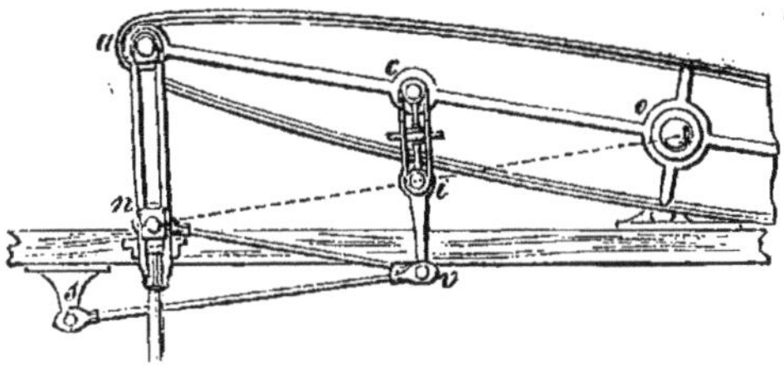

Fig. 302.

articulées entre elles (fig. 302). Ces trois pièces et la portion *ca* du balancier constituent un parallélogramme qui peut changer de forme à cause de ses articulations. Pendant que le balancier oscille autour de son centre *o*, son extrémité *a* décrit un arc de cercle dont le centre est évidemment en *o*. Le point *n* décrirait également un arc de cercle de même centre, si le parallélogramme *cn* ne se déformait pas. Mais par suite de la mobilité relative des pièces qui le composent, on peut le déformer de telle façon que le point *n* ne sorte pas de la verticale. Cette déformation doit donc être rendue obligatoire, afin que la tige du piston suive toujours la même verticale. A cet effet, Watt a observé que si l'on oblige le point *n* à monter en ligne droite, le point *v* décrit une courbe qui s'approche beaucoup d'un arc de cercle ; on relie alors au point fixe *s* ce point *v* pour l'obliger à décrire cette courbe. Le sommet *v* du parallélogramme se maintient à la même distance du point *s*, quelle que soit la position du balancier. Le parallélogramme se déforme par suite de la fixation du point *v*, et le point *n* décrit une courbe qui ne s'écarte pas sensiblement de la ligne verticale.

Il ne reste plus qu'une certaine particularité du parallélogramme à signaler. Si l'on tire une ligne droite du point *c* au point *n*, elle coupe la pièce *cv* au point *i*, qui se meut dans une verticale à peu près comme le point *n*. Cette circonstance permet d'attacher au point *i* la tige de piston d'une pompe ; l'étendue du mouvement est bien plus faible que celle du point *v*.

La transmission par manivelle et par bielle (fig. 303). — La tige du piston est guidée par les glissières *an* entre lesquelles glisse

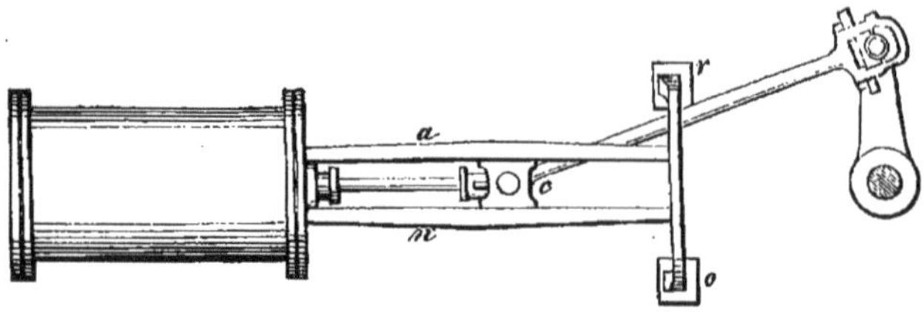

Fig. 303.

la *tête* ou *crosse de la tige*. La pièce *ro* sert à maintenir les glissières.

La transmission directe par manivelle (fig. 304). — La bielle est supprimée, ce qui est une simplification, mais le cylindre est rendu mobile, ce qui exige une complication. Cette mobilité est indispensable afin que la tige puisse suivre l'axe du cylindre, sans quoi elle se fausserait; elle glisse donc au moyen des roulettes ou galets *or* entre les guides. Nous mentionnerons ce cylindre mobile dans la machine oscillante; il oscille en effet autour de ses tourillons *a* qui sont creux, afin que la vapeur puisse entrer et sortir; le mécanisme de distribution de la vapeur est porté par le cylindre et oscille avec lui. Dans ce système ces deux tourillons sont les seuls points fixes. Ils conservent la même position pendant le mouvement de la machine.

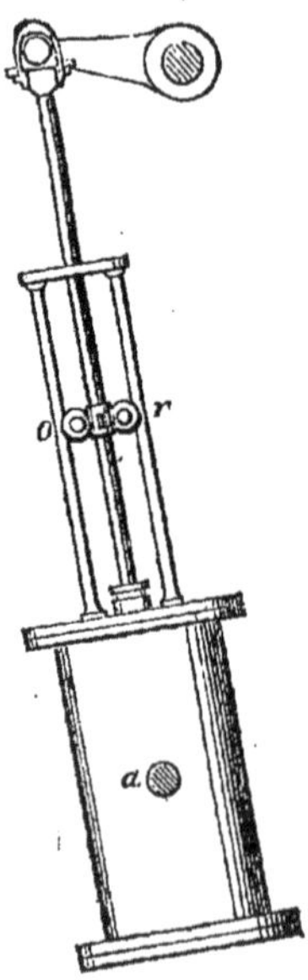

Fig. 304.

La manivelle est soumise à des efforts de flexion; aussi la construit-on le plus solide possible : elle fait corps avec l'arbre dont elle a l'épaisseur; c'est du reste une remarque générale qui peut trouver ici sa place.

Le fonctionnement d'une machine à vapeur. — Après avoir fait connaître tous les détails d'une machine à vapeur, nous pouvons maintenant les assembler pour en examiner le fonctionnement, comme nous l'avions essayé pour les chaudières. Une machine à double effet de Watt (fig. 305) nous servira de démonstration.

La vapeur entre au point *n* à gauche dans le cylindre *a* et passe par le jeu du tiroir tantôt au-dessus du piston, tantôt au-dessous. Le tiroir est ici une espèce de tuyau élargi aux extrémités et muni d'une tige destinée à le faire mouvoir ; il s'appuie sur les ouvertures d'introduction et d'échappement, suivant que le piston monte ou qu'il descend. Le cylindre est fermé. La tige du piston *c* est reliée par le parallélo-

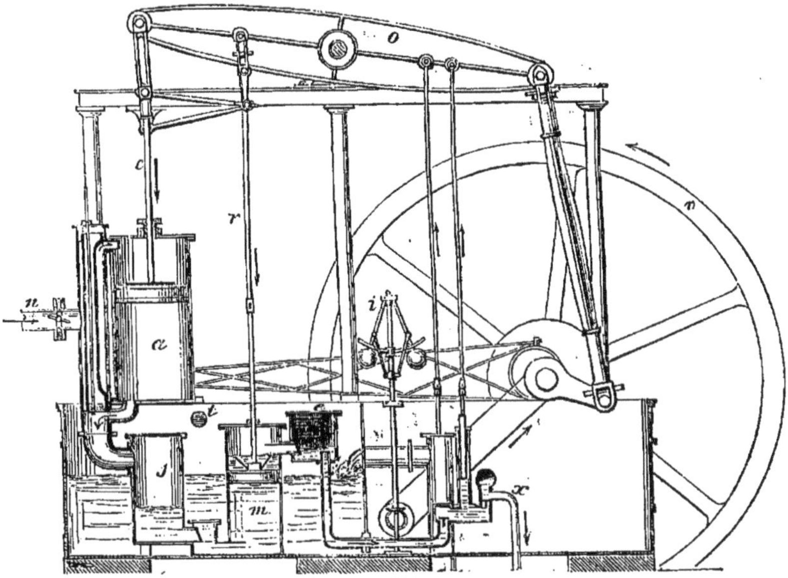

Fig. 305.

gramme articulé au balancier *o*, qui tourne au moyen de sa bielle la manivelle de l'arbre de couche dont le volant *v* régularise la marche et permet de franchir les points morts.

Recherchons maintenant ce que devient la vapeur.

La partie inférieure du cylindre communique avec le condenseur *s*. La vapeur y entre directement quand le piston descend, et elle traverse toute la boîte, quand il monte. Un tuyau *t*, vu en coupe, communiquant avec le condenseur, amène, par l'excès de pression atmosphérique, l'eau sous forme de pluie dans le condenseur ; sur ce tuyau se trouve un robinet qui règle la quantité d'eau.

L'eau de condensation et l'air qui s'accumulent dans le condenseur sont extraits par la pompe à air *m*, manœuvrée par la tige *r*. L'eau se rend dans le canal *e* et une partie en est reprise par la pompe d'alimentation pour être refoulée dans la chaudière.

Une troisième pompe, dite *à eau froide*, mue également par le balancier, puise l'eau froide par le tuyau *x* dans un réservoir voisin et la verse dans la bâche d'où elle passe dans le condenseur.

Enfin la marche de la machine est réglée par le régulateur de Watt *i*. L'arbre de couche, au moyen de courroies, fait tourner plus ou moins vite des roues d'engrenage au bas de la tige *i*. Les boules, s'écartant plus ou moins, entraînent le manchon, qui fait mouvoir une série de leviers et de tringles pour manœuvrer le robinet *n*, dit *valve à gorge*, destiné à amener la vapeur. Nous voilà à notre point de départ.

§ 10. — CONDUITE DES MACHINES A VAPEUR.

La conduite des machines à vapeur est un art. Quoique nous ayons commencé par dire qu'on ne l'apprend pas dans les livres, nous devons néanmoins en indiquer quelques principes généraux, afin de savoir en résumé ce qu'il s'agit d'apprendre pour pouvoir mettre une machine en marche, pour l'y maintenir et pour l'arrêter.

Le mécanicien doit nettoyer constamment sa machine ; plus il la nettoie, plus il en découvre les défauts, les pièces usées ou dérangées par les corps étrangers qui s'accumulent avec la graisse durcie dans les joints et augmentent les frottements. Les parties polies doivent être luisantes, et les parties peintes sans taches. Pour qu'aucune pièce ne soit oubliée, il importe que le mécanicien graisse successivement et toujours dans le même ordre. Il doit tenir au complet sa collection des ustensiles et outils pour racler la graisse, pour vider les boîtes à étoupes, pour serrer les écrous et les clavettes, pour enlever les soupapes si les pompes alimentaires cessent de fonctionner. Il ne doit pas quitter sa machine ; pendant son absence, il peut s'en détacher des pièces ; il faudra peut-être l'arrêter à la suite d'accidents arrivés dans la fabrique.

Pour mettre la machine en marche, il faut veiller à ce que la vapeur ait la pression à laquelle on doit travailler ; il faut donc avoir l'œil fixé sur le manomètre. Avant d'ouvrir le régulateur, il est nécessaire de s'assurer que la manivelle ait dépassé le point mort, sans quoi la vapeur ne pourrait pas pénétrer dans le cylindre. On agit alors sur le volant avec la main ou avec un levier. Cette manœuvre doit avoir lieu quand les lumières d'introduction de la vapeur sont fermées, afin que la machine ne se mette pas d'elle-même en mouvement et que par cela elle n'occasionne de ruptures. Il faut surtout éviter, quand on déplace la manivelle, de faire tourner le volant en sens inverse de sa marche habituelle ; on provoquerait de grands désordres dans la machine manufacturière. Les organes de la machine étant bien placés et graissés, le mécanicien ouvre les robinets purgeurs des cylindres, puis peu à peu le régulateur d'introduction, enfin le robinet du condenseur. Pendant les dix premiers tours de la machine, la vapeur échauffe les cylindres en s'y condensant ; l'eau de cette condensation s'échappe avec l'air par les robinets purgeurs, que l'on ferme quand les cylindres sont chauds. Si, lors de la mise en train, ces robinets n'avaient pas été ouverts, il pourrait en résulter la rupture du cylindre, de la bielle, et finalement du balancier. On règle l'ouverture du régulateur de façon à donner à la machine la vitesse convenable. Il faut surtout se garder d'ouvrir ou de fermer trop rapidement le régulateur ; l'action brusque de la vapeur sur le piston peut occasionner des ruptures par suite de l'inertie des pièces.

Pour maintenir la machine en marche, il faut la surveiller, il faut la graisser constamment, il faut faire couler du suif ou du saindoux sur les pistons par les robinets graisseurs, surmontés d'un entonnoir et placés sur le couvercle du cylindre.

Pour arrêter la machine, on ferme lentement le régulateur, puis les robinets d'injection d'eau froide. Le mécanicien veille à ce que la manivelle ait dépassé le point mort ; il ouvre les robinets purgeurs quand la machine a cessé de marcher ; il ne doit la quitter qu'après l'avoir nettoyée et qu'après s'être assuré qu'elle est en état de reprendre son service. Il n'oublie pas de la mettre à l'abri de l'humidité.

Il reste encore à signaler un travail assez délicat dont le mécanicien doit s'occuper, c'est de refaire les joints mastiqués. A cet effet, il emploie deux espèces de mastics :

Le *mastic de fonte*, composé de 20 parties de limaille de fonte, de 1 partie de sel ammoniac et de 1 partie de fleur de soufre ; à ces substances, on ajoute de l'eau pour les réduire en pâte. Ce mastic sert pour les joints exposés au feu.

Le *mastic rouge*, composé de parties égales de minium et de blanc de plomb, mélangées avec de l'huile de lin. Il sert pour les joints exposés à la vapeur.

Outre la machine à vapeur motrice proprement dite, le mécanicien doit surveiller la machine à vapeur d'alimentation, dont un spécimen est représenté par la figure 306.

Fig. 306.

La figure 307 indique le détail du clapet d'introduction de l'eau.

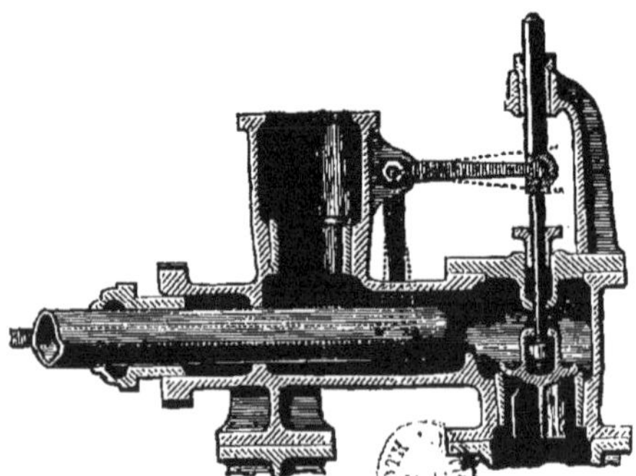

Fig. 307.

§ 11.— TRAVAIL PRODUIT PAR LES MACHINES A VAPEUR.

L'effet utile ou le travail produit par une machine à vapeur quelconque est mesuré par la pression qu'elle exerce sur le piston, multipliée par l'espace parcouru, qui est la vitesse du piston par seconde. Tel est l'effet en théorie ; mais, dans la pratique, il se réduit généralement de moitié, et même davantage, si les mécanismes ne sont pas en parfait état d'entretien. Le produit divisé par 75 donne la force en chevaux-vapeur. Il existe des machines depuis un quart de cheval jusqu'à 1 000 chevaux.

Exemple. — Dans une machine à basse pression, la tension de la vapeur ou la pression qu'elle exerce est de $1^k,30$ par centimètre carré ou de $1^k,15$ si l'on retranche la pression de la vapeur condensée. Le diamètre du piston est de $0^m,40$, sa course de 1 mètre ; il bat 30 coups doubles par minute. Quelle est la force de cette machine ?

La surface du piston $(\pi r^2) = 3,14.(0,2)^2 = 1^{mq},250$.

La pression totale $= 1,250 \times 1,15 = 1438$.

$1438 \times$ par la vitesse du piston, ou 1 mètre par seconde, est l'effet théorique, et divisé par 2, l'effet pratique $= 719$.

719 divisé par 75 donne 9,6 chevaux-vapeur.

Le travail comparatif des diverses espèces de machines à vapeur. — Le travail fourni par les machines à vapeur dépend : de l'utilisation plus ou moins judicieuse de la chaleur, de sa tranformation en force, et de la transmission de cette force ; ou, en d'autres termes, ce travail dépend du foyer, de la chaudière, de la machinerie, enfin du système de construction.

Le sens du tableau ci-dessous est facile à saisir, du moment qu'on veut bien se rappeler que l'unité de force de la chaleur est une calorie dont l'effet ou le travail produit est évalué en kilogrammètres.

Tension de la vapeur en atmosphères			1	2	8
Température de la vapeur en degrés centigrades.			100	121	172
Travail en kilogrammètres des diverses machines	avec condensation	avec détente...	120	143	203
		sans détente...	27	28	31
	sans condensation	avec détente...	zéro	17	65
		sans détente...	zéro	14	28

Les chiffres ci-dessus ne se rapportent qu'à une appréciation théorique du travail de la machine. Dans la pratique on procède autrement. Une seule et même machine peut fournir divers résultats suivant l'emploi de la détente, la variation de pression dans la chaudière et le nombre de kilogrammètres ou de chevaux ne donnerait pas une indication suffisante. On demande alors à une machine qu'elle remorque tel bateau avec telle vitesse, qu'elle tourne tant de broches par minute avec une consommation de combustible déterminée.

Le coefficient économique de la vapeur. — On avait cru jusqu'à présent que la chaleur, transformée en force par les mécanismes, n'était pas utilisée suffisamment dans les machines à vapeur, ou, en d'autres termes, que le rapport entre la quantité de chaleur produite par les combustibles et la chaleur utilisée comme force, ce qui est le *coefficient économique de la vapeur*, n'était très-faible. On pensait que sur 100 kilogrammes de combustible, 3 seulement donnaient un travail réel.

Toutes les tentatives de remplacer la vapeur d'eau par un autre gaz découlent de cette évaluation. Elle a été notablement rectifiée dans ces derniers temps, et nous pouvons être très-rassurés. Le parti qu'on tire de la chaleur n'est pas aussi mauvais qu'on l'a prétendu. On utilise même 16 kilogrammes de vapeur sur 100, dans une machine bien établie et bien conduite.

Nous avons vu plus haut que 1 kilogramme de vapeur renferme 650 calories. Ajoutons encore que l'effet mécanique de 1 calorie est de 420 kilogrammètres; c'est-à-dire que 1 calorie, ou la chaleur capable d'élever de 1 degré la température de 1 litre d'eau, est aussi capable de chauffer l'air dans un cylindre, qui alors élève un piston du poids de 420 kilogrammes à 1 mètre de hauteur, et de l'y maintenir pendant un instant.

§ 12. — CLASSIFICATION ET DESCRIPTION DES DIVERS SYSTÈMES DE MACHINES A VAPEUR.

Un système de classification est-il indispensable? Nous ne le pensons pas. L'essentiel est de connaître les choses d'après leur origine et leurs usages; et chacun peut alors les classer à sa façon.

Cependant, afin de satisfaire tout le monde, nous voulons envisager les machines à vapeur sous les divers points de vue suivants, dont les combinaisons peuvent varier à l'infini.

Ainsi, veut-on les considérer sous le rapport de l'emploi de la vapeur, on a les machines à pression atmosphérique, à basse pression, à moyenne pression, à haute pression, avec condensation, avec détente, avec détente et condensation, avec détente sans condensation, sans détente ni condensation, à vapeur régénérée, à vapeur surchauffée, à vapeurs combinées. (Voir les *Machines à gaz*).

Si l'on n'a en vue que l'effet produit, on obtient les machines à simple effet et à double effet, avec 2 cylindres et avec 4 cylindres.

Quant à la position des cylindres, il y a les machines horizontales, inclinées, verticales, oscillantes et tournantes.

En ce qui concerne la position de la bielle, cet organe est direct, articulé, renversé ou en retour, à cadre, à tige, à fourreau.

Sous le rapport du mode d'action, les machines à vapeur sont à action directe, à balancier, rotatives et à tube flexible Bourdon.

Enfin, ne veut-on connaître que leur emploi spécial, elles se présentent comme moteurs des souffleries et des pompes, comme locomobiles, voitures à vapeur, locomotives, bateaux à vapeur, etc. (pour mémoire, voir les paragraphes spéciaux).

On s'aperçoit immédiatement qu'il y a là de nombreux doubles emplois, mais qui sont en quelque sorte forcés ; nous allons le démontrer par un exemple : la machine à haute pression peut être également une machine à double effet, une machine à cylindre horizontal, à grande vitesse, une locomobile ou une locomotive, etc.

La machine atmosphérique. — Elle est la plus ancienne des machines à vapeur ; on la connaît sous le nom de *machine Newcomen*. Elle est à basse pression, à condensation et à simple effet. Le piston y est poussé par la vapeur de bas en haut ; le cylindre se remplit de vapeur qui est condensée ; le vide se produit ; l'air atmosphérique presse sur le piston et le force à descendre. La tige du piston est attachée à une des extrémités d'un balancier, l'autre soulève la tige d'une pompe d'épuisement des mines.

Cette machine exige une grande quantité d'eau pour la condensation ; sa force est très-limitée, car elle ne dépasse pas une atmosphère ; nous le répétons, la vapeur, ici, n'a d'autre but que de produire un espace vide.

La machine à basse pression. — Elle est à simple ou à double effet. La tension de la vapeur y étant faible, les mécanismes doivent avoir de grandes dimensions et par conséquent être très-lourds. Cette machine ne peut être employée avec avantage que si le combustible est à bon marché et l'eau en abondance. Elle marche avec régularité et son entretien est facile. On la trouve dans les bateaux à vapeur.

Les machines à moyenne pression. — Ce sont les machines à deux cylindres de Woolf. (Voir plus bas.)

Les machines à haute pression. — Ici la vapeur, dont la pression atteint 7 atmosphères, s'échappe dans l'air après son action. Le condenseur devient inutile, puisque la production du vide n'est plus nécessaire. Ces machines sont aussi à détente ; la vapeur agit en plein pendant une partie de la course du piston, puis, en se détendant, elle le pousse jusqu'au fond du cylindre.

Ces machines consomment beaucoup de combustible, 6 à 7 kilogrammes par heure et par cheval. Dans les locomotives, par exemple, qui sont les machines à haute pression par excellence, le bois ou la tourbe tombent sans interruption, coulent pour ainsi dire dans le foyer. Mais elles offrent aussi de grands avantages ; simples dans leur construction, occupant peu de place, ne demandant que l'eau nécessaire à la formation de la vapeur, elles sont les plus petites et les plus légères à force égale.

L'idée d'employer la vapeur à haute pression appartient à Papin ; elle fut développée par Leupold, physicien allemand, dans son livre intitulé : *Schauplatz der Wasserkünste*, 1725 (Théâtre des machines hydrauliques). Ce principe passa inaperçu ; du reste, à l'époque où il fut indiqué, on ignorait la manière de construire des chaudières capables de résister à la haute pression. Watt ne manqua pas de reconnaître l'importance de la vapeur à haute pression ; il en parle dans ses brevets ; mais il ne l'appliqua non plus.

La première machine de ce genre fut construite, en 1770, par Olivier Evans, forgeron à Philadelphie, que les Américains, ses compatriotes, ont, bien entendu, complétement méconnu. On dit qu'il fut inspiré dans son invention par un certain jeu d'enfant, qui consiste à mettre de l'eau dans un canon de fusil, à le boucher avec un tampon et à le chauffer au feu de forge. La vapeur chasse alors ce tampon, comme la poudre chasse une balle. Nous sommes forcé de quitter momentanément cet ouvrier que nous retrouverons bientôt au premier rang des ingénieurs.

Les machines à haute pression se répandirent dans les Etats-Unis ; ce qui les mit en faveur, c'est que l'énorme balancier y était remplacé par une petite bielle. Elles eurent beaucoup de peine à s'introduire en Angleterre, où elles avaient à lutter contre les machines de Watt, qui étaient les machines nationales.

Poncelet disait, il y a quarante ans, ces mémorables paroles : « L'usage des machines à haute pression se bornera principalement à mouvoir des chariots sur les chemins de fer. »

Les machines avec condensation. — La vapeur, au lieu de s'échapper après son action, passe dans un récipient (le condenseur), où l'eau froide est injectée, afin d'y condenser la vapeur et d'y produire le vide. Nous les avons déjà mentionnées.

Les machines avec condensation sont donc également des machines à basse pression ; elles étaient pendant très-longtemps les seules employées. La nécessité d'approprier l'action de la vapeur à tout genre de travail et le désir d'économiser le combustible furent la cause de leur perfectionnement, qui commença, après l'expiration du brevet de Watt, par la machine à deux cylindres de Woolf, en 1804.

La machine avec détente ou expansion. — Nous savons ce que c'est que la détente ; on l'emploie quand on veut économiser la vapeur. Toutes les machines peuvent marcher avec ou sans détente. Dans les machines des bateaux à vapeur et les locomotives, on emploie la détente variable.

La machine avec détente et condensation. — Elle consomme moitié moins de combustible que les autres machines ; mais sa construction est plus compliquée et sa marche exige une surveillance très-active ; elle est usitée là où le combustible est rare et où elle peut être facilement entretenue. On la trouve dans les bateaux à vapeur.

La machine avec détente et sans condensation. — Elle n'exige d'autre quantité d'eau que celle qui est nécessaire pour la production de la vapeur ; elle produit, à poids et à volume égaux, plus de force que la machine avec condensation ; mais elle consomme aussi plus de combustible, 4 à 5 kilogrammes par force de cheval et par heure ; car il faut porter la pression au moins à 5 atmosphères pour réparer la perte de la vapeur qui s'échappe dans l'air. Elle demande beaucoup de soins dans l'entretien de ses mécanismes pour éviter les fuites de vapeur. On l'emploie généralement dans les filatures. Les machines à haute pression sont également avec détente et sans condensation. Nous avons prévenu qu'il y aura de nombreux doubles emplois.

La machine sans détente ni condensation et à haute pression. — C'est la plus légère de toutes, mais elle consomme beaucoup de charbon; elle est difficile à entretenir.

La machine à vapeur régénérée. — La pensée de régénérer la vapeur ou de lui restituer le calorique perdu après son action, s'est souvent présentée aux physiciens. Ils partaient du fait connu que la force élastique de la vapeur croît très-rapidement avec la température, et qu'au-dessus de l'ébullition de l'eau, elle n'a plus besoin que d'un petit nombre de degrés de chaleur pour acquérir une tension considérable. Ainsi, en se servant toujours de la même vapeur et en la réchauffant, on économiserait du combustible. A cet effet, à côté d'un grand cylindre ordinaire, se trouvent deux cylindres plus petits; la vapeur, après sa sortie du grand cylindre, passe dans les petits cylindres qui sont chauffés par la flamme du foyer; elle y agit à 5 atmosphères et passe ensuite dans le grand cylindre, où elle agit avec 1 atmosphère.

La machine à vapeur surchauffée. — La vapeur est d'abord formée dans une chaudière tubulaire divisée en deux compartiments, dont l'un envoie sa vapeur directement dans le cylindre, et dont l'autre fait passer la sienne dans un serpentin où elle se surchauffe à 400 degrés; elle se rend ensuite dans cette chambre où elle trouve la première vapeur, lui cède une partie de sa chaleur, et vaporise l'eau entraînée; ce mélange se rend ensuite dans le cylindre.

Les machines à vapeur combinées (pour mémoire). — Ces machines dans lesquelles la vapeur d'eau est combinée avec des vapeurs d'éther, etc., se retrouveront dans le chapitre des *Machines à gaz*, car la vapeur d'eau n'y joue que le rôle secondaire de chauffer l'éther, etc.

La machine Watt à simple effet. — Le cylindre de cette machine est fermé aux deux bouts. La vapeur pousse le piston et le force à descendre; le poids de la tige de pompe attachée au balancier le fait monter, comme dans la machine atmosphérique de Newcomen. Ce mouvement alternatif a lieu par le jeu des soupapes. La vapeur s'échappe dans un condenseur séparé, où elle rencontre un jet d'eau froide, qui lui fait perdre instantanément son élasticité. L'emploi de la vapeur qui presse sur la surface supérieure du cylindre permet d'exercer une plus grande pression que celle de l'atmosphère. Aussi pour construire une machine d'une puissance déterminée, le piston, ou le cylindre, peut être plus petit que dans la machine atmosphérique.

On emploie encore ces machines pour l'épuisement des eaux au moyen de pompes avec des tiges. Mais aujourd'hui, comme on n'adopte plus que des mouvements circulaires, même pour les pompes, alors les machines à simple effet ne suffisent plus, car elles ne permettent pas la rotation.

La machine Watt à double effet. — Elle a pour but de produire le mouvement de rotation d'un arbre, pour être transformé en un mouvement quelconque, et être transmis à tout mécanisme. Nous venons de voir que la machine à simple effet ne produit qu'un mouvement de va-et-vient d'une tige de pompe. Pour obtenir un effet double, il faut que la vapeur agisse constamment sur le piston, et non pas d'une manière intermittente ; cela se fait en introduisant la vapeur tantôt d'un côté, tantôt de l'autre côté du cylindre.

Toutes les machines à vapeur sont aujourd'hui à double effet, sauf quelques cas exceptionnels pour l'épuisement des eaux dans les mines, ainsi que nous venons de le dire.

La machine à deux cylindres Woolf. — Les cylindres sont de différents diamètres, mais d'égale hauteur ; la vapeur, après avoir produit son effet dans le petit cylindre, passe dans le grand cylindre, où elle agit par détente, et d'où elle s'échappe ensuite dans le condenseur. Les locomotives ont 2 et même 4 cylindres, mais indépendants ; on ne les classerait donc pas dans les machines à 2 cylindres. Une locomotive marcherait aussi bien avec 1 cylindre ou 3 cylindres, qu'avec 2 ou 4 ; cela arrive parfois en cas d'accident.

Revenons aux machines de Woolf, contemporain de Watt ; la consommation de combustible est de 2 à 3 kilogrammes de houille par heure et par force de cheval ; dans ces mêmes limites, la dépense d'eau est de 300 litres. La marche de ces machines nécessite peu de combustible, comparativement aux autres machines ; mais leur construction est compliquée et elles sont sujettes à se déranger, surtout si, dans le but de pousser la détente très-loin, on ajoute un troisième cylindre. Disons encore que la pression est de 3 à 4 atmosphères, et que la détente est de trois fois le volume primitif de la vapeur.

La machine américaine à quatre cylindres Hicks. — Les cylindres horizontaux à simple effet sont placés deux à deux de chaque côté de l'arbre de transmission. Chaque piston sert de tiroir au cylindre voisin. Cette machine a un faible volume, car tous ses organes se trouvent concentrés. La simplicité de cette disposition n'est qu'apparente; deux cylindres à double effet produiraient le même travail. En outre, la vapeur passe par des étranglements et perd de sa pression. On a vu cette curieuse machine à l'Exposition de 1867.

La machine horizontale ou machine à cylindre horizontal (fig. 308 et 309). — Elle offre une grande stabilité ; elle peut prendre la plus grande vitesse possible. Elle est appelée *à cylindre horizontal*, quand même le cylindre est légèrement incliné, comme dans les locomotives. Cette inclinaison ne change en rien la disposition des mécanismes. Quand la tige du piston ne traverse pas le cylindre de part en part, elle doit passer par une glissière ; sans cette précaution, le cylindre, pressé seulement en bas par le piston, s'userait très-vite et inégalement, et n'offrirait plus une section circulaire. Cette machine n'est pas haute ; elle peut donc être surveillée facilement. Beaucoup de constructeurs la considèrent comme le dernier type des machines à vapeur ; tandis que d'autres constructeurs, non moins habiles que leurs concurrents, lui font des reproches très-graves. Ils disent que le piston pèse sur la partie inférieure du cylindre qui bientôt est ovalisé, et laisse passer la vapeur en contre-pression, quand même la tige passe, comme nous venous de le dire, par la base du cylindre, et quand même on donne au piston une grande épaisseur (fig. 310).

La machine inclinée ou machine à cylindre incliné. — Nous en avons déjà parlé à propos de la machine horizontale dont elle est une modification ; le cylindre y est fortement incliné. Elle est principalement employée dans la marine, lorsqu'on veut transmettre l'action du piston à l'essieu moteur des roues sans l'entremise d'un balancier. Elle ne présente pas d'autres avantages ; elle est généralement très-lourde.

LES MACHINES   Fig. 308.   TOME II, PAGE 64.

T. II.

Fig 309.

5

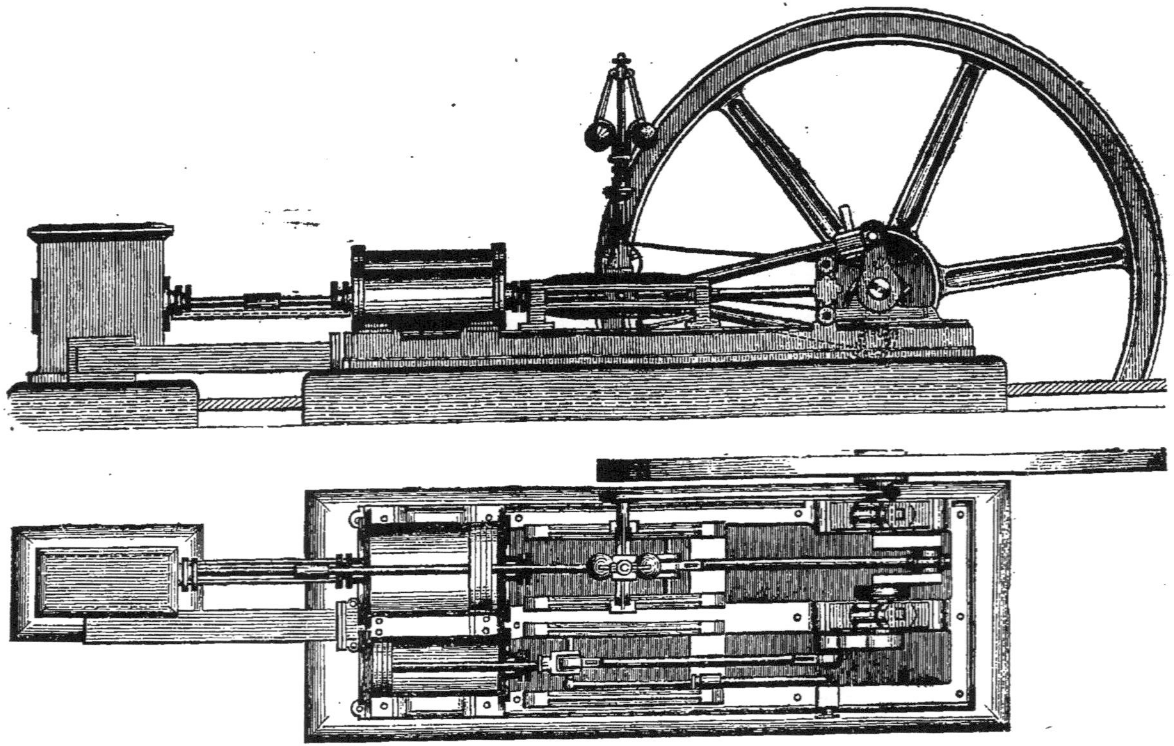

Fig. 310.

Fig. 311.

La figure 311 représente une machine imaginée par M. E. Bourdon. Ce constructeur, en employant deux cylindres inclinés, a cherché à faciliter le passage des points morts.

La machine verticale ou à cylindre vertical (fig. 312). — La tige du piston transmet son mouvement à la manivelle par une bielle et sans l'entremise d'un balancier. Cette machine, très-simple quant à sa construction, rend de grands services dans les fabriques, mais elle

Fig. 312.

a aussi des inconvénients; comme le poids du piston et de la bielle n'est pas contre-balancé, cette machine peut prendre des mouvements irréguliers; aussi, pour les éviter, on accouple deux de ces machines; malgré cela, comme elles s'élèvent en l'air à 5 mètres de hauteur, on les emploie pour économiser de la place en plan horizontal.

La machine oscillante ou à cylindre oscillant. — Dans cette machine, le cylindre oscille autour de deux tourillons dont l'axe traverse son centre de gravité perpendiculairement, ou encore le cylindre oscille autour d'un axe situé à son extrémité. Ses tourillons sont creux : l'un laisse entrer la vapeur, l'autre la laisse échapper. La tige du piston agit directement sur la manivelle; la bielle est donc supprimée.

La machine oscillante se détraque facilement à cause des oscillations mêmes ; sa distribution de vapeur est difficile à régler. On s'en sert dans les bateaux à vapeur, où la question d'emplacement prédomine, car la hauteur de la machine est diminuée de la longueur de la bielle.

La machine à cylindre tournant. — Le cylindre est monté sur un axe passant par le milieu de sa longueur. La tige du piston sort par les deux fonds et se termine de chaque côté par une traverse dans laquelle passe un galet. Les galets roulent contre une courbe en fonte pendant la rotation du cylindre. Si la vapeur agit d'un côté du piston, la tige, n'étant pas normale à la courbe, exerce une pression oblique sur cette courbe. La pression se décompose en deux : l'une, normale, est détruite par la résistance de la courbe; l'autre obtient tout son effet et fait tourner le cylindre. Cette machine présente de grandes difficultés d'exécution.

La machine à bielle directe. — La grande bielle est attachée directement à l'extrémité de la tige quelle que soit la position du cylindre. Cette machine possède une grande simplicité dans le renvoi des mouvements ; elle est comparativement légère, mais elle occupe trop de place en hauteur.

La machine à bielle articulée. — La tige du piston est guidée en ligne droite par une traverse roulant entre deux coulisses. Aux extrémités de cette traverse, en dehors des coulisses, sont les têtes des deux bielles qui transmettent le mouvement à l'arbre moteur.

La machine à bielle renversée ou à bielle en retour. — Plusieurs tiges partent du piston ; l'une d'elles s'articule à la grande manivelle en retournant du côté du cylindre. Le cylindre est fixe et vertical ; la tige du piston est guidée en ligne droite par une crosse glissant dans deux coulisses. L'avantage de cette machine est le peu de place qu'elle occupe. Son défaut est la complication par suite de la multiplicité des tiges. On l'emploie pour les navires de guerre à hélice.

La machine à bielle à cadre. — Elle a une seule bielle et un seul coude à l'arbre moteur; on l'emploie pour une force qui ne dépasse pas 16 chevaux.

La machine à tige bielle. — Dans cette machine le cylindre est vertical, la tige du piston est creuse; c'est une espèce de boîte ou de coffre au fond duquel est attachée la bielle. On emploie ce système dans les bateaux à vapeur.

La machine à fourreau. — La grande bielle est articulée au centre du piston; le fourreau est aussi attaché au piston et passe dans le cylindre par un vaste presse-étoupes.

La machine à vapeur à action directe. — Le mot *à action directe* veut dire que cette machine transmet sa force, sans autre intermédiaire que la tige du piston, à laquelle on attache la tige des pompes ou le marteau-pilon. On construit aussi des machines soufflantes suivant cette disposition. La pompe appelée *petit cheval* est également à action directe; on l'emploie pour l'alimentation des chaudières.

La machine à balancier. — Elle a été imaginée par James Watt; c'est une des plus anciennes; dans l'origine elle n'avait eu pour objet que les épuisements des mines. Elle a beaucoup de régularité dans sa marche; elle est d'un accès facile et peut fonctionner très-longtemps sans grandes réparations; elle permet une attache facile des tiges des pompes alimentaires; cependant elle disparaît peu à peu de la construction moderne. Les habitations se rétrécissent journellement et la machine à balancier, avec son aspect monumental, exige beaucoup d'espace et de larges fondations pour ses supports. En outre, ses oscillations sont très-lentes; pour obtenir des vitesses convenables, il faut employer des engrenages qui absorbent toujours une notable partie de la force motrice.

Les machines à balancier sont de deux sortes : à balancier supérieur d'une seule pièce; cette disposition diminue la stabilité de la machine; elle est inadmissible dans les navires de guerre, puisque l'organe principal du mouvement placé très-haut est exposé aux coups de canon. — Le balancier inférieur se compose de deux pièces parallèles suspendues par des bielles pendantes à une traverse horizontale; le centre de gravité de la machinerie est placé alors aussi bas que possible.

Les machines rotatives. — On appelle ainsi les machines à vapeur dont le piston tourne dans un cercle et communique son mouvement de rotation d'une manière directe à l'arbre de couche. Les organes de transmission : bielle, manivelle, disparaissent. Or, toute transmission implique un frottement, tout frottement implique une force, toute force implique une dépense de vapeur, donc une dépense de combustible, et c'est cette dépense qu'on cherche à économiser. En plus, comme le mouvement est continu, les pertes de forces vives sont notablement diminuées.

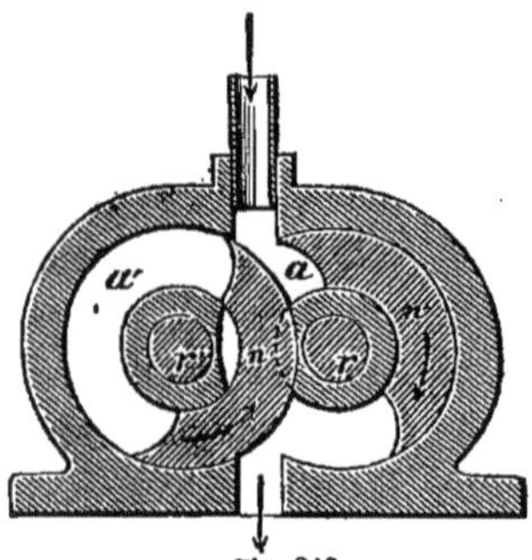

Fig. 313.

L'idée de la machine rotative appartient également à Watt, qui l'a formulée dans ses brevets, mais il ne l'a pas mise en pratique ; il s'est aperçu que la vapeur, économisée par l'absence des frottements, se perdait par les fuites. Pour les éviter, d'innombrables tentatives, les unes plus malheureuses que les autres, ont eu lieu jusqu'à présent, mais comme elles n'ont pas encore reçu la consécration de la pratique, nous devons nous borner à n'en donner qu'un aperçu très-sommaire par le spécimen figure 313.

La capacité *a'*, *a* est alesée et forme deux vides cylindriques dont les centres également éloignés de l'axe *n* de la machine sont distants l'un de l'autre environ des deux tiers du diamètre de chacun de ces vides, de telle sorte que ces derniers se coupent dans l'axe et communiquent ensemble. Les fonds du cylindre sont percés pour laisser passer les tiges *rr'* des pistons qui traversent les douilles fixes dont ils sont entourés, et qui portent extérieurement des roues engrenant ensemble et ayant le même nombre de dents, de façon que ces deux arbres se meuvent en sens inverse et avec une égale vitesse. Les pistons *n*, *n'* s'appliquent étroitement à la surface intérieure du cylindre ; ils peuvent être fondus d'une pièce avec les épaulements de leurs arbres. Dans le mouvement de rotation des pistons la face verticale postérieure de chacun d'eux vient en contact, en dehors du cylindre, avec la face antérieure de l'épaulement de l'autre piston, laquelle s'applique sur le bout de la douille. La partie de chacune de ces douilles la plus rapprochée de l'axe de la machine, est entaillée de manière à permettre le mouvement du piston tournant sur l'autre douille, et à empêcher la sortie de la vapeur en ce point. Les deux flèches indiquent les conduits d'entrée et de sortie de la vapeur.

Lorsqu'on veut employer cette machine, on ouvre l'orifice d'introduction et la vapeur vient presser alternativement sur l'un et sur l'autre piston, la face convexe de celui sur lequel elle n'agit pas lui servant de point d'appui. Si les pistons se trouvent dans la position indiquée par la figure, la vapeur agit sur l'extrémité supérieure du piston n' et le fait tourner dans la direction de la flèche. Ce mouvement est communiqué au moyen d'engrenages au piston n, en changeant de sens, ainsi que la flèche l'indique. La vapeur continue à presser sur le piston n' jusqu'à ce que son extrémité antérieure ait dépassé l'orifice d'introduction ; à ce moment elle agit sur l'autre piston qui, à son tour, communique également son mouvement au piston n', lequel sert alors de point d'appui ; la vapeur agit sur chaque piston pendant la moitié d'un tour de la machine, puis, après un tour complet, s'échappe dans l'atmosphère. Pour changer le sens du mouvement de la machine, on fait arriver, par le jeu d'un tiroir, la vapeur par en bas et on la laisse échapper par en haut.

Cette machine rotative sert en Amérique à élever la bière, l'eau, les mélasses, etc. On en voit beaucoup dans les brasseries et les raffineries de sucre.

La machine à tube métallique flexible Bourdon. — On se rappelle sans doute le tube métallique flexible du manomètre Bourdon, qu'il s'agit en ce moment d'appliquer comme organe de transmission de la force de la vapeur. A cet effet, on tire parti de la propriété qu'il possède de se redresser par suite d'une pression intérieure. Il est aplati dans le sens de la largeur et recourbé ; quand sa capacité augmente, il se redresse ; quand elle diminue, il se courbe ; les bouts du tube s'éloignent ou se rapprochent alors, et cette oscillation engendre un mouvement alternatif dont on peut se servir à faire tourner un arbre à l'aide de petites bielles. Le cylindre et son piston se trouvent ainsi remplacés, et c'est là le but qu'on cherchait à atteindre.

Un industriel pointilleux pourra objecter que les nombreuses articulations du tube Bourdon sont difficiles à entretenir, et que sous ce rapport la prétendue simplification laisse à désirer. Quoi qu'il en soit, cette nouvelle invention offre toujours l'attrait d'une curiosité scientifique. En outre, dans quelques cas particuliers, où l'on aurait besoin d'une grande vitesse mais d'une petite force, elle pourrait offrir des avantages (fig. 314 et 315).

AA', tube en tôle d'acier ; BB', leviers verticaux articulés avec leurs extrémités inférieures avec les chapes de la plaque de fonda-

Fig. 314.

tion et à leurs extrémités supérieures avec les deux bouts du tube flexible ; CC', bielles servant à transmettre le mouvement alternatif du tube A, à l'arbre à double manivelle avec lequel elles sont articulées ; D, excentrique qui donne le mouvement au distributeur E au moyen d'une bielle et d'un petit levier horizontal ; E, boîte de distribution de la vapeur ; F, valve régulatrice recevant son mouvement du régulateur par l'intermédiaire d'un levier et d'une longue bielle.

Le bâti se compose de deux chevalets en fonte fixés sur une plaque de fondation. Le chevalet qui est en avant du tube flexible A est surmonté d'une petite colonne supportant le régulateur et sa transmission de mouvement, qui a lieu au moyen de courroies.

Fig. 315.

Le volant est placé derrière le deuxième bâti et claveté sur le bout de l'arbre à double manivelle.

Les machines à grande vitesse. — La locomotive des express est le type des machines à grande vitesse; le piston y semble fuir devant la vapeur qui arrive toujours en grande abondance. Ici, la vitesse est prédominante et toutes les autres considérations lui sont subordonnées. Nous ne citons ces machines que pour compléter notre nomenclature ; elles formeront l'objet d'une étude spéciale.

Le travail qu'elles fournissent est d'autant plus élevé qu'elles marchent avec plus de rapidité ; il a inspiré l'idée d'appliquer aux machines fixes également de très-grandes vitesses et de produire sous un petit volume de grandes forces. C'est donc encore un emprunt que l'industrie a fait aux chemins de fer.

Fig. 316.

Les machines à vapeur hydrauliques. — Elles sont spécialement destinées à la manœuvre des pompes de mine et d'irrigation. Comme spécimen des meilleures machines d'épuisement à basse pression on peut citer celle des mines de Cornouailles, dans le pays de Galles, en Angleterre ; sa supériorité consiste à donner un maximum d'effet avec un minimum de combustible. Elle est de 600 chevaux ; sa chaudière a des dimensions colossales, avec de grandes surfaces de chauffe, donnant près de 7 kilogrammes de vapeur avec 1 kilogramme de houille. La vapeur y est employée à 3 atmosphères avec une détente considérable, portant à dix fois le volume primitif de la vapeur. Les soupapes d'admission et d'échappement sont très-larges. Un détail assez important est à remarquer : c'est que de la vapeur à une température très-élevée, est introduite dans la chemise qui enveloppe le cylindre. La chaleur de ce fluide vaporise l'eau entraînée par la vapeur du cylindre et donne une grande économie de combustible. Les figures 316 et 317 représentent deux modèles de pompes à vapeur, qui commencent à s'introduire dans les manufactures.

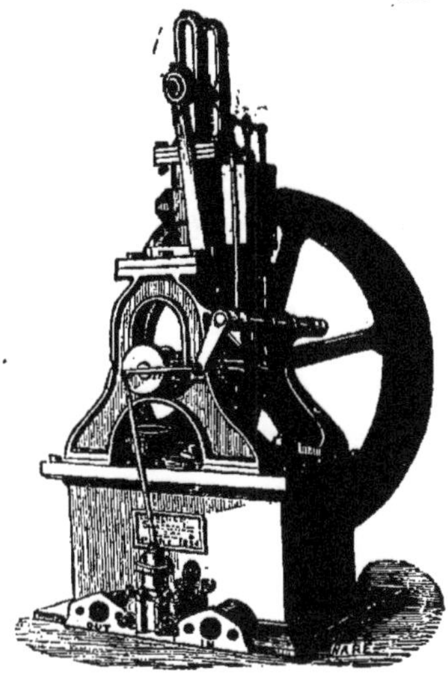

Fig. 317.

Les machines à vapeur soufflantes. — Elles se composent, comme leur nom l'indique suffisamment, d'une machine à vapeur et d'une soufflerie ; ces deux engins sont liés d'une manière intime, comme on l'a vu dans le spécimen figure 202 (t. I, p. 249). Dans un autre spécimen, le piston à vapeur tourne avec sa manivelle les deux volants, qui, à leur tour, font tourner les palettes des ventilateurs au moyen de galets ; ces derniers prennent leur point d'appui dans la rainure des volants. Ce système est assez compliqué et ne peut présenter que l'intérêt d'une étude de transmission de mouvements.

Quand la machine à vapeur est séparée du ventilateur à cylindre, il y a lieu d'établir la corrélation entre le diamètre du piston à vapeur et celui du piston soufflant. Les équations sont :

$$x = 1,11.h\,(0,785d'^2, (13\,590); \qquad d' = 0,785d^3\,(0,76 \times 13\,590);$$

$$x = 0,60\,x'; \qquad \text{donc :} \quad d' = d\sqrt{\frac{0,41}{h}}.$$

(x, la pression sur le piston soufflant ; x', la pression sur le piston à vapeur ; 0,60, le coefficient du travail dépensé pour obtenir le travail réellement utilisé ; h, hauteur de pression en mercure exprimant la différence de la pression intérieure et de l'extérieure de la soufflerie ; d' le diamètre du piston soufflant ; d, le diamètre du piston à vapeur ; 13 590, le poids du mètre cube de mercure ; 0m,76, la pression atmosphérique en hauteur de mercure ; 0m,90, le coefficient de réduction du travail dépensé par suite du frottement, des fuites, etc., etc. ; $1/0{,}90 = 1{,}11$, le coefficient qui rétablit l'équilibre entre les deux pistons.)

Les locomobiles. — Le titre III, article 22 du décret de 1865, dé-

Fig. 318.

finit officiellement les locomobiles. Leur construction est facile à saisir ; elles doivent être aussi légères que possible, tout au plus 2 tonnes ; elles doivent être faciles à déplacer. Il faut qu'elles puissent être fixées solidement au sol, afin qu'elles ne soient pas entraînées par leur propre impulsion. Elles sont à haute pression; on leur donne ordinairement une force de 1 cheval à 5 chevaux et de 8 chevaux au maximum. Elles ont généralement une chaudière tubulaire (fig. 318).

La transmission du mouvement d'une locomobile est indiquée par la figure 319 en élévation et en plan. Le volant D tourne par des courroies la roue C dont le pignon B engrène avec la roue dentée A. Généralement la locomobile se trouve près de son chantier, mais si elle en est très-éloignée, par exemple dans les bâtisses, la transmission de son mouvement a lieu au moyen de câbles télodynamiques, qu'on soutient par des poulies de renvoi fixées à des poteaux.

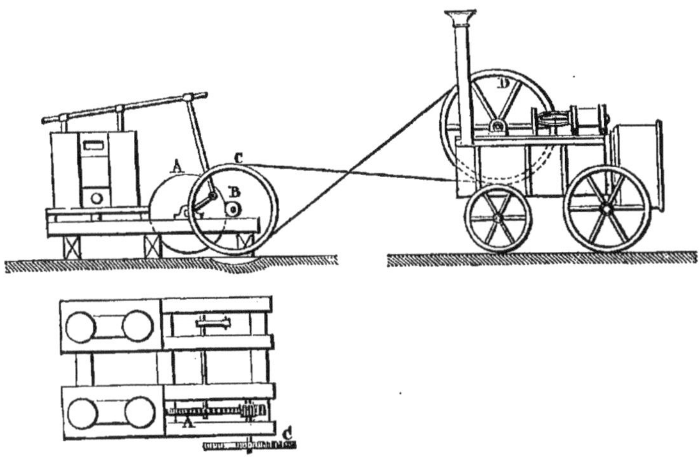

Fig. 319.

Déjà, en 1839, MM. Eugène Bourdon et Rouffet avaient exposé chacun une locomobile. Depuis l'Exposition universelle à Londres en 1851, ces machines se généralisent chaque jour davantage dans l'agriculture pour le battage des grains, pour les hache-paille, les coupe-racines, les moulins, etc., etc., dans l'exploitation des forêts pour le débit des bois sur place. Malgré les dangers d'incendie, les locomobiles sont essentiellement agricoles. En Angleterre, leur fabrication est entre les mains des constructeurs du matériel agricole. C'est surtout dans les travaux publics et les mines que les locomobiles rendent d'importants services : pour le battage des pilotis, la fabrication des mortiers, le montage des matériaux, la manœuvre des pompes d'épuisement, des souffleries, des appareils de préparation de minerais, etc.

Les locomobiles ont diverses formes. La figure 320 représente un genre de locomobile appelée *machine demi-fixe*. Ce terme usuel, qui est une espèce de non-sens, veut dire qu'on peut pousser cette

Fig. 320.

machine d'un endroit à l'autre, puisqu'elle porte sa chaudière. La locomobile verticale est indiquée par le spécimen figure 321, au dixième de la grandeur naturelle.

Fig. 324.

La figure 322 indique la vue d'ensemble et l'intérieur de la loco-

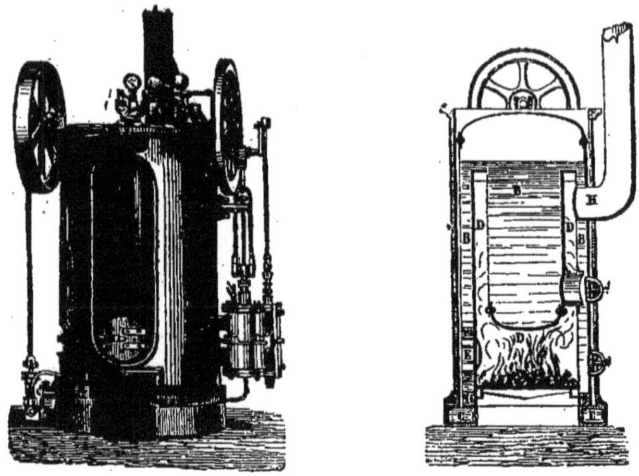

Fig. 322.

mobile précédente; D est le foyer; CB, les parois entre lesquelles circule l'eau; H, la cheminée; *l*, la porte du foyer.

Fig. 323.

Enfin, la véritable locomobile, qu'on peut traîner comme une voiture, est celle des figures 323, 324, 325 et 326.

Fig. 324.

Fig. 325.

Comme les locomobiles se généralisent tous les jours davantage, nous avons cru utile d'en donner le plus de modèles possible.

Fig. 326.

La locomobile Perret. — Les locomobiles à chaudières tubulaires laissent beaucoup à désirer sous le rapport de l'entretien et de la durée ; souvent elles sont mises hors de service après trois campagnes, et revendues, comme de la ferraille, par les fermiers. Ce sont les tubes qui occasionnent cette altération rapide ; dès qu'ils commencent à fuir, ce qui arrive généralement à la suite d'un coup de feu, on les rebouche tant bien que mal. Mais les paysans ne sont pas aptes pour ce travail ; ils s'impatientent, et comme il n'y a pas de mécanicien dans le village, on continue à marcher, en perdant de l'eau et en maintenant la pression à force de combustible, jusqu'à ce qu'on soit obligé de s'arrêter.

M. Perret, ingénieur civil, enlève donc ces tubes et les remplace par un carneau traversé de bouilleurs C, dont les dispositions sont suffisamment indiquées par la figure 327. La locomobile Perret ne diffère pas sensiblement, quant à l'extérieur, des locomobiles tubulaires. Elle est employée en Italie ; espérons qu'elle le sera aussi en France, où on lui reproche de peser 5 tonnes au lieu de 3 tonnes, poids ordinaire.

Cette différence provient des plus grandes dimensions données à la chaudière. Elles pourraient être réduites par l'emploi de la tôle d'acier. Le constructeur n'a, du reste, pas eu à s'en préoccuper pour des pays

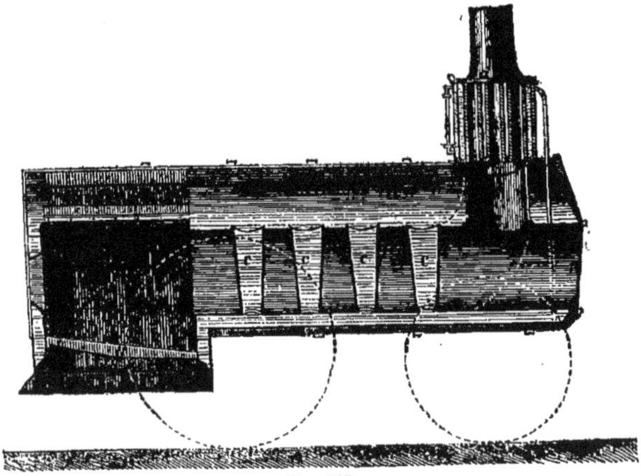

Fig. 327.

où l'on possède de nombreux attelages, et où il est indifférent d'employer deux ou quatre chevaux pour transporter une locomobile d'un chantier à un autre.

La locomobile automotrice. — Pour faciliter le déplacement des locomobiles, on les rend automotrices, c'est-à-dire elles se traînent elles-mêmes, comme les locomotives de route ou de chemin de fer ; elles tournent leurs roues à l'aide d'une bielle qu'on enlève dès qu'elles sont arrivées à destination. A cet effet, elles emportent leurs rails avec elles et les posent sur le terrain naturel, au fur et à mesure qu'elles avancent.

Cette idée ingénieuse appartient à Edgeworth, cousin du prêtre qui a assisté Louis XVI sur l'échafaud ; elle a été mise en pratique, il y a une quinzaine d'années, par l'ingénieur anglais Boydell. Les roues de la locomotive étaient entourées d'une espèce de chapelet composé de patins en fer qui s'abaissaient et se relevaient par la rotation des roues. Ce système n'a pas répondu à l'espérance qu'on y avait fondée, à cause de la complication des organes de ce chapelet ; lors de la guerre de Crimée, on en a tenté un nouvel essai; mais il est resté infructueux par la raison précitée.

Le choix à faire par les industriels dans les divers systèmes de machines à vapeur. — Nous venons de citer un grand nombre de machines à vapeur, et nous pouvons maintenant nous demander pourquoi elles sont si nombreuses et quelle en est la meilleure?

Si cette question est simple, la réponse ne l'est pas autant; car elle diffère pour chaque cas d'application.

La localité où le moteur doit être installé, la nature de l'établissement auquel on le destine, le prix du combustible, la facilité de se procurer l'eau nécessaire à l'alimentation ou à la condensation, ce sont là autant de circonstances qui influent sur le choix de ce moteur. En outre, chaque fabricant de machines cherche à se créer une spécialité, et il adopte un type, soit qu'il l'ait inventé, soit qu'il l'ait perfectionné.

Voici quelques indications sommaires à ce sujet qui résument nos observations précédentes.

Dans les établissements nouveaux, on emploie les machines à cylindre horizontal; elles offrent une grande stabilité; elles sont faciles à surveiller et à graisser pendant leur marche, et elles coûtent moins que les autres machines, à force égale.

Lorsque l'eau se trouve en abondance et à proximité de la fabrique, il faut employer les machines à condensation qui économisent le combustible, de manière qu'en peu de temps le surplus des frais de première installation soit couvert.

Les machines à cylindre vertical avec volant peuvent être placées dans les anciennes manufactures dont les locaux sont souvent très-irréguliers; ces machines se raccordent facilement aux arbres de transmission.

Dans les manufactures qui exigent une grande régularité de fonctionnement, telles que les filatures, les scieries, il faut que la machine se règle automatiquement. Dans les usines où la vapeur, après la sortie du cylindre, sert à chauffer des liquides, on peut même se passer de détente et de régulateur.

La commande et le prix de ces moteurs ne doivent jamais être arrêtés sans une étude consciencieuse de ces conditions.

En résumé, dans le choix d'une machine, comme dans toute chose, il faut aussi suivre la mode, puisque la mode, à ce que l'on dit, est souveraine.

CHAPITRE XVI.

MACHINES MOTRICES A GAZ.

HISTORIQUE.

L'idée des machines à gaz qui, primitivement, étaient des machines à explosion, remonte à l'année 1688, où Huyghens inventa le cylindre avec piston, mis en mouvement par la poudre à tirer. Un siècle plus tard, John Barber, marchant sur les traces du célèbre physicien hollandais, reçut du parlement anglais une patente, ou brevet d'invention pour ces machines. Voici la reproduction *in extenso* de ce document, qui offre un grand intérêt au point de vue de l'histoire de la mécanique industrielle.

« Mon invention consiste dans un vase métallique appelé *cornue*, disposé de telle manière que, lorsqu'il est chauffé par le feu qui l'entoure, du bois, du charbon, de l'huile ou d'autres matières combustibles puissent y être introduits, et que la fumée ou la vapeur qui s'y réunit puisse s'échapper par un petit tube et se rendre en un courant régulier dans un autre vaisseau métallique appelé *vaisseau à explosion* (*exploder*) par le moyen d'une pompe à gaz et d'un compresseur, lequel tuyau, tournant son orifice vers un autre tuyau, qui entre dans le vase à explosion et qui y fait entrer de la même manière une quantité considérable d'air atmosphérique, donne lieu au mélange des deux gaz qui, ainsi mêlés, prendront feu au contact d'une mèche ou d'une chandelle placée à l'ouverture du vase et s'échapperont avec une grande vitesse en un jet continu de feu aussi longtemps que le vase sera convenablement alimenté des deux gaz. Le courant sera considérablement augmenté, tant en qualité qu'en vitesse si l'on ajoute de l'eau dans le vaisseau à explosion par le moyen d'un autre tuyau; cette eau étant d'ailleurs destinée à prévenir la fusion des tuyaux et du vase lui-même, sous l'action du renouvellement et de l'intensité de la flamme; cette eau aussi bien que le gaz sont introduits dans le vaisseau à explosion au moyen d'une pompe. La machine fonctionne par l'action du courant qui s'échappe de la bouche du vase et elle peut être employée à moudre, etc., etc. »

Des essais eurent lieu avec de pareilles machines ; on employait un mélange d'air et d'hydrogène destiné à produire le vide à la suite de l'inflammation. L'hydrogène s'emparait de l'oxygène de l'air et formait de l'eau, dont les vapeurs se condensaient ; comme le cylindre de condensation communiquait avec des tubes plongeant dans un bassin rempli d'eau, ce liquide montait dans ces tubes et retombait sur une roue hydraulique, exactement comme dans la machine solaire, citée à la fin du paragraphe 16 du chapitre I.

Ces machines n'ayant pas donné de bons résultats, on est retourné aux cylindres avec piston, et aujourd'hui on vient de les proposer pour soulever les marteaux-pilons et les moutons des pilotis. On dit que les *machines à poudre* offrent des avantages incontestables qui seraient : le peu de place que le combustible occupe, une grande simplicité de la détente comme de tout l'appareil, l'instantanéité de sa mise en action, enfin l'économie de sa construction et de son entretien.

Nous ne réfuterons pas ces motifs, surtout en ce qui concerne l'économie ; nous bornerons nos objections à faire remarquer que le public craint déjà beaucoup le voisinage des chaudières à vapeur, que serait-ce donc avec la poudre à canon ? Mais ce ne sont là que des considérations accessoires. Le défaut capital de ces machines à explosion réside dans la condition essentiellement défectueuse de la production de la force motrice, dont une transmission ne peut avoir lieu sans chocs et sans destruction rapide de tous les organes ; une fraction minime seulement de la puissance serait disponible pour vaincre la résistance.

On a donc cherché à obtenir des effets moins violents que ceux de la poudre, et on a trouvé le gaz d'éclairage, qui donne une explosion modérée. S'engageant plus en avant dans cette voie, on a incorporé le calorique encore dans d'autres moteurs, tels que l'air atmosphérique, l'éther, le chloroforme, l'acide carbonique, l'ammoniaque, qu'on fait agir dans des machines semblables à la machine à vapeur, quant au principe fondamental de construction.

§ 1. — THÉORIE DES MACHINES A GAZ.

Ces nouveaux engins peuvent être moins coûteux, moins embarrassants et moins dangereux que les machines à vapeur, mais ce serait une grave erreur de croire que la substitution d'un autre fluide à la vapeur d'eau, puisse donner un travail supérieur.

Le travail est le résultat de la force, et la force celui de la chaleur, qui est plus ou moins bien incorporée dans un moteur et plus ou moins bien utilisée par des organes de transmission ; mais l'effet théorique dans les machines à feu n'est qu'une affaire de calcul de la différence de température entre l'air atmosphérique et le gaz dans une chaudière. On ne retire d'un corps que ce que l'on y a mis, et une quantité définie de chaleur ne donne qu'une quantité également définie de calories ou de kilogrammètres. Demander plus, ce serait prendre quelque chose là où il n'y a rien, et le mouvement perpétuel serait trouvé.

Néanmoins, dans la pratique, le choix d'un moteur n'est pas indifférent : il commande la construction de la machine ; or, celle-ci est composée d'éléments dont la masse et la capacité calorifique donnent naissance à des phénomènes secondaires qui influent sur son rendement. C'est ainsi, pour citer un exemple, que plus une chaudière est grande plus elle perd de chaleur par le rayonnement de sa surface. Reste aussi la considération économique : une machine à gaz donne moins d'effet qu'une machine à vapeur de même grandeur ; mais la première s'installe dans une chambre, la seconde demande en outre une cour ou une cave pour sa chaudière, son charbon et son eau.

Il est donc bien entendu que les molécules des corps qui propagent la chaleur et la transforment en mouvement sont des espèces d'organes de transmission plus ou moins aptes à ce genre de travail, suivant leur nature intime. Un balancier en caoutchouc ne rend pas autant de services qu'un balancier en fer, par des raisons que nous connaissons, de même une molécule d'air ne transmet pas la force de la chaleur aussi avantageusement qu'une molécule de vapeur d'eau, par des raisons que nous ignorons. Si le balancier en caoutchouc est trop élastique, l'air chaud ne l'est pas assez. Le fait est constant ;

donc si l'on veut que des molécules d'air produisent autant d'effet que des molécules de vapeur, il faut multiplier les premières et leur offrir plus de place pour qu'elles puissent exercer leur action, c'est-à-dire il faut donner aux pistons un grand diamètre, établir des cylindres plus larges, en un mot, construire des machines colossales très-coûteuses et par conséquent ruineuses.

Si nous sommes entré dans ces détails, c'est afin de poser péremptoirement le principe ci-dessous à titre de conclusion générale :

« Seront toujours vains les efforts qu'on tentera pour utiliser une grande masse de petites forces ; seront toujours profitables les efforts qu'on tentera pour utiliser une petite masse de grandes forces. »

Voyez cet énorme moulin à vent qui tourne une légère meule avec lenteur, voyez cette petite locomotive qui emporte de lourds convois avec la rapidité du tonnerre. Voyez, dans le même ordre d'idées, les deux questions réunies : quand il s'agit de refouler l'air dans les fondations tubulaires, ou quand il s'agit de battre des pilots dans une rivière, on ne songe pas à manœuvrer les pompes ou le mouton avec une roue hydraulique en utilisant le cours d'eau qui est près, on va querir une locomobile qui est loin.

Et ce principe doit être également vrai pour toute l'industrie, puisqu'on y néglige ces petites forces : chaleur du soleil, pluie qui tombe, etc., etc., car les rassembler, les masser, les emmagasiner, les faire parvenir à destination, serait généralement dispendieux, incommode et peu pratique.

C'est de l'inobservation de ces maximes fondamentales que sont venues des illusions par lesquelles de nombreux inventeurs se sont laissé entraîner. Les empêcher de retourner dans cette voie, en leur signalant les divers essais qu'on y a tentés vainement, tel est l'objet essentiel de ce chapitre.

§ 2. — MACHINES A GAZ D'ÉCLAIRAGE.

Le principe des machines motrices à gaz d'éclairage, déjà indiqué, ainsi que nous venons de le voir, dans la patente de John Barber, fut mis en pratique à peu près à la même époque, c'est-à-dire en 1799, par Lebon, l'inventeur français de l'éclairage au gaz ; il prit un brevet pour un moteur dans lequel la combustion d'un mélange d'air atmosphérique et de gaz d'éclairage devait produire une expansion capable de pousser le piston d'un cylindre et de produire ainsi un certain travail mécanique ; il signala des pompes à gaz et à air mises en mouvement par la machine elle-même ; il indiqua aussi l'inflammation de ce mélange par des étincelles électriques.

Les machines à vapeur de James Watt reléguèrent momentanément dans l'oubli ces machines à inflammation qui ne reçurent des applications industrielles qu'il y a quelques années seulement, et dans les conditions suivantes :

Un mélange de gaz et d'air, dans la proportion moyenne de 1 à 19, est enflammé ; une partie de l'oxygène de l'air se combine avec le carbone du gaz et forme de l'acide carbonique ; une autre partie de l'oxygène se combine avec l'hydrogène du gaz et forme de l'eau en vapeur. Toute cette masse fluide dilatée opère une pression sur le piston, puis s'échappe. La force explosive n'est pas instantanée comme dans la poudre à canon ; mais ce n'est pas non plus l'action douce, graduelle de la vapeur d'eau.

Ce principe étant admis, il s'agit de trouver le moyen d'enflammer le gaz ; on y arrive par une étincelle électrique ou par la flamme d'un bec. Voyons d'abord l'étincelle.

La machine Lenoir, dite *moteur Lenoir*. — Elle est construite exactement comme une machine à vapeur horizontale à laquelle on a ajouté une pile qui fournit l'étincelle électrique. Le courant arrive par un fil conducteur dans le cylindre et y trouve l'inflammateur, fil de platine emprisonné dans une pièce de porcelaine et interrompu à l'extrémité de cette pièce qui doit pénétrer dans le cylindre. Une des extrémités du fil de platine, au moyen d'un bouton à presse, est mis en communication avec le fil qui amène le courant ; l'autre extrémité est en communication avec la masse métallique de la machine, et par suite avec la terre. Le courant qui arrive et trouve cette interruption, jaillit d'une pointe de platine à l'autre, sous forme d'une vive étincelle qui enflamme le mélange gazeux.

Afin de produire le mouvement alternatif du piston, cette inflammation a lieu tantôt à l'avant, tantôt à l'arrière du cylindre au moyen du *distributeur*. C'est un disque en caoutchouc qui porte deux cercles en cuivre, dont celui en dedans est entier ou continu, et celui en dehors est découpé ou interrompu ; le premier communique avec la pile, et le second, ou plutôt les morceaux du second, avec les inflammateurs. On devine déjà le jeu de la machine. L'arbre de couche traverse ce disque, et il porte un doigt ou frotteur en cuivre qui est électrisé à cause du cercle plein sur lequel il frotte ; dès que, par la rotation, il touche les fragments du cercle extérieur, il les électrise à leur tour et le fluide passe aux inflammateurs. Pour mettre la machine en train on ouvre le robinet du gaz, et on appuie sur le volant de manière à faire avancer le piston de la moitié de sa course. Le gaz alors s'introduit dans le cylindre par un tube en plomb, comme dans l'éclairage; l'air atmosphérique y afflue en même temps par un orifice séparé. Par suite de l'inflammation de ce mélange, il se produit une pression de 3 à 5 atmosphères sur le piston. Cette pression, dès qu'elle a exercé son effet d'un côté du cylindre, est suivie d'une pression égale du côté opposé, et le mouvement alternatif est ainsi assuré.

Nous ferons remarquer que ces combustions continuelles finiraient par brûler le cylindre, si l'on ne prenait pas la précaution de l'entourer d'une enveloppe dans laquelle circule constamment de l'eau froide. Cette eau, devenue chaude, s'écoule par un tube placé au milieu du cylindre, à côté du robinet de graissage et retourne dans le réservoir alimentaire, puis revient d'une manière continue, refroidir le cylindre.

Exemple.

Diamètre du piston....................	0m,25	
Course du piston......................	0 ,12	
Nombre des tours par minute............	100	
Force.................................	1	cheval-vapeur.
Volume du gaz par heure................	3	mètres cubes.
Proportion du gaz......................	0,07	
Température du mélange gazeux..........	150	degrés.
Volume de l'eau en circulation.........	1000	litres.
Température de l'eau à l'entrée........	10	degrés.
Température de l'eau à la sortie.......	90	degrés.
Poids total de la machine..............	800	kilogrammes.

La machine Hugon. — M. Hugon qui, le premier, avait imaginé ces machines à gaz, s'est aperçu de suite que l'emploi de l'électricité était une complication. L'idée d'un perfectionnement capital s'est donc présentée à l'esprit de cet inventeur ; c'était de se passer désormais du concours du fluide électrique et d'enflammer le gaz par lui-même, ou pour parler plus clairement, par un bec de gaz mis en communication avec le mélange gazeux par un tiroir dont le mouvement s'exécute avec une régularité à toute épreuve.

La suppression de l'électricité n'est pas le seul perfectionnement que M. Hugon ait introduit dans sa machine ; il y en a un second qui consiste à injecter de l'eau, par une pomme d'arrosoir, au milieu du cylindre. Le rôle de l'eau est d'absorber une partie de la chaleur provenant de l'explosion, de se transformer en vapeur et d'ajouter une certaine quantité de travail à celui du gaz.

Fig. 328.

Ce que nous venons de dire n'est pas exact au point de vue de la théorie, car la force totale n'augmente pas ; on prend simplement d'un côté pour mettre de l'autre côté ; mais en agissant ainsi, on obtient une marche plus régulière et un meilleur aménagement de la force motrice, ce qui, du reste, est indiqué par les diagrammes ; dans les autres machines à gaz d'éclairage, une certaine quantité de chaleur se perd à chauffer les parois du cylindre qu'on est obligé de refroidir.

La figure 328 représente la machine Hugon en perspective; la figure 329 une coupe détaillée, et la figure 330 la machine horizontale.

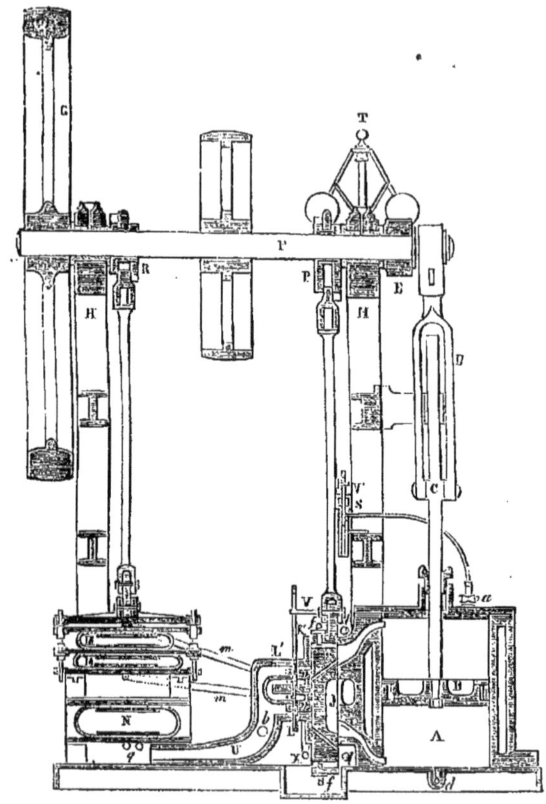

Fig. 329.

A, cylindre; B, piston; C, tige du piston; D, bielle; E, manivelle; F, arbre moteur; G, volant; HH, bâtis; I, plaque de fondation; J, tiroir d'introduction et d'inflammation; K', plaque fixe entre les tiroirs; L, tiroir de distribution du mélange; L', chapeau des tiroirs où se fait le mélange; MM, soufflets distributeurs du gaz; N, réservoir du gaz pour les becs allumeurs et inflammateurs; O, soufflets pompant le gaz dans le réservoir N; P, came du tiroir inflammateur; R, came des soufflets; S, tiroir d'injection d'eau; T, modérateur; U, tuyau d'aspiration d'air; VV', taquets faisant mouvoir le tiroir de distribution et le tiroir d'injection; X, valve du modérateur pour l'arrivée du gaz; *a*, robinet pour régulariser l'injection d'eau à l'intérieur du cylindre; *b*, tuyau amenant le gaz pour se mélanger avec l'air; *d*, robinet purgeur; *ff*, becs inflammateurs; *ll*, becs allumeurs; *mm*, tuyaux d'aspiration et de roulement des soufflets M; *nn*, orifices de distribution du gaz.

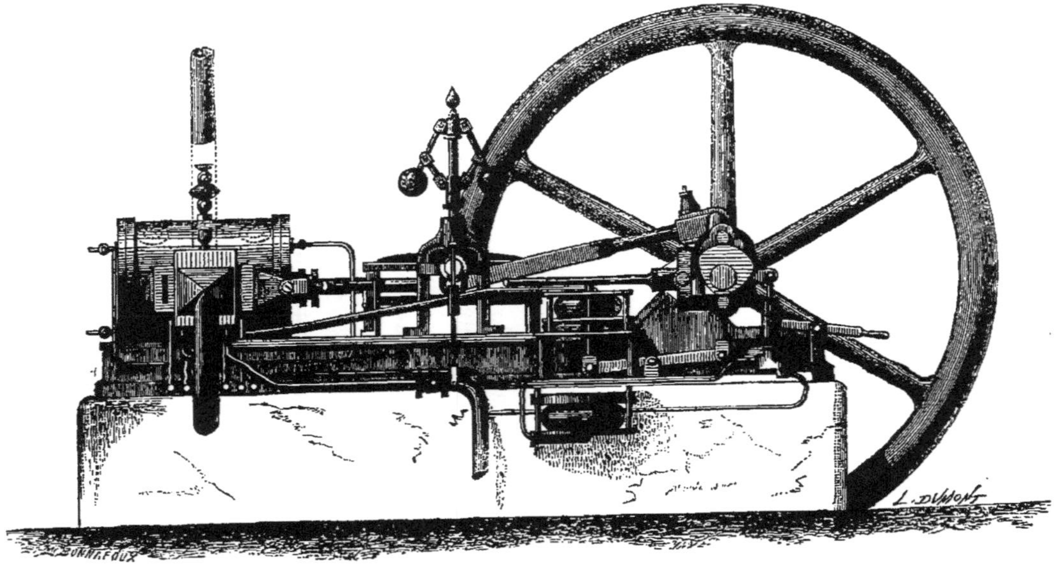

Fig. 330.

La machine atmosphérique à gaz d'éclairage. — Elle a été inventée en Angleterre par Brown en 1824; le gaz était renfermé dans un cylindre et allumé par un bec ; au moment de l'explosion, l'air se dilatait et s'échappait par une soupape ; le vide se produisait par le refroidissement; le cylindre étant en communication avec un bassin inférieur rempli d'eau, ce liquide montait comme dans un corps de pompe, et se déversait dans un bassin supérieur, puis le jeu recommençait. Du moment qu'on ne laissait pas retomber l'eau sur une roue motrice hydraulique, cette machine à gaz n'était autre qu'une machine à élever l'eau ; on ne s'en servit pas. Cependant son principe ne fut pas perdu, car deux ingénieurs italiens l'appliquèrent à à une machine motrice qu'ils firent breveter en France, le 9 janvier 1858.

La mise en pratique de ce nouvel engin se fit encore attendre, et ce n'est qu'en 1867, lors de l'Exposition, qu'on le vit fonctionner au Champ de Mars. Un cylindre vertical, ouvert en haut, contenait un piston qui était lancé comme une flèche par l'explosion. A la suite de ce refroidissement du gaz, il se produisait le vide, et l'atmosphère faisait descendre le piston dont la tige taillée en crémaillère communiquait, au moyen d'engrenages, le mouvement à une manivelle. C'était donc une machine à simple effet.

Les avantages économiques des machines à gaz d'éclairage. — Ces machines occupent peu de place et n'ont pas besoin d'approvisionnement; elles sont légères; on peut les installer partout. Elles donnent la force motrice à domicile pour la petite industrie, car on ne les construit que pour les petites forces ; elles peuvent donc remplacer le tourneur de roue, ce *damnatus ad molam* des anciens, qui condamnaient les esclaves criminels à tourner la meule. Outre cet avantage moral de remplacer l'homme par une machine, il y a aussi un bénéfice assez marqué dont voici le calcul.

Une machine de 1 cheval coûte à peu près 6 francs par jour, la journée de travail étant de dix heures ; il faudrait 7 tourneurs de roue pour exécuter le même travail ; la dépense serait donc de 21 francs, l'homme coûtant 3 francs par jour. La force de cheval est de 75 kilogrammètres, tandis que celle de l'homme n'est que de 10 kilogrammètres.

N'oublions pas de citer parmi les avantages des machines à gaz l'instantanéité de leur mise en marche et de leur arrêt par la simple manœuvre du robinet de gaz; dans tous les cas, elles ne coûtent rien, dès qu'elles ne travaillent pas.

Quant au parallèle entre les diverses espèces de machines à gaz d'éclairage, M. le professeur Rühlmann, de Hanovre, l'a parfaitement établi dans son rapport sur l'Exposition universelle de 1867. « La machine atmosphérique, dit-il, dans laquelle l'expansion du gaz d'éclairage est libre, offre un meilleur emploi de la force motrice que la machine à double effet dans laquelle le coup de piston est limité. D'après cela, il semble qu'on devrait donner la préférence à la machine atmosphérique; mais eu égard aux difficultés de sa construction, à la complication de ses organes, au bruit qu'elle fait en travaillant, il en est autrement. Je n'ai rencontré à Paris aucun mécanicien qui ne m'ait donné son assentiment à ce sujet. La machine Hugon, au contraire, telle qu'on la voyait travailler dans le palais de l'Industrie, se remarquait par la douceur de ses mouvements; elle gagnait encore plus lorsqu'on l'observait pendant quelque temps. Elle est la seule qu'on puisse proposer, quand on a besoin d'une force d'un demi-cheval à 2 chevaux pour un travail uniforme. »

Ce n'est pas sans intention que nous avons cité précisément l'opinion d'un ingénieur allemand au sujet d'une invention française, à laquelle il donne la préférence. Il peut sembler qu'on répète très-souvent : « *Nos* machines sont les meilleures. » Il serait préférable de s'entendre dire par les étrangers : « *Vos* machines sont bonnes. »

§ 3. — MACHINES A AIR CHAUD.

Les deux frères Montgolfier, que nous connaissons déjà comme inventeurs du bélier hydraulique, et que nous connaîtrons bientôt comme inventeurs des aérostats, avaient aussi imaginé la machine à air chaud, sous la forme de leur *bélier à feu* ou *pyrobélier*. L'air chauffé devait, par sa dilatation, presser l'eau dans un tube et la soulever, comme dans le bélier hydraulique.

La première machine à air chaud avec cylindre et piston fut construite, en 1826, par l'ingénieur Stirling; mais elle ne donna pas des résultats pratiques. Elle est plus connue sous le nom d'*Erickson*, qui l'a également inventée et perfectionnée. C'est des Etats-Unis d'Amérique que nous en arrivèrent les premiers spécimens; on disait qu'on

les y employait par centaines pour la navigation et surtout pour les travaux industriels qui n'exigeaient pas une grande puissance.

Ces machines attirèrent l'attention générale en Europe : elles étaient une nouveauté ; elles venaient de loin ; partout on en parlait ; on préconisait, en premier lieu, l'économie de combustible qu'elles offraient ; en second lieu, on insistait sur l'absence de l'eau, sur l'impossibilité de l'explosion, sur l'élévation illimitée de la température de l'air, et une révolution complète dans l'emploi des forces motrices fut annoncée. Puis le silence se fit, et ce n'est que de loin en loin qu'on les entendait citer.

Comme aujourd'hui on semble y revenir, moins cependant en France qu'en Angleterre et en Allemagne, nous allons faire connaître la machine primitive d'Erickson, et mentionner quelques nouveaux spécimens, dans lesquels on a cherché à introduire certaines améliorations, tout en en maintenant le principe fondamental qui consiste à utiliser la chaleur jusqu'au point où elle cesse d'exister ; à cette fin, l'air est chauffé, et quand il a produit son effet dynamique, on lui enlève tout le calorique restant pour le passer à une nouvelle quantité d'air atmosphérique frais, lequel n'a plus besoin d'autant de combustible pour être porté à la température voulue.

Mais, n'y aura-t-il pas de grandes pertes de chaleur par suite de l'étendue considérable de la surface des cylindres, le frottement ne deviendra-t-il pas énorme, les garnitures des pistons ne vont-elles pas se brûler, et les huiles, les graisses se décomposer ? Ensuite, l'air, étant mauvais conducteur du calorique, sera lent à s'échauffer, lent à se refroidir, et, en plus, ne se prêtera pas à la détente aussi bien que la vapeur d'eau ; la mise en train des mécanismes ne pourra donc pas être prompte ; enfin, tous les organes ne finiront-ils pas par prendre la même température, et la machine alors ne s'arrêtera-t-elle pas ? Telles sont les objections qui s'élèvent au premier examen ; il faut donc attendre que la pratique les réduise à leur juste valeur, si toutefois on veut persévérer dans cette voie.

La machine Erickson (fig. 331). — L'air est chauffé dans l'espace *i* par le foyer, et il pousse en haut le piston *a* dans le cylindre *ic;* ce piston communique avec l'air par les ouvertures *oo*. A ce piston *a* est lié, par les tiges *tt*, le piston *x* qui refoule l'air dans le tuyau *e* et de là dans le récipient *m*. Cet air comprimé passe par les soupapes *n* et à travers les toiles métalliques *v* dans la capacité *i*. Ce cylindre *x* communique avec l'atmosphère par la soupape *u* qui s'ouvre de haut en bas, tandis que la soupape *e* s'ouvre en sens inverse. Les pistons *a* et *x* descendent par leur propre poids, et l'air chaud sort par *n*, après avoir abandonné, dans les toiles en métal, son calorique que l'air du récipient *m* s'incorpore à son passage. La tige *r* du piston *x* s'adapte à un balancier moteur. Ce piston *a* est assez original ; c'est une caisse ou un bloc rempli de matières peu conductrices de la chaleur : argile ou sable mêlé à charbon, et qui sont destinées à empêcher la chaleur de se perdre.

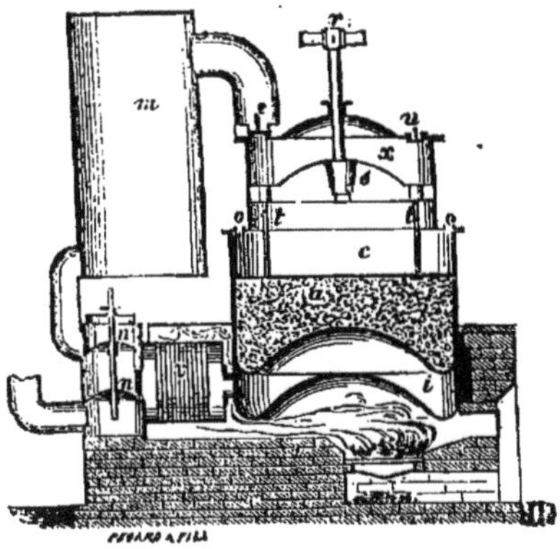

Fig. 331.

Cette machine est à simple effet ; elle ne pousse le piston que dans un sens ; pour obtenir un effet double, il faut installer un mécanisme semblable à côté du premier.

Ce système, exécuté en 1849, a été modifié notablement ; on a enlevé les grillages métalliques qui donnent lieu à des contre-pressions, et on rejette l'air chaud dans l'atmosphère, comme la vapeur d'eau (*).

Les nouveaux spécimens de machines à air chaud. — Les deux machines que nous allons indiquer sommairement reposent sur le principe général que nous venons d'énoncer ; les organes moteurs seuls changent.

La première machine se compose de deux cylindres de diamètres différents et dont le plus grand forme un réservoir d'air partagé en deux compartiments par un piston. Le compartiment inférieur est maintenu à une haute température par un foyer ; le compartiment supérieur est maintenu à une basse température par un courant d'eau froide. Le petit cylindre est un cylindre ordinaire. Si l'air est chauffé dans le grand cylindre, il passe par une conduite dans le petit cylindre dont il soulève le piston, en même temps le grand piston descend ; celui-ci est en plâtre, mauvais conducteur de chaleur, et il est moins gros que son cylindre ; l'air chaud passe dans l'intervalle et se rend

(*) Erickson est né, en 1803, en Suède. Il a construit une des premières locomotives.

dans le compartiment froid. Or, comme l'air chaud se refroidit également dans le petit cylindre, l'atmosphère y fait descendre le petit piston et en même temps fait monter le grand. Ce dernier, qui tout à l'heure laissait passer l'air chaud qui allait se refroidir, va laisser passer actuellement l'air froid qui va se réchauffer, et nous voici à notre point de départ ; le jeu va donc recommencer, et cela indéfiniment.

Par la seconde machine, on envoie l'air comprimé dans un foyer clos, où il se convertit en divers gaz par l'absorption de la fumée ; sous cette nouvelle forme, il passe dans un cylindre, y exerce son action, puis s'échappe par une cheminée. Cette machine, qu'on peut appeler *machine à fumée*, emploie une grande partie de sa force pour comprimer et souffler l'air. Sa puissance est au-dessous de 1 atmosphère ; il faut alors, pour qu'elle produise un certain effet pratique, lui donner des dimensions extraordinaires, et par conséquent un poids considérable, deux qualités qui sont très-peu appréciées des industriels.

§ 4. — MACHINES A ETHER ET A CHLOROFORME.

On appelle ces machines aussi des *machines à vapeur combinées*. La vapeur d'eau qui sort des cylindres, et dont le calorique se perd, soit dans le condenseur, soit dans l'atmosphère, est employée à vaporiser à son tour de l'éther sulfurique, ou du chloroforme ; ces gaz agissent par leur élasticité et ajoutent leur effet mécanique à celui de la vapeur d'eau.

Une machine à vapeurs combinées se compose de deux cylindres ou de deux machines ordinaires conjuguées ; dans l'une agit la vapeur, dans l'autre le chloroforme ; c'est à cette substance qu'on est porté à donner la préférence.

La vapeur, en sortant de son cylindre, passe dans un condenseur, espèce de chaudière tubulaire, où elle rencontre, non pas de l'eau, mais le chloroforme auquel, en se condensant, elle abandonne son calorique ; le chloroforme dès lors se vaporise et agit dans son cylindre au même moment où une nouvelle quantité de vapeur d'eau agit dans le sien ; ce condenseur joue donc le rôle d'une chaudière à chloroforme. La vapeur du chloroforme, après son action, est recueillie dans un second condenseur qui est refroidi par un courant d'eau, puis refoulé, au moyen de pompes, dans le premier condenseur et le jeu recommence, et cela indéfiniment, tant qu'il y aura de l'eau et du combustible.

Il est inutile d'établir des calculs pour se rendre compte de l'effet de ces machines ; on voit que le résultat qu'on peut en obtenir est d'utiliser une certaine quantité de chaleur que les machines ordinaires n'utilisent pas ; mais on n'y arrive que par une complication de mécanismes qui, peut-être, coûte autant que la chaleur accessoire rapporte.

L'avenir seul, si toutefois ces machines en ont un, pourra nous apprendre, si elles offrent encore un autre avantage que celui que nous venons de faire ressortir, tout en passant sous silence le danger que présente, à bord des bateaux ou dans l'intérieur des lieux habités, l'accumulation de ces liquides facilement inflammables ou asphyxiants, qui filtrent à travers les joints, même les mieux établis (*).

§ 5. — MACHINES A ACIDE CARBONIQUE (**).

L'idée d'employer l'acide carbonique comme moteur appartient à Brunel, qui a aussi construit la première machine basée sur ce prin-

(*) Les poëtes désignent sous le nom d'*éther* l'espace dans le ciel.

Les physiciens, qui exceptionnellement se rapprochent des poëtes, nomment *éther* une substance inconnue, impondérable, subtile et répandue partout, qui doit être la source de la lumière, de la chaleur, de l'électricité.

Les chimistes, déjà plus positifs, désignent ainsi le résultat de la distillation de l'esprit-de-vin avec un acide qui forme un liquide volatil inflammable, odorant ; quant à la constitution de l'éther, ils la discutent encore.

Les mécaniciens, hommes pratiques par excellence, nomment *éther* l'éther sulfurique découvert en 1500 par un alchimiste ; il résulte comme précédemment de la distillation de l'alcool et de l'acide sulfurique ; mais il ne renferme pas de soufre comme son nom semble l'indiquer. C'est le moteur dont nous venons de parler.

Quant au chloroforme, c'est un liquide composé de chlore et d'acide formique, plutôt *fourmique*, parce que ce mot vient de *fourmi ;* c'est l'acide qu'exhalent les fourmis quand on les irrite ; le chloroforme entre en ébullition à 60 degrés.

(**) Pour préparer l'acide carbonique, on verse dans un cylindre en métal, espèce de mortier, de l'acide sulfurique qu'on couvre de feuilles de papier ; on y introduit ensuite du sel de soude ou bicarbonate du commerce, et on ferme le cylindre avec un bouchon vissé. Pour opérer le mélange, on fait osciller ce mortier. L'acide se déverse sur le sel ; le gaz carbonique se dégage, se comprime par la force d'expansion, se liquéfie, puis se solidifie. Cet acide carbonique solide ressemble à de la neige et produit la sensation du froid brûlant ; il s'évapore instantanément à l'air.

cipe. Dans ses tentatives, il a été suivi par de nombreux inventeurs, mais dont aucun n'est encore arrivé à un résultat pratique. Nous allons décrire sommairement deux machines à acide carbonique prises comme spécimens.

La machine Brunel. — Elle est composée de cinq cylindres verticaux I, II, III, IV, V, communiquant entre eux. Les cylindres extrêmes I et V renferment de l'acide carbonique qui est liquéfié à l'aide d'une pompe de pression ; chacun de ces deux cylindres joue alternativement le rôle de chaudière et de condenseur. A cet effet, ils contiennent une série de tubes dans lesquels passent successivement de l'eau chaude et de l'eau froide. L'acide introduit dans les cylindres II et IV presse sur des pistons mobiles, espèces de plateaux qui flottent sur de l'huile. Cette huile entre dans le cylindre central III, dont le piston communique, au moyen de sa tige, le mouvement à une machine motrice. Les cylindres II et IV n'ont d'autre but que d'empêcher les fuites de gaz. Il est entendu que, quand l'eau chaude circule dans le cylindre I, l'eau froide circule dans le cylindre V (*).

La machine à acide carbonique avec 1 cylindre. — Il y a une quinzaine d'années, nous avons vu fonctionner, à Paris, une machine à acide carbonique ; elle avait une certaine ressemblance avec la machine à vapeur. Une chaudière remplie d'acide liquide était placée dans un bain-marie ; cet acide se vaporisait, entrait dans un cylindre et, après y avoir poussé le piston, s'échappait dans un condenseur ; de là il était refoulé à l'état liquide dans la chaudière et le jeu recommençait. Mais comme la quantité de chaleur concentrée dans l'acide était faible, la force de la machine était faible également et on a abandonné cette invention.

Pour qu'un pareil mécanisme ait de la puissance, il faut que l'acide carbonique, toujours approvisionné à l'état solide ou liquide, produise son effet en s'évaporant et qu'il s'échappe ensuite dans l'atmosphère ; cette vaporisation dépend alors de la dose de combustible consumé.

(*) Brunel père, ingénieur français, né en 1769, émigra en Angleterre lors de la première révolution française. Il exécuta le tunnel sous la Tamise. Il eut pour associé son fils. Ils sont morts à la même époque : l'un âgé de quatre-vingt-dix ans, l'autre de cinquante-trois ans.

§ 6. — MACHINE A AMMONIAQUE.

Supposons une machine à vapeur ordinaire dont la chaudière, au lieu d'être remplie d'eau, soit remplie d'une dissolution d'ammoniaque. Cette chaudière étant chauffée à 111 degrés, l'ammoniaque se dégage avec une tension de 6 atmosphères et travaille comme la vapeur, puis se mélange avec des vapeurs d'eau et s'échappe dans les tubes d'un condenseur où elles se condensent ; le gaz ammoniac s'y refroidit et l'eau d'injection non saturée le dissout. La dissolution complète s'achève dans un condenseur spécial ou *dissoluteur*, pour être renvoyée dans la chaudière à l'aide d'une pompe alimentaire.

Les avantages de la machine à ammoniaque. — M. Frot, ingénieur de la marine, énumère ainsi qu'il suit les avantages qu'offre cette machine, ou plutôt la chaudière à ammoniaque qu'il a inventée : d'économiser le combustible, puisque l'ammoniaque transmet la chaleur mieux que ne le fait la vapeur ; de ne pas se détériorer, le fer n'étant pas attaqué par l'ammoniaque, et de ne pas former de dépôts, sa durée est alors illimitée ; d'être mise rapidement en pression, car une demi-heure suffit pour obtenir une tension de 6 atmosphères, tandis que la chaudière à vapeur d'eau exige une heure ; d'empêcher les fuites de l'ammoniaque, car dès qu'il commence à s'échapper des joints fixes on n'a qu'à les fermer, il s'annonce par son odeur ; il ne peut s'échapper non plus des stuffing-boxes, car il saponifie les huiles et les graisses et forme un savon onctueux qui empêche les fuites et qui, en outre, lubréfie les surfaces frottantes ; enfin, de diminuer par une alimentation régulière les chances d'explosion.

Maintenant, on pourrait se demander pourquoi ces machines combinées qui offrent tant d'avantages ne sortent pas de la période pénible des essais, et pourquoi on n'ajoute pas aux machines à vapeur existantes cet appareil dissoluteur, qui n'est pas bien coûteux, et qui n'est même pas obligatoire dans son fonctionnement, car on pourrait toujours marcher à la vapeur, si l'ammoniaque venait à manquer.

La raison en est simple. D'abord, ces machines ne sont pas encore suffisamment connues, ensuite on hésite toujours à apporter des changements aux moteurs anciens qui rendent de bons services ; et puis, il y a encore, dans cette invention, quelques points qui ne sont pas suffisamment élucidés, tels sont : le prix de revient de l'ammoniaque, la rapidité de la machine qui dépend du temps employé à la condensation et à la dissolution (*).

§ 7. — MACHINES A AIR COMPRIMÉ.

En dehors des usages précédemment indiqués de l'air comprimé, on a cherché depuis longtemps à s'en servir comme moteur universel ; mais, ici, le terme de moteur n'est pas justifié. L'air comprimé n'est pas un moteur proprement dit ; car il en faut déjà un, et par conséquent une force motrice, pour comprimer ce fluide. Ce résultat préliminaire une fois obtenu, l'air qui a accumulé cette force agit comme une espèce de ressort ; c'est donc un moteur de seconde main. Il va sans dire qu'il ne pourra être employé avec avantage comme moyen de transmission d'une force, qu'à la condition d'être comprimé gratuitement avec des moulins à vent ou des machines hydrauliques.

Papin, déjà, avait proposé une chute d'eau pour comprimer l'air destiné à être conduit dans une mine au moyen de tuyaux afin d'y mouvoir le piston d'une pompe d'épuisement. Il disait que le seul obstacle consiste à exécuter ces tuyaux d'une manière convenable.

En 1820, des balanciers monétaires furent mis en mouvement à Londres au moyen de l'air comprimé.

C'est aussi à la solution de ce problème que l'ingénieur civil Andraud s'est voué ; il a cru trouver dans l'air comprimé le moteur universel, qui agirait sur des pistons comme la vapeur d'eau. Il n'est jamais arrivé à un résultat pratique.

Ce qu'on a fait ressortir pour vulgariser ce moteur, c'était la faculté

(*) *Ammoniaque* vient du mot *sel ammoniac*. On trouvait ce sel à Ammonium, une oasis de l'ancienne Libye (Egypte). On en extrait l'ammoniaque, qui est une combinaison d'azote et d'hydrogène. C'est un gaz incolore, d'une saveur âcre, caustique ; il se liquéfie à une température de — 40 degrés, et il se solidifie par la pression et le froid combinés. Un volume d'eau à 15 degrés dissout 560 volumes d'ammoniaque. Cette dissolution s'appelle *alcali volatil* ou *ammoniaque liquide*. C'est cet alcali qui est employé dans la machine à ammoniaque.

de le distribuer à domicile, comme le gaz d'éclairage, soit par des conduits, soit par des récipients transportés sur des voitures. Mais c'est dans cette transmission qu'on a toujours rencontré des difficultés ; car l'air comprimé n'est pas facile à emmagasiner ; il s'échappe vite ; il traverse des cylindres en fonte entourés de cuivre ou de zinc ; il faut donc le comprimer constamment avec des machines pneumatiques ou soufflantes. Puis une interruption complète du travail des ateliers, marchant à l'air comprimé, est à craindre au moindre défaut dans le service de distribution.

Cependant, cette question ne doit pas être abandonnée. Il se présente dans les diverses industries des circonstances où les machines à vapeur ne peuvent pas être employées, comme dans les fabriques de poudre, les houillères, les chemins de fer souterrains.

Nous allons maintenant citer un type de ces machines à air comprimé qui, nous le répétons, ne compriment pas l'air comme celles du chapitre VII, mais qui reçoivent ce fluide tout préparé, comme d'autres machines reçoivent l'ammoniaque, la vapeur, l'air chaud, etc.

La roue Callès. — L'inventeur, M. Callès, ingénieur mécanicien, appelle sa machine *roue à augets hydro-aéro-dynamique*. Ce nom seul définit la machine à tous ceux qui savent le grec ancien. Mais comme on ne veut pas revenir aux études classiques mais superflues des langues mortes, nous dirons que la roue Callès est à augets et noyée dans un réservoir rempli d'eau ; elle est munie d'un engrenage qui engrène dans une roue dentée, puis dans une autre, et ainsi de suite jusqu'à ce qu'elle tourne finalement un arbre de couche, avec la vitesse qu'on veut obtenir. Maintenant, il faut tourner la roue Callès, ce qui, au fait, est le commencement de l'opération.

A cet effet, une force gratuite, le vent ou l'eau, comprime l'air et l'envoie dans ce réservoir par un tuyau souterrain qui se recourbe pour plonger juste au-dessous des auges de la roue Callès, comme les conduits de gaz d'éclairage arrivent à leur compteur. L'air, plus léger que l'eau, cherche à monter, et en montant fait tourner tout le système.

On n'a pas besoin de calculer si, dans le trajet du réceptacle de la orce à la manufacture, il y a de la force de perdue puisqu'elle ne coûte rien, et qu'il importe peu de construire le moulin compresseur un peu plus ou un peu moins grand.

Aussi, n'était-ce que pour démonstration qu'on avait employé une machine à vapeur, afin de faire marcher la soufflerie, qui comprimait l'air et l'introduisait dans la roue Callès, installée lors de l'Exposition universelle de 1867 dans la rotonde de l'annexe belge. Le moteur s'étant trouvé dans la galerie des machines, la transmission du mouvement avait donc eu lieu sur une distance de 100 mètres à peu près.

Les personnes qui cherchent toujours à critiquer trouveront peut-être, et cela avec une certaine apparence de raison, qu'un simple câble télodynamique, avec quelques poulies, transmet d'une manière suffisante la force de l'eau ou du vent recueillie par une machine motrice; que dès lors on n'a pas besoin de faire de grands frais d'installation pour tout l'attirail qu'exige l'air comprimé, et que dans ce cas la roue Callès, quoique très-ingénieuse et parfaitement bien conçue, ne résout qu'un problème inutile.

CHAPITRE XVII.

MACHINES A ÉLECTRICITÉ.

HISTORIQUE.

Les Grecs anciens avaient observé que par le frottement de l'ambre ou électron on produisait un certain fluide ; on l'appela l'*électricité*. Elle consiste dans la faculté d'attraction et de répulsion que beaucoup de corps manifestent avec plus ou moins d'intensité, et qui ont quelque analogie avec l'ambre ; tels sont le verre, la résine, la soie. On sait que, si l'on frotte ces corps et qu'on y approche de petites feuilles métalliques très-légères, des barbes de plume, des boules de sureau, de la sciure de bois, tous ces corpuscules sont alternativement attirés ou repoussés. On ne s'explique pas encore ce phénomène ; mais afin d'en pouvoir classer les intéressantes manifestations, on admet qu'il existe deux espèces d'électricité : l'électricité positive ou vitrée (produite par le verre), et l'électricité négative ou résineuse (produite par la résine ou la cire). On a remarqué que deux corps s'attirent quand ils sont influencés, l'un par l'électricité positive, l'autre par l'électricité négative ; ils se repoussent quand ils se trouvent sous la puissance occulte de la même électricité positive ou négative. Ce fluide se dissipe avec le temps ; il s'échappe dans l'air, dans le sol, dans les corps environnants.

Plus de vingt siècles se passèrent depuis la découverte de l'électricité de frottement ou électricité *statique*, dont nous venons de parler, et qui, restant en repos, ne donnait aucune application, jusqu'à la découverte de l'électricité chimique ou électricité *dynamique* qui est en mouvement et offre les emplois les plus utiles dans la science et l'industrie.

Galvani était professeur d'anatomie de Bologne ; un jour il attacha avec de petits crochets en cuivre, aux barreaux de son balcon, des grenouilles tuées, et il s'aperçut que leurs membres se mouvaient.

On donna à ce curieux phénomène, qui n'était qu'une nouvelle manifestation de l'électricité, le nom de *galvanisme*.

Le physicien Volta, de Côme, contemporain de Galvani, eut connaissance de ce fait qu'il chercha à reproduire par un procédé chimique et il inventa, dans ce but, un appareil qu'on nomme indifféremment *pile de Volta* ou *pile galvanique*.

Cette pile consiste en deux plaques ou disques en métal (cuivre et zinc), dont l'un s'oxyde avec rapidité par le contact d'un acide, et l'autre plus lentement ; plusieurs de ces plaques sont séparées par des morceaux de carton ou de drap, imprégnés de ce liquide. Si, maintenant, un fil métallique touche avec un bout une des plaques, et avec l'autre bout la deuxième plaque, il s'établit un courant électrique. Le fluide part de la première plaque, va à la seconde et de là retourne au point de départ. Plusieurs de ces paires de plaques superposées forment une pile ; plusieurs piles une batterie électrique. Les bouts de ces fils sont appelés des *pôles*. La combinaison des piles varie à l'infini ; ainsi, on combine le zinc et le charbon, et on prend pour conducteurs l'acide nitrique et l'acide sulfurique. Voici la pile Daniell qui se compose d'un vase en verre rempli d'eau pure, d'une couronne de zinc ou cylindre ouvert des deux côtés ; dans cette couronne on place un vase poreux, dans ce vase on met une dissolution de sulfate de cuivre, et dans cette dissolution on plonge une lame de cuivre. Cette lame est attachée au zinc du vase suivant.

La figure 332 va nous faire comprendre plus en détail les dispositions d'une pile. Le zinc Z de chaque élément est soudé à une tige de cuivre *c* munie d'une grille en cuivre sur laquelle sont placés des morceaux de sulfate de cuivre, et qui forme le pôle cuivre de l'élément suivant. Au zinc du dernier élément se trouve soudée une lame de cuivre que forme le pôle zinc ou pôle négatif— de la pile.

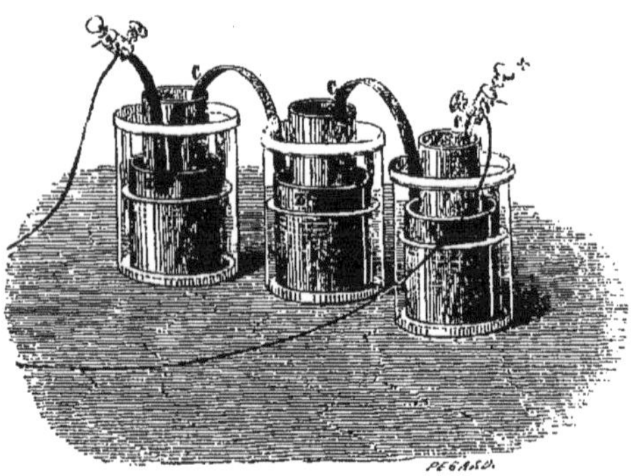

Fig. 332.

Dans le vase poreux du premier élément plonge une plaque de cuivre qui n'est pas soudée au zinc et qui forme le pôle cuivre ou positif + de la pile. Quand la batterie est ainsi préparée, elle n'a qu'une faible intensité, mais qu'on augmente en fermant le courant, c'est-à-dire en réunissant le pôle positif au pôle négatif par un fil métallique.

Par les réactions chimiques qui ne tardent pas à se manifester, le cuivre provenant du sulfate se dépose à l'état métallique sur la lame de cuivre, et il se produit du sulfate de zinc. Ces réactions donnent lieu à un courant électrique. Pour entretenir cette pile, on ajoute de temps en temps de l'eau à la place de celle qui s'évapore, et un petit cristal de sulfate de cuivre dans le vase poreux, afin que la dissolution reste saturée.

Une pile doit remplir certaines conditions essentielles ; il faut que sa marche soit constante, qu'elle ne dégage pas des émanations insalubres, que son entretien soit facile, et sa réparation peu coûteuse.

Sans empiéter sur le domaine de la physique, nous pouvons dire sommairement que les effets de l'électricité se manifestent de plusieurs manières. Elle développe la chaleur la plus intense que l'on connaisse et qui est capable de décomposer les corps les plus réfractaires ; elle crée des affinités chimiques qui forment la base de la galvanoplastie ; elle produit la lumière électrique dont l'éclat peut rivaliser avec celui du soleil ; elle donne des courants dont la médecine et la chirurgie savent tirer profit ; elle sert à l'explosion des mines ; enfin, elle crée des forces dont nous allons spécialement nous occuper. Nous avons nommé l'électro-magnétisme, qui forme la dernière phase de la découverte de l'électricité.

L'électro-magnétisme est la combinaison de l'électricité et du magnétisme. L'illustre physicien danois Oersted reconnut, en 1820, que le courant qui se dégage de la pile galvanique dévie l'aiguille d'une boussole. Arago découvrit à son tour que ce même courant aimante, aussi longtemps que dure son passage, une barre de fer doux. Cette barre, alternativement aimantée et désaimantée, attirée ou repoussée, produit un certain mouvement, dont la transformation en travail industriel est opérée par des machines *électro-magnétiques*.

Enfin, l'anglais Faraday, en renversant ce problème, obtint des courants électriques au moyen d'aimants naturels et créa les machines *magnéto-électriques*.

Les télégraphes électriques sont un cas particulier de l'application de ces deux machines. Les deux derniers paragraphes de ce chapitre leur seront consacrés.

Chacune de ces inventions admirables a son histoire spéciale que nous allons esquisser avant de nous occuper de la partie mécanique (*).

§ 1. — MACHINE ELECTRIQUE.

La machine électrique fait jaillir des étincelles par le frottement ; elle n'est sortie des cabinets de physique que pour se montrer sur les places publiques, où, à raison d'un décime, voire même d'un modeste sou, on peut se faire électriser en se plaçant dans la chaîne et en donnant ses mains à droite et à gauche à ses voisins.

Inventée depuis un siècle, elle est toujours dans son état primitif ; un plateau en verre tourne, au moyen d'une manivelle, entre quatre coussins fixés sur des montants qui sont posés sur des pieds en verre, afin de les isoler du sol. Vis-à-vis du plateau se trouvent des cylindres en métal dans lesquels s'accumule l'électricité. Cette machine ne donne aucun travail mécanique.

§ 2. — MACHINES MOTRICES ÉLECTRO-MAGNÉTIQUES.

La Nuova macchina elettro magnetica, immaginata dall' abato Salvatore dal Negro, conçue en 1831, a été décrite sous ce titre, qui n'a

(*) Galvani, né à Bologne en 1737, mort à l'âge de soixante ans.

Volta, né en 1745, mort à quatre-vingt-un ans ; il fut nommé sénateur du royaume d'Italie par Napoléon-Bonaparte.

Oerstedt, né en 1774, mort à l'âge de soixante-dix-sept ans ; il était professeur de physique à Copenhague.

François Arago est né en 1786, dans le département des Pyrénées-Orientales ; il est mort à Paris à l'âge de soixante-sept ans. En sortant de l'Ecole polytechnique, il fut attaché à la mission chargée de mesurer le méridien ; à vingt-trois ans, il fut nommé professeur à l'Ecole polytechnique, puis secrétaire de l'Académie des sciences. Il attaqua le système des études classiques ou des langues mortes, et il acquit dans cette lutte sensée une grande popularité. On sait que le peuple n'aime pas cette étude des langues mortes qu'il considère comme une absurdité et une perte de temps ; il croit qu'il vaut mieux apprendre les langues vivantes ou d'autres choses utiles. Arago a rendu d'immenses services à la physique et à l'astronomie ; son grand talent consistait à exposer la science avec clarté et il parvint ainsi à la populariser, ce qui est un mérite peu commun. Les savants capables d'imiter Arago doivent être très-rares ; je n'en connais pas beaucoup.

pas besoin d'être traduit, dans un mémoire sur le magnétisme, joint aux actes de l'Académie des sciences, lettres et arts de Padoue, et reproduit par le journal des beaux-arts et de la technologie de Venise en 1833; en outre, elle a été présentée, en 1834, à l'Académie des sciences de Paris. C'est au moyen de cet appareil spécial que le savant ecclésiastique a su tirer parti des forces du magnétisme.

Cette découverte scientifique a reçu, quelques années plus tard, des applications industrielles que nous classerons par ordre chronologique.

En 1834, M. Jacobi, physicien russe, accepta de l'empereur Nicolas une somme de 60 000 francs pour exécuter un appareil moteur électrique sur un bateau. Le mouvement était obtenu par l'attraction magnétique d'un disque mobile. Des électro-aimants furent installés dans une chaloupe qu'on fit manœuvrer sur la Néva. Ils comprenaient deux disques en métal placés verticalement l'un au-dessus de l'autre sur un seul axe et munis de barreaux de fer doux; l'un des disques était fixe, l'autre mobile; l'attraction exercée par le premier faisait tourner le second. Mais le dégagement du gaz sorti des piles était si intense, qu'il incommodait les opérateurs et même les spectateurs placés sur la rive. On fut obligé de cesser ces expériences (*).

Cette première tentative, qui venait d'échouer en Russie, fut reprise plus tard en Amérique.

En 1840, on débuta en France avec une machine à électricité pour l'impression d'un journal. Quoiqu'elle n'eût pas de suite, elle mérite cependant d'être signalée. Elle consistait dans une roue portant sur sa circonférence deux morceaux de fer attirés par deux aimants artificiels; au moment du passage, l'aimantation cessait, et la roue, par la vitesse acquise, marchait; l'aimantation recommençait à un certain point, attirait les fers de nouveau et ainsi de suite, de façon que la roue tournait continuellement. Il était facile dès lors de transformer ce mouvement en moteur industriel.

Une machine semblable fut construite à la même époque en Amérique; là elle eut un succès complet pour mettre en marche un petit tour.

Un appareil du même genre fut également installé en 1842, en Ecosse, sur une locomotive du chemin de fer d'Edimbourg à Glasgow.

(*) Jacobi, né en Prusse en 1790, professeur de physique à Dorpat, en Russie.

Ce remorqueur à quatre roues marchait avec une vitesse de 2 lieues à l'heure et traînait un poids de 6 tonnes.

Ces mêmes expériences furent continuées, vers 1849, aux Etats-Unis; on y revint aux machines de bateaux, en renonçant toutefois aux disques du physicien russe, pour se servir d'un balancier, à l'extrémité duquel pendaient deux tiges alternativement attirées par un électro-aimant. Ce nouveau moteur, breveté ensuite en France, fut abandonné.

En 1850, un professeur de Washington, M. Page, employa des aimants creux dans lesquels étaient attirés par l'électro-magnétisme des tiges en fer, absolument comme des pistons dans les cylindres des machines à vapeur. Au moyen de cette nouvelle combinaison, on obtenait une certaine force. Quoique encouragée, moyennant une somme de 108 000 francs, par l'amirauté américaine, cette invention ne figura à aucune des grandes exhibitions.

Beaucoup de tentatives eurent encore lieu dans cette direction; mais comme elles n'offrent absolument qu'un intérêt de curiosité, nous devons nous borner à ces citations; nous décrirons cependant un spécimen d'une de ces machines construites pendant ces dernières années, et qui servent à des travaux très-délicats, tels que la graduation d'instruments de précision.

La construction des machines électro-magnétiques. — Un électromoteur, ou machine motrice électrique, ou machine électro-magnétique, se compose, ainsi que nous l'avons déjà annoncé, d'un électro-aimant, qui produit la force, et d'organes de transmission du mouvement.

Un électro-aimant est un morceau de fer doux, recourbé en fer à cheval, enveloppé d'un fil de métal qui est soigneusement recouvert d'un fil de soie, comme matière isolante, et par lequel passe le courant galvanique (fig. 333). A l'instant même, le fer se change en aimant; dès que le courant cesse, l'aimantation cesse aussitôt. La machine alors reçoit l'électricité toute préparée par des piles, comme une machine à vapeur reçoit la vapeur par la chaudière, et elle transmet la force.

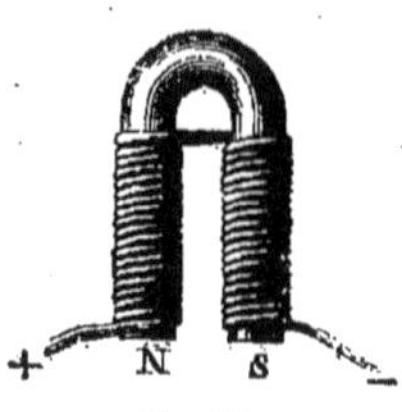

Fig. 333.

Quant aux mécanismes de transmission proprement dits, nous allons les démontrer par un exemple; car ils sont nombreux dans leur forme, comme toutes les combinaisons mécaniques ; mais, quant au fond, ils sont invariables, puisque leur principe est le même.

Voici deux cylindres qui communiquent par deux fils avec la pile. Le piston, morceau de fer doux, d'un des cylindres est attiré en bas celui de l'autre cylindre monte; maintenant, le courant électrique passe par l'autre fil et aimante le piston de l'autre cylindre, qui descend, puis ce mouvement recommence.

Cette montée et cette descente font osciller un balancier qui agit par sa bielle, soit sur une manivelle, soit sur une roue. Au moyen d'un excentrique, on fait passer le courant tantôt par l'un des fils, tantôt par l'autre. N, Nord ou + est le pôle positif; S, Sud, ou — le pôle négatif.

Les avantages et les inconvénients des électro-moteurs. — Ces machines électriques ont l'avantage de donner, sans difficulté de transmission, de très-grandes vitesses, si utiles dans beaucoup de cas ; elles ne font pas explosion et se posent portout, sans exiger un emplacement spécial. Ces avantages sont tellement marqués, qu'ils ont frappé tous les physiciens dès les premiers temps de la découverte de ces moteurs ; de grands progrès se sont réalisés dans ce sens, et on peut se demander pourquoi ils ne se généralisent pas, et sont au contraire restreints à des usages exceptionnels ; tandis qu'en exagérant l'intensité du fluide électrique, on arriverait à une puissance dynamique illimitée.

Plusieurs raisons s'y opposent : le fluide électrique ne produit qu'une force de contact, et son intensité diminue très-rapidement, selon le carré de la distance. Cette distance d'attraction doit donc être courte. Il en est aussi de même de la course de l'organe moteur qu'on doit attacher à des leviers très-longs qui absorbent une partie notable de la force vive, car le mouvement initial est d'une faible amplitude.

Le second obstacle résulte du poids énorme qu'il faut donner aux aimants et à la machine pour développer une force considérable, dont le prix de revient excède celui de tous les moteurs usités, ce qui est, en définitive, le troisième obstacle et le plus sérieux.

Pareil à la machine à vapeur, qui est restée longtemps dans l'enfance, le moteur électrique ou la machine motrice de l'avenir sortira bientôt de ses limbes, grâce à quelque grande invention qui permettra de se servir des masses d'électricité répandues dans les airs, et grâce à quelque combinaison qui obligera le fluide mystérieux à agir à proximité de l'homme. Si jamais cette importante découverte est faite, il en jaillira la source d'une fortune publique dont on ne peut guère calculer la grandeur.

§ 3. — MACHINES MAGNÉTO-ÉLECTRIQUES.

Ces machines reposent sur le principe de la création des courants galvaniques au moyen d'un aimant. Le principe qui tout à l'heure avait servi de base à la production de la force par un courant, se trouve donc renversé. Plusieurs machines ont été imaginées dans ce but. Avant de les passer en revue, il n'est peut-être pas inutile de rappeler la base sur laquelle elles reposent.

Quand on approche un aimant d'une bobine formée de fils métalliques isolés et enroulés autour d'une barre de fer, on produit un courant électrique nommé *courant d'induction;* il en est de même quand on éloigne rapidement cet aimant. On donne naissance à deux courants qui se dirigent en sens opposé, et ils s'annuleraient réciproquement si, au moyen d'un certain mécanisme (le commutateur que nous connaîtrons bientôt), on ne changeait pas cette direction de manière qu'au lieu de s'annuler ils s'ajoutent.

Devant un aimant fixe, on fait donc tourner un électro-aimant, double bobine qui entoure deux cylindres en fer. Le commutateur ramène les deux courants d'induction à un seul qui acquiert alors une intensité très-grande.

Voici maintenant ces diverses machines magnéto-électriques, classées par rang d'ancienneté.

La machine Pixii. — Elle date de 1832 ; un électro-aimant courbé en fer à cheval est entouré de deux bobines; au-dessous se trouve un aimant naturel dont les deux pôles passent successivement sous les bobines et aimantent par influence le fer à cheval. Une manivelle et des roues d'engrenage donnent le mouvement. Ce fer se trouve donc, à chaque tour de manivelle, aimanté et désaimanté, et il fait naître dans la bobine un courant direct et un courant inverse qui passent dans les fils conducteurs.

Ces deux courants, qui ont des directions contraires, pourraient se neutraliser, si les fils ne communiquaient pas avec un commutateur qui est placé sur l'axe de rotation, et qui renverse le courant direct dans les fils ; les deux courants les traversent dans le même sens, et il se produit un courant d'induction continu avec tous les caractères des courants des piles ordinaires.

On voit par ce spécimen que ces machines sont susceptibles d'une foule de combinaisons qui ont toutes pour but de produire le rapprochement, avec intermittence, entre les bobines et les armatures.

La machine Clarke.— Dans cette machine, l'aimant naturel est fixe et attaché contre une planchette, et une courroie tourne les bobines, par une roue et sa manivelle. Le commutateur ramène dans le même sens les courants successifs ; ils passent par des lames de ressort dans les fils conducteurs.

La machine de la compagnie l'Alliance ou machine Nollet, Malderen, Berlioz. — Cette machine est conçue d'après le modèle précédent ; huit rangées d'aimants correspondent à quatre rouleaux armés chacun de seize bobines. Les courroies d'une machine à vapeur (de la force de 1 cheval et demi) tournent les bobines ou plutôt les arbres sur lesquels on les a fixées. Un commutateur change le sens du courant. Les fils conduisent à une lampe électrique, car cette machine *l'Alliance* est employée à l'éclairage des phares et des navires.

On peut se demander quel avantage présente cette machine, qui exige un moteur spécial et qui ne produit que le feu électrique d'une pile ordinaire. La réponse est simple ; pour s'en rendre compte, il faudrait installer à côté de cette machine qui fournit la lumière de mille bougies une pile comparative donnant le même éclairage. On dit que *l'Alliance* ne dépense pas 1 franc par heure pour son moteur.

MM. Nollet, Malderen et Berlioz ont successivement perfectionné cette machine, qui est plus connue sous le nom de la compagnie industrielle qui l'exploite en ce moment.

La machine Wilde. — Elle se compose d'une série d'aimants au nombre de seize ; chacun d'eux peut porter 10 kilogrammes, donc 160 kilogrammes en tout. Autour d'un électro-aimant du calibre de $0^m,18$ s'enroule un fil de 1 000 mètres de longueur qui pourrait porter 5 tonnes. La rotation de l'aimant a lieu comme ci-dessus.

Dans la machine Wilde, la force se multiplie comme dans la presse hydraulique, où avec une puissance minime on peut vaincre des résistances infinies. Sous un petit volume, elle donne des torrents de lumière et une chaleur capable de volatiliser instantanément des tiges de fer de $0^m,01$ d'épaisseur, et cependant le fer passe pour n'être fusible que dans les chaleurs les plus intenses des fourneaux.

La machine Gramme (fig. 334). — Elle se compose d'un électro-aimant AR (élévation, dessin 1), qui tourne sur son axe *aa* (dessin 2), entre les pôles SN d'un aimant. Le mouvement est donné par la manivelle M attachée à la roue dentée. Cet aimant est boulonné sur le socle aux points *e*,*e*.

L'électro-aimant AR est formé d'un anneau en fer doux, sur lequel est enroulé un fil conducteur isolé et continu. Les dessins 3 et 5 représentent cet électro-aimant en coupe. Le fil est disposé en 40 sections ou éléments, composés chacun de 100 spires. Le bout de la dernière spire est le commencement de la première spire de la section suivante.

Les diverses sections de l'électro-aimant sont reliées à des pièces rayonnantes en cuivre rouge R, et isolées les unes des autres. Les bouts de chaque section finissants et commençants sont attachés à un des rayons R, dont le nombre est égal à celui des sections, c'est-à-dire 40. Arrivés près du centre, ces rayons R sont recourbés à angle droit (dessins 2 et 5), et se présentent par un cercle concentrique à l'électro-aimant.

Deux disques frotteurs F (dessins 3, 4, 5) en cuivre rouge s'appuient sur le cercle formé par les extrémités des pièces R, en deux points qui se trouvent dans le plan de partage — endroit où les courants égaux et de sens contraire, produits dans la moitié supérieure et la moitié inférieure de l'anneau, viennent s'opposer. Les deux courants se mettent à marcher ensemble dans le circuit extérieur qu'on fait aboutir aux frotteurs F qui frottent à la fois sur plusieurs des pièces R, d'où résulte un courant continu ; il est recueilli par les lames *r* (dessins 3 et 4).

L'exploseur magnéto-électrique. — Cet appareil sert à mettre le feu aux mines. MM. Masson et Breguet en ont construit un en 1841, qui se base sur les courants induits. La machine d'induction Ruhmkorff imite cette disposition, mais en la perfectionnant dans ses détails qui permettent de produire des étincelles d'une force extraordinaire.

L'exploseur magnéto-électrique date de 1867. Voici comment il est construit.

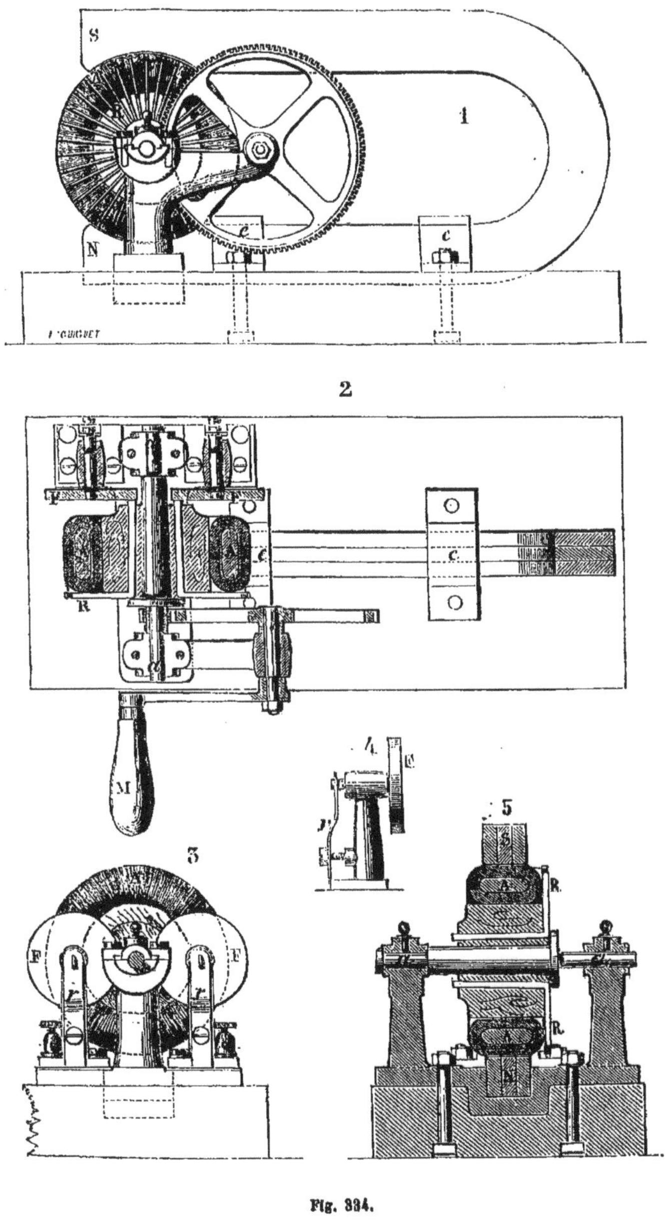

Fig. 334.

Une armature est en contact avec les pôles d'un aimant naturel par l'entremise d'un électro-aimant. Dès qu'on arrache l'armature, un premier courant se produit dans le fil enroulé sur l'électro-aimant. Quand on maintient l'armature éloignée de l'aimant, l'appareil est inerte, mais si l'armature, poussée par un ressort, touche l'électro-aimant, il se produit un second courant de sens contraire au premier, mais d'intensité égale. Les deux extrémités du fil des bobines aboutissent au ressort précité et à des vis de communication. Aussi longtemps que le contact de ces deux pièces dure, le circuit est fermé sur lui-même, et aucune manifestation du courant ne peut avoir lieu. Quand ce contact est rompu, le courant électrique est envoyé sur les fils de la ligne.

L'utilité comparative des machines magnéto-électriques. — En comparant, à un point de vue général, les machines magnéto-électriques à toutes les machines motrices précédentes, nous voyons qu'elles ont pour objet la transformation du mouvement en électricité, qui est également la chaleur. Par les machines thermiques nous transformons la chaleur en mouvement; nous produisons l'inverse dans les machines à frottement; et nous tournons ainsi toujours dans le même cercle.

En comparant à un point de vue spécial les machines à électricité entre elles, nous devons rechercher s'il n'est pas préférable de se servir des machines électro-magnétiques que des machines magnéto-électriques ; ou, en d'autres termes, vaut-il mieux, pour produire l'électricité, employer les forces mécaniques ou les réactions chimiques? — L'avenir répondra à cette question d'une manière définitive.

En attendant nous voyons : que la force engendre des courants dont la constance et l'intensité durent aussi longtemps que la vitesse de rotation des organes producteurs ne change pas; nous voyons aussi qu'il y a une grande simplicité dans la construction de la machine magnéto-électrique, dont toutes les pièces, liées solidement les unes aux autres, ne demandent aucun entretien ; que la force motrice s'emploie seulement quand la machine fonctionne; que la mise en action des mécanismes est instantanée; enfin qu'il n'y a pas à manier des substances vénéneuses, comme dans les piles.

Mais, d'un autre côté, il faut se procurer une machine motrice spéciale pour peu que les effets doivent être considérables, tandis que, dans les piles, la nature seule, par son mystérieux travail, produit les mêmes résultats.

§ 4. — TÉLÉGRAPHES ÉLECTRIQUES.

Pour trouver l'origine de la télégraphie, il faut remonter à la plus haute antiquité.

Les héros de l'*Iliade* correspondaient au moyen de signaux lumineux. Dans la première scène d'*Agamemnon*, Eschyle nous présente un vieux serviteur attendant depuis deux années le signal qui doit faire connaître à Clytemnestre la prise de Troie. Ce signal était un feu allumé sur le mont Ida et répété sur le mont Athos.

Tamerlan se servait de drapeaux pour dicter les conditions aux villes assiégées. Il fut le prédécesseur immédiat de Claude Chappe, qui inventa le télégraphe aérien. Cet appareil rentre désormais dans le domaine de l'histoire. Les poulies, les cordes, les leviers, avec lesquels on manœuvrait ses bras, ont été rendus à la mécanique industrielle.

Le dernier télégraphe aérien était encore debout, il y a peu de temps, à titre de curiosité, sur une des tours de l'église Saint-Sulpice à Paris; il vient de disparaître, et maintenant il ne reste plus qu'un modèle en bronze sur le tombeau de Claude Chappe au cimetière du Père Lachaise; le célèbre inventeur a désormais son nom inscrit parmi ceux des grands hommes, car il a rendu de grands services à l'humanité depuis l'époque de la Convention nationale jusqu'à ces dernières années.

Pendant que les mécaniciens faisaient manœuvrer les ailes du télégraphe dans le jour, les physiciens, de leur côté, ne demeurèrent pas inactifs; ils cherchaient un moyen de correspondance qui pût fonctionner également dans la nuit, et au moyen duquel durent disparaître ces trois mots qui nous ont souvent mis en grand émoi : « Interrompu par l'obscurité. » Ils croyaient trouver alors un auxiliaire dans l'électricité, sans se rendre précisément compte de la manière dont ils pourraient s'en servir. Déjà en 1753, ce fluide mystérieux fut désigné pour la première fois comme intermédiaire actif entre deux appareils à signaux, placés à une grande distance l'un de l'autre. Dans un journal scientifique écossais, un auteur anonyme proposa l'attraction, par le moyen de boules électrisées, de petits morceaux de papier, portant les lettres de l'alphabet. On devait toucher avec un corps électrique les fils correspondant à ces morceaux de papier; les lettres, inscrites au fur et à mesure qu'elles se présentaient, devaient former des mots et puis des phrases.

Cette description qui renferme le principe de la télégraphie électrique, c'est-à-dire le mouvement produit par l'attraction électrique, passa inaperçue. Vingt ans après cette découverte, un savant suisse, Lesage, de Genève, conçut l'idée de ce même télégraphe, et en établit un spécimen composé de vingt-quatre fils métalliques aboutissant chacun à une balle de sureau qui, repoussée par le fluide, indiquait une lettre.

En Allemagne et en Espagne, plusieurs appareils furent construits sur le même principe; mais on ne songea pas encore à les utiliser dans un service de correspondance, auquel du reste ils ne se seraient pas prêtés sans de grandes difficultés. On ne connaissait encore que l'électricité statique produite par le frottement. Cette électricité ne pénètre pas les corps; elle reste à la surface et tend à se disperser sous les moindres influences atmosphériques.

La science continue sa marche; vers 1800, elle s'enrichit de la découverte de la pile de Volta, d'où jaillit la source d'une certaine électricité qui n'a aucune tendance à abandonner les corps qu'elle pénètre; elle peut donc se transmettre à travers un espace illimité, sans déperdition sensible. A partir de ce moment, les inventions dans l'ordre mécanique surgissent de toutes parts, mais sont accueillies avec une affligeante indifférence.

L'Allemagne s'attribue l'invention du télégraphe électrique en basant sa prétention sur le mot: « C'est une idée germanique, » que disait Napoléon à son médecin Larrey qui lui présenta à Munich l'appareil de Sœmmering.

Nous pouvons ajouter une page à l'histoire de la télégraphie électrique en mentionnant une circonstance particulière qui se rapporte aux premiers essais dans cet art. Le 5 juin 1809, Sœmmering se trouvait en société avec le ministre, comte de Montgelas, qui, dans la conversation, exprima le désir que l'académie bavaroise voulût bien s'occuper à inventer un télégraphe convenable. Sœmmering songea donc immédiatement à trouver la solution de ce problème, à laquelle il avait déjà préludé par ses études sur le galvanisme. L'effet de la pile de Volta sur le système nerveux lui suggéra l'idée de se servir des fils galvaniques pour produire des mouvements à l'instar de ceux des nerfs. S'attachant à cette idée, comme point de départ, il marcha d'expérience en expérience jusqu'à la réussite de son œuvre, qui consistait à correspondre à de grandes distances au moyen de bulles de gaz provenant de la décomposition de l'eau renfermée dans vingt-quatre petits vases où plongeaient des fils conducteurs. Sur chaque vase était écrite une lettre. Sœmmering a consigné ses travaux dans un journal dont les extraits viennent d'être publiés par son fils, sous le titre de : *Le télégraphe électrique, invention de Samuel de Sœmmering*, par M. le docteur W. Sœmmering, 1863.

Nous approchons maintenant de la dernière étape que la télégraphie électrique avait à parcourir pour arriver à son dernier degré de perfectionnement : c'était de se baser sur l'électro-magnétisme. C'est encore à Munich, cette nouvelle Athènes, que ce principe fut appliqué dix-sept ans après sa constatation, par le physicien Steinheil, qui établissait le premier télégraphe pouvant fonctionner d'une manière pratique sur une ligne d'une lieue. Son appareil comprenait deux aiguilles aimantées qui, à chaque électrisation, étaient déviées de leur position primitive et alternativement replacées ; elles étaient munies à leurs extrémités de styles qui marquaient des points sur une bande de papier se déroulant d'une manière continue au moyen d'un mécanisme d'horlogerie. Ces divers points combinés formaient l'alphabet du télégraphiste. A la même époque, Wheatstone combinait en Angleterre ce même télégraphe qui est appelé le *télégraphe magnétique*.

Déjà, en 1820, on avait observé le phénomène de l'aimantation temporaire du fer par la présence d'un courant électrique. Un certain mouvement pouvait donc être produit par l'attraction et la répulsion alternatives d'une petite barre de fer ; tout le secret de la télégraphie actuelle était là, mais la Providence le tenait caché, et ce n'est que douze ans après cette découverte qu'elle le révéla à un peintre américain en voyage sur l'océan Atlantique. Cet artiste, arrivé à destination, prit congé du capitaine en lui disant : « Quand mon télégraphe sera devenu la merveille du monde, veuillez vous souvenir que la découverte en a été faite à bord de votre navire le 13 octobre 1832. »

Cette merveille s'est réalisée et le nom de notre voyageur est maintenant bien connu. Nous voudrions parler davantage de M. Morse et le suivre sur le chemin des inventeurs, sur cette voie toujours pénible, rarement heureuse ; nous voudrions retracer les péripéties de cette vie de travail et d'abnégation, mais la place dont nous pouvons disposer appartient à la mécanique, dans laquelle rentre désormais le télégraphe ; il n'y a plus, comme pour les autres machines, des calculs à établir sur la force et la résistance, sur la puissance absorbée et le travail rendu en échange ; c'est simplement la disposition ingénieuse des organes de transmission de mouvements très-faibles et très-délicats dont nous aurons à nous occuper.

Mais avant d'entreprendre cette étude, nous dirons quelques mots sur la propagation de l'électricité et sur la mesure de la résistance qu'elle éprouve dans son passage à travers les divers corps qui lui servent de conducteurs.

La propagation de l'électricité. — L'électricité se propage avec une extrême vitesse dans certains corps appelés *conducteurs*, par exemple, les fils métalliques. Elle ne se propage presque pas dans d'autres corps appelés *non conducteurs* ou *isolants*, par exemple, la porcelaine.

La *résistance* est l'obstacle qu'un corps oppose au passage du courant électrique et qui varie avec ses dimensions et sa composition chimique. L'intensité du courant est la même dans tous les points de son parcours ; elle dépend de la force électro-motrice et de la résistance du circuit.

L'*unité de résistance* adoptée dans les télégraphes est celle d'un fil de fer galvanisé de 1 mètre de longueur et de $0^{m},004$ de diamètre.

Pour mesurer cette résistance, on emploie le *galvanomètre*, espèce de boussole dont l'aiguille dévie plus ou moins suivant l'intensité du courant. Pour mettre ce galvanomètre en action, on emploie le *rhéostat*.

Le rhéostat (fig. 335). — Il se compose de deux cylindres ; l'un B est en bois, l'autre L en cuivre jaune. Un fil métallique est placé sur ces deux cylindres, de manière qu'il s'enroule sur l'un et se déroule sur l'autre. Les tours du fil sont isolés sur le cylindre en bois à cause de la rainure dans laquelle ils se logent. Sur l'autre cylindre ils font partie de toute la masse métallique. Deux ressorts RR' frottent sur ces cylindres ; l'un frotte directement, l'autre par l'entremise d'une bague en laiton.

A ces ressorts sont soudés des boutons *b* et *b'* au moyen desquels le rhéostat peut être intercalé dans un circuit où s'introduit toute la résistance du fil enroulé sur le cylindre en bois. Cette résistance peut être augmentée ou diminuée en tournant l'un ou l'autre de ces cylindres par la manivelle M qu'on change de place et dont l'action est

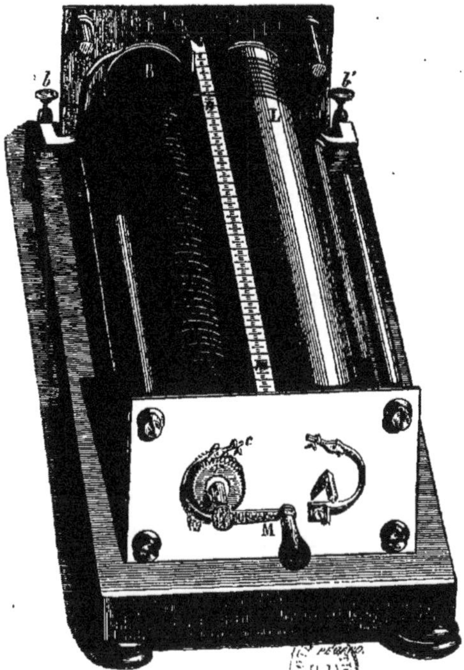

Fig. 335.

réglée par le cliquet *rc*. Le nombre des tours est compté par la règle graduée *nm*, et l'on peut en déduire la longueur développée du fil.

Le principe du télégraphe électro-magnétique. — Avant de passer en revue les nombreux systèmes de ces curieux appareils, nous pouvons, à l'intention des élèves, décrire un télégraphe idéal, établi d'après le principe commun, qui est simple, mais dont la mise en pratique et le fonctionnement régulier sont assez compliqués.

Le courant électrique, avons-nous dit, possède la faculté de changer le fer en aimant; supposons placé devant un morceau de fer électrisé et à une distance d'un pouce un petit ressort également en fer. Au moment où le courant passe, ce ressort est attiré ; dès que le courant cesse, le ressort retourne à sa place. Supposons à son côté un cadran avec les lettres de l'alphabet ; ce cadran tourne constamment, car sur son axe se déroule une corde avec un poids. Voilà donc le télégraphe établi. Le correspondant en a un pareil, relié au nôtre par un fil de fer. Ecrivons-lui le mot *bonjour*, n'importe à quelle distance. Nous mettons notre pile en communication avec le câble ou le fil électrique ; immédiatement les ressorts, de près comme de loin, sont attirés et frappent en passant contre un timbre.

Le correspondant entend ce signal et le répète. Si, par hasard, il n'était pas à son poste, nous l'avertirions une seconde fois. A un nouveau coup du timbre, nous déclanchons le poids du cadran, qui commence à tourner ; le correspondant nous imite. Nous laissons passer la lettre *a*, et au moment où vient la lettre *b*, nous rétablissons le courant ; le correspondant aperçoit l'attraction de son ressort à la lettre *b*, qu'il inscrit ; les cadrans tournent avec la même vitesse ; ils sont pareils. Voici la lettre *o*, nous répétons la même manœuvre et puis nous attendons que le cadran ait fait tout un tour, car il nous faut maintenant la lettre *n ;* enfin le mot *bon* est inscrit. Pour la lettre *j*, nous devons attendre un nouveau tour du cadran.

Tel est le télégraphe électro-magnétique ; mais rien que la transmission du mot *bon* nous indique que cette manière de correspondre ne serait guère praticable que pour écrire tout au plus une dépêche par jour, puisqu'il faut attendre chaque fois tout le tour du cadran pour voir apparaître une lettre placée avant celle qu'on vient d'inscrire. Donc, pour écrire, non pas une dépêche, mais des centaines de dépêches par jour, il fallait recourir à des mécanismes plus expéditifs, ainsi que nous allons le voir.

La construction du télégraphe électrique. — Pour fixer les idées, nous diviserons le télégraphe électro-magnétique, en dehors des piles à chaque station, en cinq parties, savoir : les fils ou câbles, qui conduisent le fluide ; le commutateur qui le dirige ; le manipulateur qui transmet ses dépêches ; le récepteur qui les reçoit ; enfin les sonneries et le paratonnerre, qui avertissent les opérateurs ou employés télégraphistes, et les préservent des coups de foudre.

Nous allons décrire chacune de ces cinq parties séparément ; nous les assemblerons ensuite pour en former un télégraphe électrique et pour pouvoir examiner la manière dont il fonctionne.

Les *fils télégraphiques* passent dans les airs, sous la terre et sous l'eau ; de là ces trois espèces de fils télégraphiques : fils aériens, souterrains, sous-marins.

Les fils aériens sont en fer galvanisé; ils sont soutenus par des isolateurs fixés dans des poteaux. Ces isolateurs sont de petites cloches ou petits chapeaux, ou anneaux en porcelaine vissés contre ces poteaux, et dans lesquels passent les fils, qui se trouvent ainsi isolés.

Les fils souterrains ne sont employés que dans les grandes villes; ce sont alors des fils de cuivre recouverts de gutta-percha, enfermés dans des tuyaux de plomb, ou noyés dans des couches de bitume.

Les câbles sous-marins, dont on a fait usage jusqu'à présent, avec plus ou moins de succès, sont composés de plusieurs fils conducteurs en cuivre, entourés de substances isolantes (caoutchouc, gutta-percha) et d'une enveloppe protectrice (cordes imprégnées de goudron et entourées de fils d'acier). (Fig. 336.)

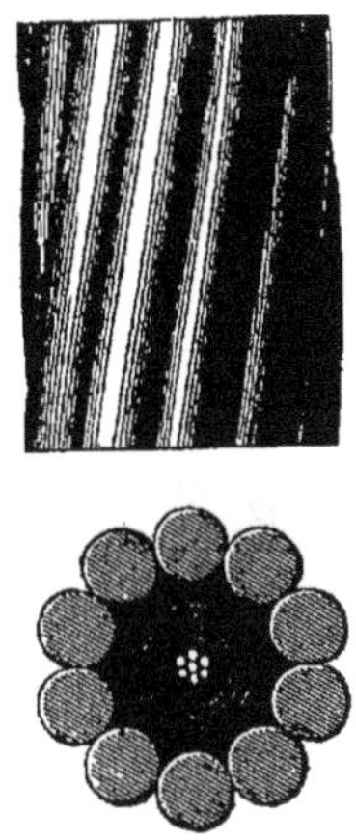

Fig. 336.

Quant au nombre de fils conducteurs, on en employa deux dans le principe pour chaque appareil; le courant allait sur l'un des fils et revenait sur l'autre. L'illustre physicien Steinheil supprime le fil de revient et laisse à la terre le soin d'opérer ce retour. Dans ce but, il attache aux extrémités du fil unique des plaques métalliques qu'il enfonce dans le sol, où l'électricité cherche sa route, à travers les rocs, les sables, les rivières; et franchissant tous les obstacles que la nature ou la main de l'homme lui oppose, elle revient à son point de départ.

Comment ce singulier phénomène s'opère-t-il? Comment cette traînée électrique, qui peut être croisée par d'autres courants, retrouve-t-elle sa route? L'explication doit en être simple; mais elle est encore pour nous un mystère, comme tout ce qui tient à l'électricité.

Contentons-nous du fait et soyons heureux de n'avoir qu'un fil à poser, ce qui simplifie beaucoup l'établissement des télégraphes. Il y a déjà dix ou quinze de ces fils sur un poteau pour tous les appareils qui aboutissent à une station centrale; il faudrait donc le double d'après l'ancien système.

Le *commutateur* permet de diriger l'électricité sur un fil désigné, ou en d'autres termes, de faire varier la direction des courants. On distingue le commutateur rond et le commutateur à permutations.

Le premier est un disque de bois traversé à son centre par un axe de métal muni d'une pédale qui se lève ou s'abaisse dès qu'on presse sur ce manche (fig. 337).

La lame de cuivre *l*, au moyen de la poignée P, se place successivement sur les touches 10, 15, 20 ; elle communique avec le bouton D qui est relié au manipulateur. Aux touches aboutissent des fils venant

Fig. 337.

du pôle positif, du dixième, du quinzième ou du vingtième élément de la pile. Le circuit placé entre le bouton D et le pôle zinc de la pile sera parcouru par un courant de 10, 15 ou 20 éléments.

Le second commutateur, ou commutateur à permutations, est une pièce de bois rectangulaire sur laquelle se trouvent des bandes de cuivre en haut et en bas ; celles d'en bas coupent perpendiculairement celles en dessus. A ces lames sont attachés des fils. Aux points de croisement il y a des trous dans lesquels on enfonce une cheville en cuivre qui fait communiquer ensemble les deux fils aboutissant à ces lames.

Le *manipulateur* est destiné à faire communiquer le fil de la ligne avec l'un des pôles de la pile, ou avec le récepteur. Il se compose d'une tige métallique mobile autour d'un point en communication avec le fil conducteur. Cette tige est amenée contre deux boutons dont l'un correspond au récepteur et l'autre à un des pôles de la pile. On donne aussi aux manipulateurs la forme d'un levier métallique mobile autour de son centre et dont les deux extrémités viennent buter contre deux pointes métalliques dont la première est reliée au récepteur et l'autre à la pile. L'axe de rotation du levier communique au fil conducteur.

Le *récepteur* dépend du système télégraphique adopté, ainsi que nous le verrons bientôt.

Les sonneries et les paratonnerres. — Pour que les appareils électriques puissent fonctionner régulièrement, il faut que les employés télégraphistes soient avertis en temps opportun de la mise en train du télégraphe, et qu'ils se trouvent, ainsi que leurs instruments, à l'abri des coups de foudre, car le fluide électrique du ciel peut suivre les fils conducteurs.

Les sonneries sont à mouvement d'horlogerie ou à trembleurs. Les dernières sont très-bruyantes; aussi sont-elles usitées dans les chemins de fer, où l'avertissement est d'une si haute importance.

Les divers systèmes de télégraphes électriques. — Les télégraphes indicateurs et les télégraphes imprimants forment les deux grandes catégories de ces admirables appareils, dont les modèles sont très-nombreux.

Le télégraphe indicateur est celui qui va être décrit; il ne laisse pas de traces; on y supplée en inscrivant les dépêches.

Le télégraphe à cadran Breguet. — Voici d'abord son *manipulateur* (fig. 338). Il renferme les lettres et les chiffres disposés de la même manière que sur le récepteur. A chaque lettre correspond une échancrure, dans laquelle entre une espèce de dent dont la manivelle est munie, afin de pouvoir fixer sa position exacte devant chaque lettre. L'axe de la manivelle porte une roue à rainure sinueuse dont le dessin *m* pointillé ne figure qu'un bout. Le levier *ll'* pivote autour de l'axe *o*; l'un de ses bras porte à son extrémité une tige sur laquelle roule un galet en acier.

Quand la roue tourne, le galet qui entre dans la rainure passe constamment d'une partie rentrante à une partie saillante, et se rapproche ou s'éloigne du centre. La roue sinueuse a 13 parties rentrantes et 13 parties saillantes. Le levier, par chaque tour de manivelle, fera 26 mouvements et le ressort *l'* vient s'appuyer successivement sur les extrémités des vis *p* et *p'*.

Les lignes pointillées indiquent les conducteurs en laiton, qui sont placés sous la planche du manipulateur, et qui réunissent les boutons *p* et R, *p'* et C, E et E' avec *ll'*.

Voici de quelle façon ce manipulateur fait marcher le récepteur.

Le pôle positif de la pile est relié avec le bouton C qui communique, ainsi que nous l'avons dit, avec *p'* par une bande de laiton.

Si le levier *ll'* est en contact avec la vis *p'*, il pivote en *o* et communique avec la touche E sur laquelle le commutateur doit être placé, quand on veut correspondre ; le courant est conduit par L sur la ligne télégraphique ; il la suit jusqu'au récepteur qu'il traverse, et revient par la terre à la pile. La terre, on le sait, fait fonction de fil de retour.

Le circuit est donc complet chaque fois que le levier l' touche p', et que l'armature de l'électro-aimant est attirée. Cela arrive quand la

Fig. 338.

manivelle se trouve sur un chiffre impair. Quand elle est sur un chiffre pair, le levier s'écarte de p' et l'armature cesse d'être attirée.

A chaque passage d'une lettre à la suivante, il y aura fermeture ou ouverture du circuit ; donc un mouvement de l'armature et un échappement. L'aiguille avancera d'une dent de la double roue d'échappement, c'est-à-dire d'une lettre.

Cette manœuvre a lieu très-rapidement ; l'aimantation est immédiate comme la désaimantation et la propagation de l'électricité est presque instantanée. Il n'y a de limite dans la vitesse de transmission que le temps nécessaire au mouvement de l'armature et du rouage ; on se borne à deux tours de cadrans par seconde.

Le *récepteur* (fig. 339) indique l'aiguille en repos sur la croix, au-dessus de laquelle se trouve un petit carré à clef pour remonter le

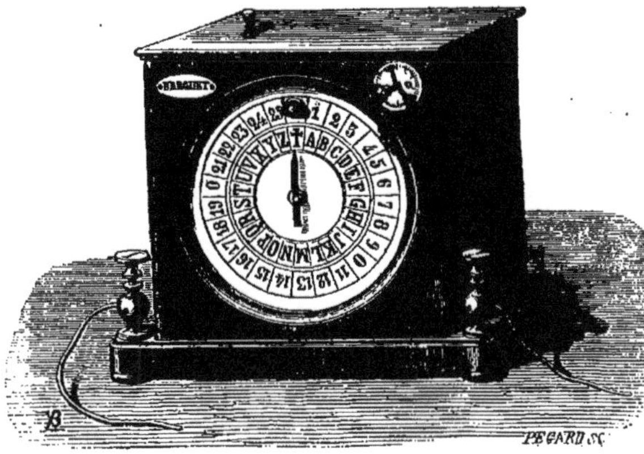

Fig. 339.

ressort comme dans une pendule. Pendant la transmission d'une dépêche, l'aiguille parcourt le cadran, sans jamais rétrograder ; elle s'arrête un instant sur chaque lettre que le télégraphiste doit saisir.

Pour savoir de quelle façon l'aiguille marche, il faut s'en référer à la figure 340 qui donne, à une plus grande échelle, la vue par derrière du récepteur.

CC, plaque du cadran ; A, armature ; *v*, vis que porte l'armature ; *t*, tige liée à l'armature pour se buter contre une vis de réglage que limite le mouvement de l'armature ; R, ressort destiné à maintenir la tige *t* ; EE, bobines de l'électro-aimant qui attirent l'armature, laquelle s'approche de l'électro-aimant autant que possible.

Si le courant est interrompu, le ressort entraîne l'armature et lui fait faire un mouvement en sens inverse du premier.

L est le bouton qui règle par le levier *ll'* le ressort R ; PP, platine qui renferme le rouage du mouvement de pendule. Ce mouvement se compose d'un barillet qui contient le ressort moteur et d'une roue d'échappement sur l'axe de laquelle est placée l'aiguille indicatrice.

On conçoit que cette roue, par le mouvement d'horlogerie, tournerait avec une vitessee extrême jusqu'à la détente complète du ressort, si la *palette d'échappement* n'existait pas. Cette pièce importante placée au milieu de la ligne MN se loge par son mouvement de bascule dans le plan de la roue d'échappement dont elle arrête la rotation.

Si, au contraire, on veut que cette rotation s'opère avec rapidité — dans le cas où il faut mettre tout de suite l'aiguille sur la croix — on a recours à l'artifice suivant.

Fig. 240.

MN est une barre maintenue en position par le ressort U; elle peut être abaissée par la tringle HK, afin qu'elle désembraye la palette d'échappement; la roue qui correspond à l'aiguille devient libre; l'aiguille tourne, et ne s'arrête que quand la tringle est abaissée.

Les télégraphes électriques à aiguilles. — C'étaient les appareils primitifs. Les aiguilles aimantées par leurs positions respectives donnaient des signaux correspondant aux lettres de l'alphabet.

Le télégraphe imprimant Bonnelli. — Il est formé d'abord des mêmes éléments que les télégraphes à signaux et en plus de tout un attirail d'imprimerie. On compose avec des lettres ou caractères la dépêche, et on porte cette composition sur un plateau qui est en communication par le fil électrique avec le plateau d'une autre station. Au signal donné, un petit chariot portant une brosse métallique ou frotteur se déclanche et se promène, attiré par un contre-poids, sur cette composition. A la station de correspondance se trouve un plateau pareil et un chariot pareil qui passe sur un papier préparé chimiquement. Les fils des brosses s'électrisent également et laissent sur leur feuille de papier la reproduction exacte de la composition d'imprimerie. Le télégraphe Hughes imprime avec des lettres, et par celui de Caselli les signes écrits dans une station sont reproduits dans la station suivante.

Le télégraphe imprimant Morse. — Nous connaissons déjà le principe du *manipulateur Morse*, dont la figure 341 donne les détails.

Fig. 341.

ll', levier maintenu en contact avec la pièce *p* par un ressort R placé au-dessous, dans la position d'attente. Ce levier est en communication avec le fil de la ligne. En saisissant le bouton B avec la main, on fait basculer le levier au-dessus de son centre, et on l'abaisse jusqu'au contact de *p'*, qui est réuni à la pile ; le courant est ainsi envoyé sur la ligne. La vis V sert à régler la course du levier.

Ce manipulateur Morse est le plus simple de tous ; il ne porte que les trois boutons obligatoires pour la pile, la ligne et le récepteur.

La figure 342 représente le *récepteur Morse*. Le papier passe par le guide G, où il est retenu par un petit rouleau ; il tourne ensuite autour du gros rouleau R, qui l'entraîne par ses rugosités vers *m*, puis il vient rouler sur le petit cylindre *i* en acier, et est saisi par les cylindres N et N'. Un ressort d'horlogerie donne ces mouvements d'une façon régulière.

E est l'électro-aimant; B, le bouton du ressort antagoniste ; *ll'*, le levier de l'armature A, pivotant en *v* et *v'*; la course est bornée par les vis *p*, *p'*.

m est une roulette portée par le levier et dont la circonférence est couverte d'encre fourni par le morceau de drap *t;* la roulette vient en contact du papier quand l'armature est attirée, et elle produit des traits ou des points suivant la durée de l'attraction.

Fig. 342.

Dans le principe, l'appareil Morse imprimait les dépêches par des signes en saillie sur le papier. Par le maniement, ils perdaient leur netteté, et comme la lecture en devenait très-fatigante, on a employé l'encre, invention qui est due aux frères Digney.

Le télégraphe magnéto-électrique alphabétique. — Il est une application de la force magnéto-électrique. La figure 343 en représente la partie essentielle, qui est le manipulateur. Il diffère extérieurement peu des télégraphes alphabétiques ordinaires. La manœuvre est la

Fig. 343.

même et consiste simplement à tourner la manivelle et à s'arrêter sur les lettres à expédier.

La pièce principale de cet appareil est un aimant naturel placé sous les quatre bobines NN′, dont on n'en voit que deux, les autres étant cachées. Une armature AA′ tourne au-dessus de ces bobines par la manivelle M, par l'engrenage D et le pignon *o*.

Le fer doux des bobines se trouve donc aimanté chaque fois que l'armature passe d'une diagonale à l'autre du carré formé par les bobines ; il se produit des courants de sens opposé mais qui se réunissent au passage de chaque lettre à la suivante, mais seulement quand la manivelle tourne. Dans un tour, il y a autant de lettres que de courants.

Voici encore quelques détails sur les pièces dont le télégraphe magnéto-électrique se compose.

abc est une bobine qui sort de l'axe de la roue D ; elle est sollicitée par le ressort U à monter. Quand la manivelle s'abaisse, elle fait descendre une goupille *gg* qui pousse en bas la joue supérieure *a* de la bobine. La joue inférieure *c* vient s'appuyer sur le ressort *x*, qui communique par le boudin *y* avec le bouton R du manipulateur ; le courant électrique se trouve donc établi avec la ligne.

La réception de la dépêche a lieu dès que la manivelle est abaissée et que la dent, dont cette dernière est munie, est enfoncée, dans les crans pratiqués à la circonférence du cadran du manipulateur.

Dès qu'on soulève la manivelle pour la tourner dans le but de transmettre une dépêche, la goupille *g* n'est plus maintenue ; le ressort à boudin U soulève la bobine *abc*, dont la joue inférieure s'appuie contre la vis *v*, qui communique avec l'un des bouts du fil des bobines, tandis que l'autre bout *t* est relié au bouton T, et fait passer le courant dans la terre.

Les sonneries. — La figure 344 est une vue de derrière d'une sonnerie à rouage.

EE, électro-aimant ; A, armature ; V, son point de suspension ; *t*, tige de l'armature portant à son extrémité le *ressort antagoniste* à l'aimantation et qui est réglé par la vis *h* ; *l*, levier qui s'appuie sur la tige et qui est poussé de haut en bas par un ressort plat réglé au moyen de la vis *k*.

La figure 344 *bis* représente la face antérieure de la sonnerie.

B, axe du barillet du ressort moteur ; D, disque portant une tige munie du galet G qui glisse dans la rainure taillée dans la queue du marteau *m* destiné à faire sonner le timbre T.

Le rouage est mis en mouvement quand l'armature (fig. 344) est attirée et quand le levier *l* se trouve dans la position marquée en poin-

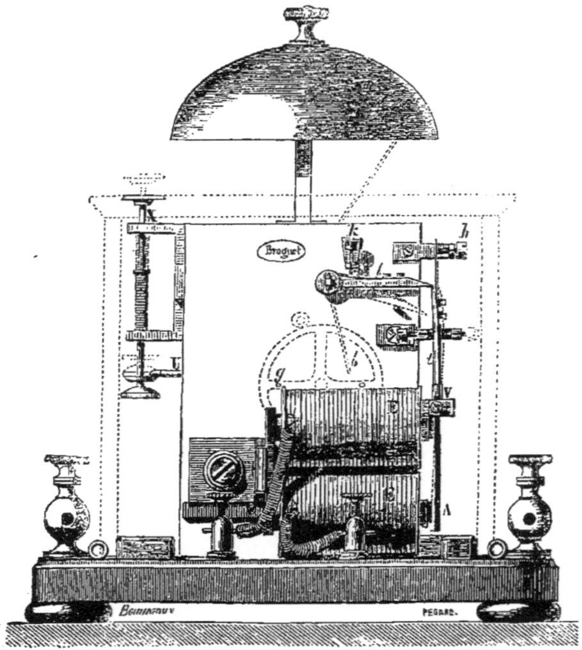

Fig. 344.

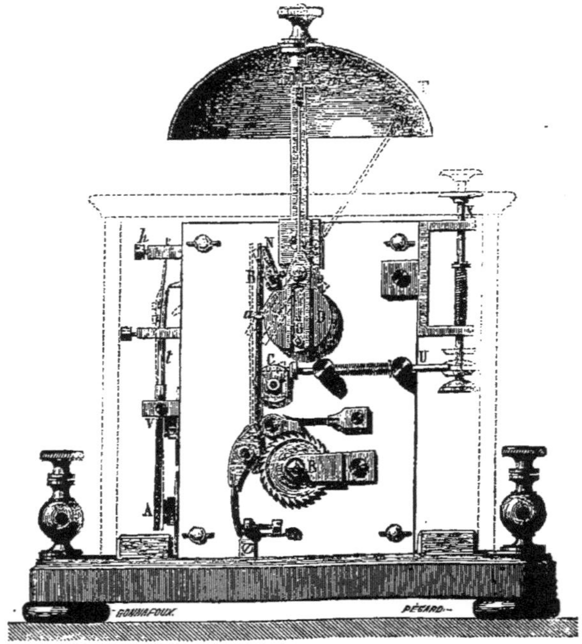

Fig. 344 *bis*.

tillé, et entraîne la pièce N, qui pousse le ressort R et décroche l'arrêt *a*, par lequel le rouage est retenu.

Une des roues porte vers sa circonférence une goupille *g* qui soulève le bras *b* porté par l'axe commun du levier *l* et de la pièce N. Ce levier est remonté et se remet sur la tige de l'armature dans la position primitive.

Afin de prolonger l'action du rouage sur le marteau, on dispose la pièce C (fig. 344 *bis*), qui maintient, pendant un demi-tour de son axe, le ressort R écarté, et l'empêche de venir arrêter le mouvement au moyen de la pièce *a*.

Si le télégraphiste n'entend pas la sonnerie, il faut qu'un signal apparent se produise ; on l'appelle le *répondez*. C'est une tige X en haut sous le timbre, qui s'appuie sur la pièce U. Quand le disque D tourne, l'arrêt *a* entraîne la pièce U et décroche la tige X, qui, poussée par son ressort, traverse la boîte de la sonnerie.

Les relais de la sonnerie. — Ils ont pour but d'indiquer la direction d'où vient l'appel dans les postes qui n'ont qu'une sonnerie, mais plusieurs fils. Chaque ligne doit avoir son relais (fig. 345).

Fig. 345.

E, électro-aimant placé dans le circuit d'une des lignes, à l'instar des sonneries qu'il est destiné à remplacer.

A, armature qui amène, quand elle est attirée, le ressort R vers la vis v; le circuit de la sonnerie se trouve fermé et la sonnerie se met en branle.

Le courant de la sonnerie arrive au bouton LP, suit une bande de laiton placée sous le socle en ligne pointillée; il suit la colonne N; il suit la vis v par le ressort R, par l'armature et par son support M, enfin il aboutit au bouton S.

Par le mouvement de l'armature, le crochet c de la pièce h est dégagé; le ressort r soulève la tige hH et le bouton H sort par le couvercle de la boîte dans laquelle le relais est renfermé.

Averti par la sonnerie, le télégraphiste cherche le bouton indicateur sur lequel, pour plus de précaution, on a gravé le nom de la direction à laquelle il correspond.

Les paratonnerres. — Ils sont destinés à prévenir les accidents qui pourraient être causés par des décharges de l'électricité atmosphérique. Effectivement, au mois de mai 1846, par suite d'un violent orage qui

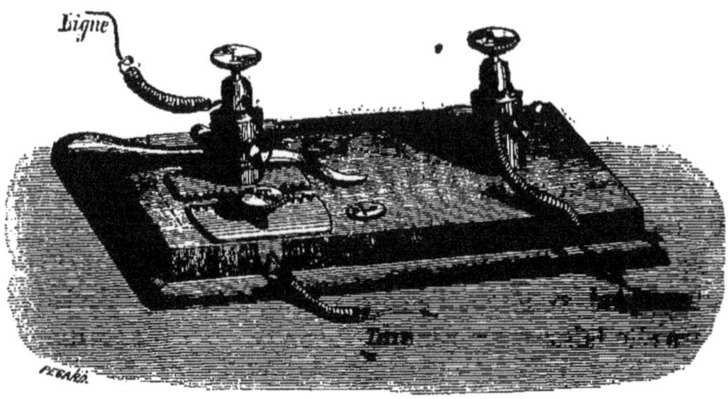

Fig. 346.

éclata près de Saint-Germain, tous les fils du poste télégraphique furent anéantis. Ce désastre inspira à M. Bréguet l'idée de son paratonnerre, qui se compose, comme pièce essentielle (fig. 346), d'un fil de fer très-mince renfermé dans un tube en verre et intercalé dans le circuit à l'entrée du poste. En cas d'orage, ce fil est brûlé, la communication est interrompue et le poste est préservé.

geront en répulsions et réciproquement, de façon que l'armature portée par la vis *v* oscillera et entraînera dans son mouvement la tige *l*, qui se termine en fourchette. Dans cette fourchette pénètre une goupille portée par la pièce mobile *i*. La goupille entraîne cette pièce *i* et une pièce symétrique *i'*, dont chacune porte un cliquet agissant sur la roue à rochet *r*, sur l'axe de laquelle se trouve l'aiguille des minutes. Les deux cliquets fonctionnent l'un après l'autre; mais celui qui n'agit pas amène un arrêt dans l'une des dents de la roue à rochet, et l'empêche ainsi d'avancer de plus d'une dent par la secousse de la tige *l*, qui lui est transmise par le premier cliquet.

Le rochet a soixante dents, de manière que si le courant est envoyé à chaque minute et en sens inverse, l'aiguille parcourra tout le cadran en une heure. Entre les deux platines *c*,*c* est placée une minuterie, composée de trois roues dentées qui transmettent le mouvement à l'aiguille des heures.

Ces horloges électriques n'ont pas besoin d'être remontées; elles fonctionnent indéfiniment dès que la pile est entretenue (*).

(*) Claude Chappe, né en 1763, dans le département de la Sarthe, mort à quarante-deux ans.

Samuel de Sœmmering est né en 1755 à Thorn (Prusse); il était conseiller du roi de Bavière et membre de l'Académie des sciences à Munich; il est mort à l'âge de quatre-vingt-cinq ans dans une brillante position. La ville de Francfort vient de lui élever une statue.

Bonnelli, ingénieur italien, ancien directeur général des télégraphes d'Italie. Il a appliqué l'électricité aux métiers à tisser. Mort en 1870.

CHAPITRE XVIII.

MACHINES DE TRANSPORT SUR LES CHAUSSÉES.

La locomotion mécanique sur les chaussées ne comprend encore que deux sortes de machines ; les vélocipèdes et les voitures à vapeur. Les locomotives mixtes, qui marchent sur les rails et en même temps sur la chaussée, seront classées dans le chapitre des *chemins de fer*.

§ 1. — VÉLOCIPÈDES.

Drais, maître des forêts à Mannheim (grand-duché de Bade), a inventé un véhicule avec deux roues, l'une devant l'autre ; l'homme, assis sur une selle entre ces deux roues, pousse cette machine avec les

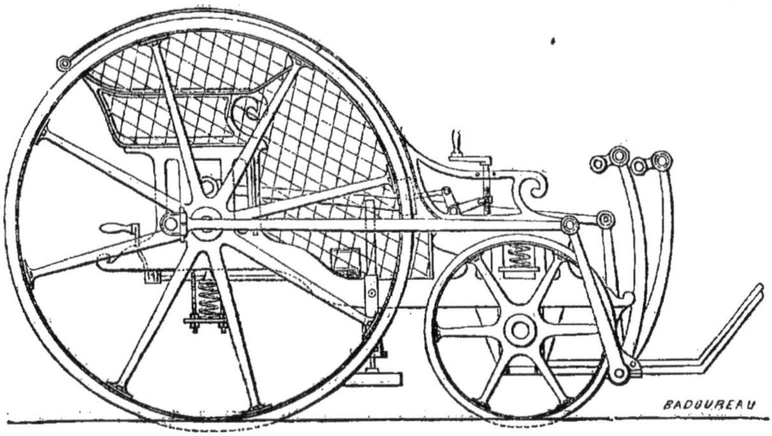

Fig. 348.

pieds. En 1818, le baron de Drais se rendit à Paris, où sa *draisine*, après avoir fait beaucoup d'effet, fut délaissée ; car on s'aperçut bientôt que la force employée pour tourner les roues est la même que celle qui est dépensée dans la course. Néanmoins les Anglais l'ont reprise, et, sans en changer le principe, en ont changé le nom ; ils l'appelaient la *pédomotive ;* ils ont ensuite essayé de remplacer le mouvement des pieds par le mouvement des mains, qui, agissant sur une manivelle, donnent l'impulsion voulue.

Ce n'est que dans les chemins de fer que ces draisines ont reçu, sous le nom de *wagonnets*, une application sérieuse ; elles sont destinées à transporter les employés du service de la voie ; des ouvriers tournent les manivelles, et, une fois lancée, cette petite voiture peut rivaliser de vitesse avec la locomotive (fig. 348).

Le travail mécanique du vélocipède. — Cette fois le mot *travail* ne doit être pris que dans le sens idéal ; car les vélocipédistes assis sur leur véhicule ne travaillent pas ; ils s'amusent tant bien que mal, et ennuient les passants par leurs évolutions plus ou moins grotesques. La recherche de l'effort nécessaire pour faire marcher un vélocipède n'est donc qu'un exercice de mécanique, mais à ce point de vue il peut offrir quelque intérêt.

Il est reconnu qu'un adroit vélocipédiste court sur l'asphalte avec une vitesse de 16 kilomètres à l'heure ; cela ne veut pas dire qu'il marchera ainsi pendant des heures entières, car au bout de quelques minutes déjà il sera fatigué. Une société de vélocipédistes anglais a néanmoins parcouru, à la suite d'un pari, 100 kilomètres sur une route avec une vitesse de 10 kilomètres à l'heure pendant une journée de vingt-quatre heures, dont quatorze étaient consacrées au repos. Comme vitesse ordinaire, il ne faudrait prendre que 5 kilomètres, si jamais le besoin pratique se faisait sentir d'évaluer la marche de ces véhicules.

Les conditions d'équilibre du vélocipède. — Soit F le travail journalier (dix heures) que l'homme produit en agissant sur une pédale $=$ 180 000 kilogrammètres ; t la durée de la course ; p le poids de l'homme $=$ 70 kilogrammes ; q le poids du vélocipède $=$ 40 kilogrammes ; f le coefficient ou le rapport de l'effort de traction à la charge transportée, égal à 0,03 sur une chaussée horizontale ; l la longueur du trajet ; v la vitesse de marche ; on a d'abord $l = vt$.

$$F = fl\,(p+q) = fvt\,(p+q).$$

Cette relation se rapporte au terrain horizontal; dès qu'il se présente une pente, il faut ajouter à la résistance du tirage celle de la gravité, puisque l'homme doit se soulever; pour peu que la pente augmente, il n'avancerait plus, il serait obligé de porter son vélocipède sur le dos.

L'hygiène des vélocipèdes. — Quant à l'influence du vélocipède sur la machine humaine, qui est bien autrement compliquée que toutes les machines créées par l'homme, beaucoup de médecins soutiennent que cet exercice continuel des jambes qui poussent les roues n'est pas très-sain. En effet, ce ne sont que les jambes qui travaillent constamment; la partie supérieure du corps est inerte et reste dans une dangereuse immobilité. Pendant la marche, au contraire, tout le corps est en locomotion : les bras flottent, les pieds s'échauffent, dégagent la tête et ramènent le sang du cerveau aux extrémités; en un mot les fonctions se diversifient, se multiplient et maintiennent l'homme dans son état normal. Quoi qu'il en soit, la gymnastique du vélocipède tend à développer les forces, et à ce titre elle est à recommander, pourvu qu'on n'en abuse pas. Mais qui sait, au moment où on lira ces lignes, les draisines seront peut-être passées de mode pour la deuxième fois.

§ 2. — VOITURES A VAPEUR ROUTIÈRES.

L'invention de la voiture à vapeur sur les routes est due à Cugnot. Sa machine est exposée au Conservatoire des arts et métiers, à Paris. Elle repose sur un train à trois roues; à l'avant est disposée la chaudière, espèce de chaudron avec un foyer au-dessous; puis vient la roue motrice, à laquelle la vapeur communique le mouvement à l'aide de rochets et de cliquets. L'avant-train peut tourner comme celui d'une voiture ordinaire; le bandage de la roue porte des protubérances pour mordre sur le terrain, ou produire l'adhérence, comme on dit aujourd'hui. Elle est à simple effet; la vapeur, après avoir agi sur les pistons, s'échappe dans l'air; elle a deux cylindres.

La machine Cugnot présentait plusieurs défauts qui eussent empêché son emploi pour un service régulier.

La capacité de sa chaudière n'avait pas été calculée en proportion avec les cylindres; elle ne pouvait fonctionner que pendant quinze minutes ; puis il fallait la laisser reposer pour que la vapeur eût le temps de se former de nouveau.

En 1797, Olivier Evans, dans les Etats-Unis d'Amérique, obtint un privilége pour cette même invention; il chercha à la réaliser; mais malheureusement dans sa localité se trouvait un certain ingénieur routinier, qui publia un opuscule dans lequel il chercha à prouver qu'il était impossible qu'un véhicule marchât par l'impulsion de la vapeur. Cet écrit fut adressé à la Société philosophique de Philadelphie, qui, n'aimant pas les innovations, le reçut à l'instar d'une bonne fortune, et lui accorda son approbation pleine et entière. Comme cet ingénieur était très-habile dans son art, le public aussi lui donna raison, traita Evans de fou, et resta convaincu qu'une voiture ne pouvait être traînée que par des chevaux.

Olivier Evans, repoussé de partout, se décida à construire une machine à ses frais, et en 1804 la fit circuler dans les rues de Philadelphie. Mais il lui manqua l'argent nécessaire pour continuer ses essais, et, découragé, désespéré, il finit tristement son existence. Il laissa une brochure dans laquelle il recommande ses idées à la génération future. En voici le passage mémorable :

« Autrefois on ne reconnaissait pas les avantages des chemins de fer ; actuellement on se contente des chevaux comme force motrice sur ces nouvelles routes ; mais je suis convaincu que des hommes plus éclairés considéreront ma machine sur le railway comme le moyen de transport le plus complet. »

Vivian et Trevethick, à Cornouailles, dans la Grande-Bretagne, marchèrent sur les traces d'Olivier Evans, et parvinrent à construire une voiture avec machine à haute pression : à l'arrière se trouvait le mécanisme moteur et au-dessus du foyer était suspendue la caisse des voyageurs. Mais, comme personne ne voulait s'exposer à de continuels dangers d'incendie, ni à la chaleur ni à la fumée, cette voiture resta sans emploi. Les deux associés songèrent alors à la placer sur les rails et à réaliser ainsi l'idée d'Olivier Evans.

Les voitures à vapeur n'ont jamais eu un usage bien suivi. En 1826, on les a essayées sur la route de Londres à Paddington ; en 1832, à Bruxelles, et en 1834 entre Paris et Versailles. Puis on les a oubliées quand sont venus les chemins de fer. Aujourd'hui on semble vouloir reprendre cette question en sous-œuvre.

On se sert de ces voitures dans quelques villes des Etats-Unis d'Amérique. Elles y remorquent des omnibus; on les munit d'une cloche qui sonne constamment, ou elles sont précédées d'un coureur avec une trompette qui avertit les piétons pour qu'ils se rangent sur le trottoir.

Ces voitures à vapeur peuvent aussi rendre des services dans les pays ennemis, où les chemins de fer ont été détruits. L'essai qui en a été tenté, par ordre de M. de Moltke, lors de la dernière guerre franco-prussienne, a été couronné de succès. Avec deux machines, on a traîné en quinze heures une locomotive avec son tender sur la route de Pont-à-Mousson à Commercy, de 40 kilomètres de longueur, ayant des pentes de $0^m,10$ par mètre en plusieurs points. On a conduit de la même façon tout le matériel de siége sous les murs de Paris. Les voitures à vapeur rendent des services journaliers dans les départements du Nord, où les betteraves doivent être transportées aux usines de raffineurs de sucre dans le court intervalle de temps qui sépare l'arrachage et les gelées d'automne.

Si cet exemple parle en faveur des machines Cugnot, il n'en est pas de même de celui qui va suivre.

La Compagnie générale des colonies algériennes a établi de Sétif à Philippeville, par Constantine, un service de roulage à vapeur sur une distance de 200 kilomètres. Il y avait là trois machines d'un poids de 15 tonnes chacune à vide, et dix-huit wagons. Après deux ans de tentatives infructueuses, la Compagnie a cessé son exploitation; elle a remisé son matériel en attendant qu'elle puisse se servir des machines pour mouvoir des charrues, des piocheuses, des batteuses et autres engins agricoles. Cet insuccès est attribué à plusieurs causes, parmi lesquelles on peut faire ressortir : la mauvaise condition d'équilibre de tout le système, qui n'offre pas une stabilité suffisante, puisqu'il prend son point d'appui sur des empierrements; les fréquentes ruptures de la machinerie; les rampes trop fortes; les accidents qui laissent dans des contrées inhabitées les trains en détresse; enfin les grandes dépenses d'entretien que les chaussées exigent.

On a vu plusieurs spécimens de ces machines à l'Exposition universelle de 1867, au champ de Mars; mais elles n'excitaient pas beaucoup la curiosité du public; elles offraient même quelque danger pour la circulation.

L'établissement des voitures à vapeur. — Les voitures à vapeur se

Fig. 349.

distinguent des locomotives par la transmission du mouvement aux roues. Cette transmission a lieu, non pas avec des bielles rigides qui

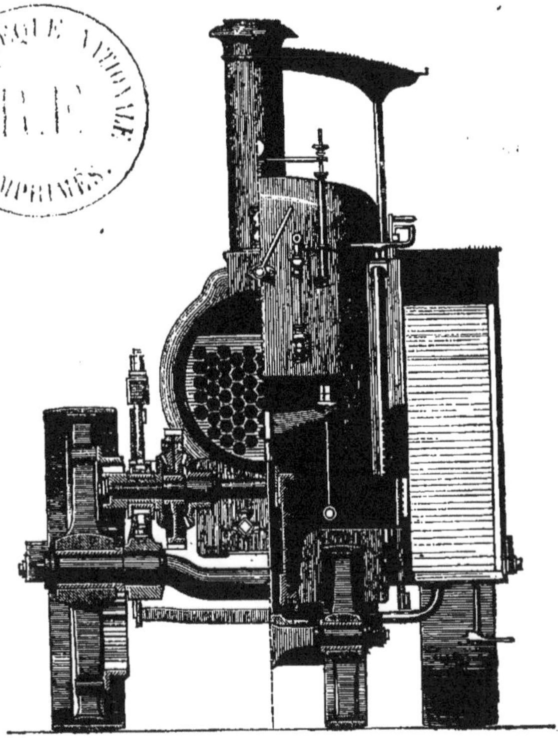

Fig. 350.

se détraqueraient, mais avec des chaînes qui par leur flexibilité per-

Fig. 351.

mettent de franchir les inégalités de la route ; on se sert aussi d'engrenages; les roues motrices sont toutes munies d'aspérités, absolument comme l'étaient dans le principe les roues des locomotives, quand on croyait que l'adhérence sur les rails ne suffirait pas pour la propulsion.

La figure 349 représente une de ces voitures à roues dentées, et la figure 350 la section verticale. Dans le dessin 351, nous voyons les détails de l'engrenage : *c*, sont les rais de l'essieu moteur *b*, qui tourne dans le coussinet *fd ; ae* sont les dents du pignon.

On a essayé dernièrement à Paris une de ces machines dans laquelle on avait entouré les roues motrices de forts bandages en caoutchouc, destinés à augmenter l'adhérence des roues sur le sol. Ce qui peut inquiéter dans cette question, c'est moins l'adhérence que la somme énorme qu'a coûtée cette garniture élastique.

En Angleterre, on divise ces véhicules en trois catégories : les *traction engines*, ou machines de traction pour les marchandises; les *tramm-carriages*, ou voitures à vapeur pour les voyageurs; les *road-locomotives*, ou locomotives des rues pour les voyageurs et les marchandises dans l'intérieur des villes.

L'usage de ces machines a fait l'objet d'une loi, dont voici les dispositions principales :

« Trois personnes au moins doivent être employées à la conduite de chaque voiture à vapeur ; l'une de ces personnes, à pied, précédera la machine d'au moins 60 mètres, tant qu'elle sera en mouvement, et préviendra les conducteurs de chevaux de son approche; elle devra faire également les signaux nécessaires au mécanicien pour qu'il arrête en temps utile, et prêter son aide, si besoin est, aux véhicules et aux chevaux qui se rencontrent sur la route. Le sifflet ne sera jamais employé et on ne laissera jamais échapper la vapeur, tant que la machine sera sur la route. L'infraction à ces ordonnances sera punie d'une amende de 10 livres sterling. La machine sera pourvue de deux lampes ; elle ne pourra pas faire plus de 4 lieues à l'heure sur une chaussée et plus de 2 lieues en traversant les rues d'une ville ou d'un village. Le nom et l'adresse du propriétaire devront être inscrits sur la machine. L'heure du passage des machines dans les villes et autres endroits sera déterminée par le ministre du Board of Trade, le lord-maire avec les aldermen de la cité de Londres et les autres autorités locales. »

Tout en reconnaissant l'utilité de ces mesures, on peut s'étonner qu'il a fallu un bill du Parlement pour les approuver et l'intervention du lord-maire et de ses aldermen pour les mettre à exécution. Cela est d'autant plus extraordinaire, qu'en général les Anglais n'aiment pas que l'autorité s'occupe de leurs affaires industrielles.

En France, le ministre de travaux publics a réglementé, à la date du 20 avril 1866, le service des voitures à vapeur. Nous extrayons de son arrêté la partie technique à l'intention des constructeurs:

1° Ces machines doivent être munies d'un appareil de changement de marche et d'un frein assez puissant pour empêcher le mouvement de l'essieu moteur sous l'action de la vapeur, au maximum de pression que comporte la chaudière. Elles doivent avoir un avant-train mobile autour d'une cheville ouvrière, ou tout autre mécanisme équivalent, qui permet de tourner dans les courbes de petit rayon ;

2° Le foyer de la chaudière devra être établi de manière à brûler sa fumée. Des dispositions seront prises pour empêcher la projection des escarbilles par le cendrier et par la cheminée ;

3° La largeur de la machine, entre ses parties les plus saillantes, ne devra pas excéder 2m,50. Les bandages des roues devront être à surface lisse, sans aucune saillie ;

4° La vitesse de la machine ne dépassera pas 20 kilomètres à l'heure ; elle sera réduite pendant la traversée des lieux habités ;

5° Deux hommes devront être exclusivement attachés au service de la machine ; il y aura en outre un conducteur préposé à la manœuvre d'un frein placé à l'arrière du train toutes les fois que la machine remorquera plus d'un véhicule. Ce frein sera d'une puissance suffisante pour retenir le train entier sur les pentes les plus fortes que présentera le parcours.

Le travail des voitures à vapeur. — L'effet obtenu par ces machines, marchant avec une vitesse de 6 kilomètres à l'heure, est consigné dans le relevé que voici :

Divers spécimens de voiture.

	Nº I	Nº II	Nº III	Nº IV
Poids de la machine en travail, en tonnes.	6	8	14	14
Force nominale en chevaux-vapeur......	6	8	10	12
Charge remorquée en plaine, en tonnes...	15	20	30	40
Charge remorquée sur des pentes de 0m,08, en tonnes.........................	4	6	12	14
Consommation de charbon par journée de 10 heures, en kilogrammes...........	250	350	500	750

Un statisticien ne manquerait pas de tirer une conclusion des chiffres ci-dessus; il trouverait, par exemple, que, sur les rampes de $0^m,08$ par mètre courant, le poids de la machine se rapproche de la charge remorquée.

Comme renseignement complémentaire, on peut ajouter que les machines à vapeur ont sur les routes un frottement d'un vingtième, tandis que sur les chemins de fer elles n'ont qu'un deux-cent-cinquantième ; donc, avec la même force, on traîne sur les rails dix fois plus que sur des pierres.

Quant à la vitesse, nous nous rappelons qu'une de ces voitures, venue de Nantes à Paris, en 1866, a mis huit jours à franchir la distance de 400 kilomètres qui sépare ces deux villes, et a marché à raison de 16 kilomètres à l'heure.

Maintenant, pour se rendre compte des dépenses comparatives du transport par les locomobiles routières, on n'a qu'à s'en référer à l'exemple suivant.

Une de ces machines du système Garret a transporté journellement, pendant deux mois, une charge de 18 tonnes avec une vitesse moyenne de 1 lieue à l'heure, sur des chemins vicinaux de 16 kilomètres de longueur, dont 2 kilomètres en pente de $0^m,06$ par mètre courant.

Le prix kilométrique de la tonne revenait à 1 fr. 30, tandis qu'avant l'emploi de la traction mécanique le transport par chevaux se payait le triple. Cette locomobile routière employait 3 hommes, et consommait pour 13 francs de houille par jour.

Dans le système Garret, le mouvement est transmis aux roues par une chaîne Galle et la direction est donnée à l'avant-train par un galet qu'un homme, assis près de la boîte à fumée, fait manœuvrer.

L'avenir des locomobiles routières. — Ces machines de transport à la vapeur n'ont pas la prétention de faire une concurrence sérieuse aux chemins de fer; mais elles peuvent, avec les messageries et le roulage, devenir un des affluents de ces grandes voies de communication ; le caractère principal de ces dernières est la vitesse, tandis que les machines Cugnot marchent avec lenteur.

Les chevaux vaudraient donc mieux s'ils ne demandaient pas toujours à manger; les machines sont plus discrètes, elles ne réclament leur nourriture en combustible qu'autant qu'elles travaillent. Cependant leur propagation offre encore bien des difficultés, dont la plus importante réside dans leur nature même, qui ne permet pas d'approprier à leur usage la voie qu'il faut prendre telle quelle, et même sans la connaître ; ces engins ne peuvent pas exiger la présence de cantonniers pour examiner l'état de la chaussée et la réparer en cas de besoin, comme les gardes-lignes qui préparent la voie de fer. Tout correctif apporté à cet état de choses tend à transformer en railways les routes ordinaires.

Il faut que ces machines puissent proportionner à chaque instant leur force à la résistance, qui est variable, puisqu'elle dépend de la viabilité de la chaussée et de son tracé plus ou moins accidenté ; mais c'est là un problème que la mécanique résoudra sans aucun doute bientôt.

En résumé, sont-elles un progrès? ont-elles un avenir? répondent-elles, en France, à un besoin bien clair et nettement exprimé? L'avenir nous l'apprendra, et nous attendrons avec confiance les résultats qu'offrira le service des omnibus à vapeur qui doit être organisé à Paris entre le boulevard du Prince-Eugène, Vincennes et autres lieux (*).

(*) Cugnot, officier français, né en Lorraine en 1725, mort à Paris à l'âge de soixante-dix-neuf ans.

CHAPITRE XIX.

MACHINES DES CHEMINS DE FER.

HISTORIQUE.

Les chemins de fer n'ont pas été créés d'une seule pièce. On a d'abord inventé la voie, puis longtemps après la locomotive.

Nous avons vu comment, dans les mines, les chemins avec des rails en fer ont pris naissance. On les prolongea au delà jusqu'aux fonderies et aux ports d'embarquement, et c'étaient toujours des hommes ou des chevaux qui traînaient les véhicules.

Ce n'est qu'au commencement de ce siècle que l'on songea à y appliquer des moteurs mécaniques.

La première solution qui se présenta fut de renfermer des rails dans un tunnel, d'y produire le vide par une machine à vapeur fixe, et de laisser agir la pression atmosphérique, qui devenait une force d'impulsion et poussait les wagons devant elle. Plus tard, on plaça sur la voie un tube avec un piston auquel était attaché le convoi ; c'est ainsi que le chemin atmosphérique prit naissance.

Mais ce système ne répondait pas à l'attente du public, qui ne voyait dans les railways autre chose qu'une route très-étroite, gênante et d'un usage fort limité. On ne pouvait pas y faire rouler des machines à vapeur, qui, à cette époque, étaient toutes à condensation ; on s'aperçut bientôt qu'elles transportaient tout au plus l'eau nécessaire à cette condensation. La machine à haute pression aurait seule pu résoudre le problème, mais elle n'était pas encore inventée. On se reporta donc vers les voitures à vapeur marchant sur les chaussées, et auxquelles on venait, en Amérique, d'appliquer la haute pression.

Nous connaissons déjà leur création ; nous avons vu qu'Olivier Evans avait recommandé de les placer sur les rails et que les ingénieurs anglais Vivian et Trevethick réalisèrent cette idée en installant leur voiture composée d'un cylindre avec une bielle et deux engrenages sur un chemin de fer.

On serait tenté de croire que le but fut atteint, puisque ce système complet — l'union de la locomotive et des rails — était obtenu. Nullement. Il se passa alors un fait inouï, incroyable : l'esprit humain, après ce premier effort, s'arrêta net comme frappé de paralysie.

Pendant vingt-cinq ans, on ne cessait de répéter que la locomotive n'aurait pas assez d'adhérence pour avancer sur les rails unis, et que les roues tourneraient sur elles-mêmes sans changer de place. On ne saurait se figurer toutes les dispositions singulières qu'on employa pour remédier à ce vice imaginaire qui était le défaut d'adhérence.

On enleva à la locomotive les roues motrices polies pour les transformer en roues d'engrenages qui agissaient sur une barre dentée, ou crémaillère placée à côté des rails ; ensuite on transforma les rails également en crémaillères, afin d'avoir plus d'adhérence encore. On fixa aussi en 1810 à l'arrière de la locomotive des tiges articulées ou béquilles avec charnières, espèces de jambes en fer, qui, s'appuyant sur le sol, poussaient la machine et remorquaient ainsi le train exactement comme nos bateliers poussent avec leurs gaffes les embarcations. Cette machine Brunton put marcher à raison de 3 kilomètres à l'heure.

On installa aussi de distance en distance le long de la voie de petites machines à vapeur avec des tambours et des cordes qui tiraient les trains de charbon.

Enfin on ne sait jusqu'à quelle limite on eût prolongé ces tentatives, si tout à coup, par une heureuse inspiration, l'ingénieur anglais Blackett ne se fût pris corps à corps avec ces folles idées. Il enleva les crémaillères et tous les appendices inutiles, rétablit dans sa simplicité primitive le chemin de fer, de même que la locomotive, dont il fit disparaître les articulations, et la lança sur la voie.

Cet essai fut couronné d'un plein succès ; on reconnut que l'adhérence naturelle des roues est suffisante pour produire le mouvement de translation tant désiré, et le problème se trouva enfin résolu.

La locomotive roula parfaitement, et elle continue à rouler ainsi nuit et jour dans les pays civilisés.

Pourquoi n'avait-on pas commencé par cette simple expérience, et pourquoi a-t-on perdu de nombreuses années dans des recherches infructueuses ? C'est là une aberration impossible à expliquer.

L'histoire de la mécanique des chemins de fer est finie. Le principe de faire marcher librement les locomotives sur des rails unis est aujourd'hui adopté d'une manière absolue, sauf quelques cas extraordinaires que nous connaîtrons plus tard.

Cependant ce nouveau mode de transport n'est pas resté stationnaire; bien des améliorations y ont été produites, de manière qu'il ne laisse plus beaucoup à désirer sous le rapport de la vitesse et de la sécurité. C'est donc l'étude des perfectionnements successifs que nous allons entreprendre dans ce chapitre.

§ 1. — VOIE DE FER.

Il y a cent ans qu'on a fabriqué en Angleterre les premiers rails en fonte. Ils avaient la forme d'un poisson ou d'un renflement elliptique au milieu, qui devait, au dire des savants, présenter la plus grande résistance possible. Malgré cette assertion, qui s'appuie sur le calcul, ces rails ont disparu partout, grâce à Stephenson, qui le premier a employé des barres parallèles ou prismatiques, en fer laminé ; on n'applique plus que ceux-ci.

Quant au profil des rails, toutes les formes imaginables, les plus bizarres même, ont été employées.

Après d'innombrables essais, on est arrivé aujourd'hui à se mettre d'accord et sur la forme du rail, et sur son mode d'attache : c'est le rail à simple champignon et à large base ; il résulte des recherches analytiques et expérimentales. Sa section correspond aux conditions de résistance et de stabilité, et donne le maximum d'effet avec le minimum de métal. Pour peu qu'on y réfléchisse, on verra que ce rail, qui ne semble pas très-intéressant, n'en est pas moins une des inventions les plus utiles qui aient été faites dans ces derniers temps. Ce rail est dû à M. Vignoles, ingénieur anglais, qui l'importa dans les Etats-Unis d'Amérique ; ce système vint de là en Allemagne, où on lui donna le nom de *rail américain*, sous lequel il a été enfin adopté par toutes les compagnies françaises.

L'attache des rails aux joints (fig. 352). — Ce problème est très-difficile ; il n'a pas encore été résolu d'une manière absolue. Dans le principe, on a cherché à maintenir les rails au moyen de coussinets en fonte dans lesquels on les fixait avec des clavettes en fer, qui transmettaient les trépidations au coussinet et le brisaient. On les a donc abandonnés, et on y a substitué des coins en bois qui offrent l'élasticité voulue; mais le frottement seul les tient en place; ils peuvent donc tomber; les rails, devenus libres dès lors ne guident plus les roues et un déraillement devient inévitable.

L'auteur de ce livre avait recommandé pendant de longues années à nos compagnies le rail Vignoles, attaché sur les traverses intermédiaires avec des crampons et sur les traverses de joint avec des pièces en fer, qu'il avait nommées *plaques vissées*, et que M. Le Chatelier, plus tard, a appelées des *éclisses*, ce qui est une expression meilleure. Il considère le joint comme une fracture sur laquelle on applique ces plaques, absolument comme les chirurgiens maintiennent avec des bandelettes ou éclisses une jambe ou un bras fracturé. Elles furent inventées sur le chemin badois en 1847 par Charles de Ruppert, actuellement directeur central de la Société austro-française.

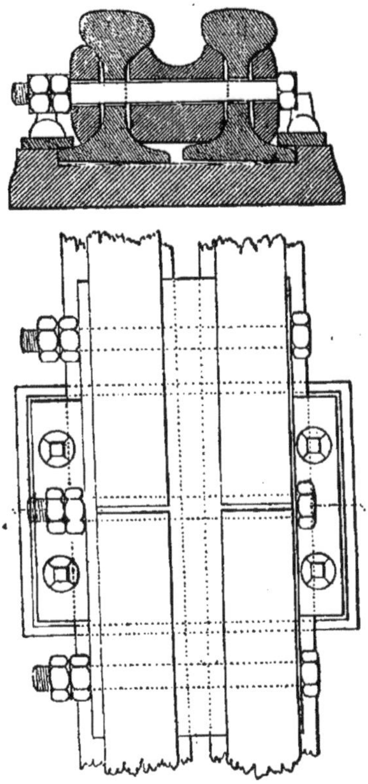

Fig. 352.

Malgré ces plaques avec quatre boulons et malgré quatre crampons, les rails prennent du jeu et par conséquent finissent par devenir mobiles. La mécanique n'est pas encore parvenue à y remédier, ce qui prouve une fois de plus qu'une œuvre humaine n'est jamais parfaite : les voyageurs s'en aperçoivent bien par ce continuel et désagréable *toc toc* que font les wagons quand ils passent d'un joint à l'autre.

Outre ces simples éclisses droites, on a employé des éclisses recourbées en dessous comme des cornières. Usitées primitivement sur le chemin rhénan, puis abandonnées il y a une douzaine d'années, elles viennent d'être prônées ailleurs comme une nouvelle invention :

cela se voit journellement dans les chemins de fer qui ont déjà leur chapitre du vieux-neuf.

Les supports des rails. — Une des questions qui ont le plus préoccupé les ingénieurs, c'est le mode de support de la voie ferrée. Dans le principe, on avait employé des dés en pierre ; ils manquent de l'élasticité voulue. Pendant un instant, on avait cru trouver une solution définitive par des longuerines en bois sur lesquelles les rails étaient soutenus uniformément dans toute leur longueur ; cette voie était en outre très-douce et n'offrait aucun danger en cas de rupture de rail. Mais la pratique n'a pas sanctionné ce système, le plus coûteux de tous. Il exigea une forme spéciale de rail, en U renversé, difficile à fabriquer ; en plus les longuerines se déversent dans les courbes et, fermant la voie, offrent pour l'entretien le grave inconvénient qui est d'empêcher l'écoulement des eaux ; on n'emploie généralement que des traverses en bois. Quant aux supports en métal, on les a essayés à plusieurs reprises, on les a prônés, puis abandonnés.

Les dimensions des rails. — Pour diminuer le nombre des joints, on fabrique les rails le plus longs possibles ; les premiers, qui étaient en fonte, avaient 1 mètre de longueur ; les rails en fer ont 6 mètres. Il n'est guère utile de dépasser cette longueur, car il y a pour toute chose une limite naturelle, qui est la grandeur et la force de l'homme. Dans le cas présent, c'est sa force qui fixe cette limite de 6 mètres, car au delà les rails seraient trop difficiles à manier : il faut les charger, les décharger, les placer, les déplacer, les replacer, travail que l'homme doit faire avec ses mains, et dans lequel des engins ne lui seraient d'aucun secours.

Aux expositions universelles, on a vu des rails de 20 mètres de longueur ; mais ce ne sont que des curiosités métallurgiques, qui coûtent fort cher.

Les rails, pour pouvoir résister aux locomotives, qui deviennent de jour en jour plus pesantes, ont dû subir une augmentation proportionnelle de leur poids ; il est de 38 kilogrammes par mètre courant. Quand les rails semblent trop faibles, on y ajoute une traverse supplémentaire. La durée des rails est de quinze ans ; elle dépend aussi de la vitesse des trains, qui augmente l'usure, et quand même ils ne sont pas usés après ce laps, la prudence commande de les considérer comme tels.

§ 2. — CHANGEMENTS ET CROISEMENTS DE VOIE.

Pour faire passer les trains d'une voie sur une autre, ou pour leur faire traverser une voie, on a recours à deux dispositions spéciales qui s'appellent *changements de voie* et *croisements* ou *coupements de voie.*

Les changements de voie. — Un changement de voie est une partie de voie courbe qui relie deux voies principales en se raccordant tan-

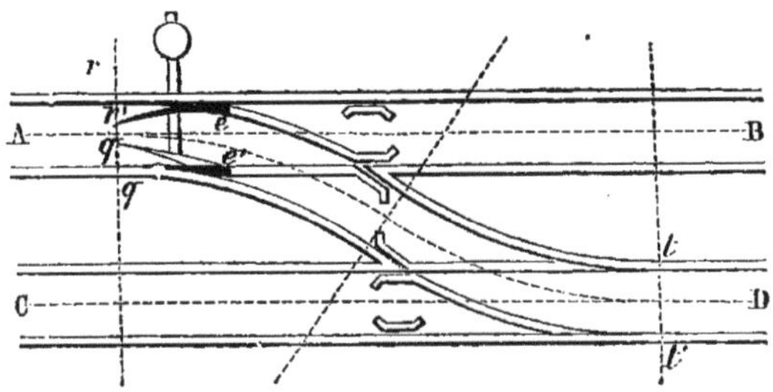

Fig. 353.

gentiellement par des arcs de cercle (fig. 353). AB,CD sont les voies principales ; *rt* et *qt'*, les voies de raccordement ; *r'e* et *q'e'* sont des bouts de rails ou aiguilles. C'est suivant la position de ces aiguilles que les trains passent directement sur la voie AB ou sur la voie AD.

Les changements de voie offrent trois variétés : le changement à rails mobiles, le changement à contre-rails et le changement à aiguilles, qui vient de nous servir de démonstration.

Le changement à rails mobiles. — Il est simple et permet de rendre la déviation très-douce, du moment qu'on fait les rails mobiles très-longs ; mais il est dangereux, car du moment que les rails sont mal placés, il y a déraillement. Par cette raison, ce changement n'est plus admis que pour les voies de terrassements. Si les wagons passent dans la voie oblique, les roues tendent à pousser de côté le rail, qui tourne autour d'un boulon ; il doit donc être tenu en place par un garde-ligne spécial, qui est l'aiguilleur.

Le changement de voie à contre-rails. — La voie y est fixe ; elle n'est interrompue que sur un petit espace pour donner passage aux boudins des roues. Les roues sont dirigées par des barres de fer plates, recourbées à leurs extrémités et tournant autour d'un point fixe : ce sont les contre-rails ; plus hauts que les rails fixes, ils empêchent les roues de sortir de la voie. Ces changements n'occasionnent pas de déraillements s'ils sont mal placés ; mais, comme le passage du convoi donne lieu à de fortes secousses, on peut néanmoins craindre des accidents ; on les emploie donc fort peu.

Le changement de voie à aiguilles. — Il se compose de bouts de rails effilés. Ces aiguilles ne sont pas dangereuses quand même elles

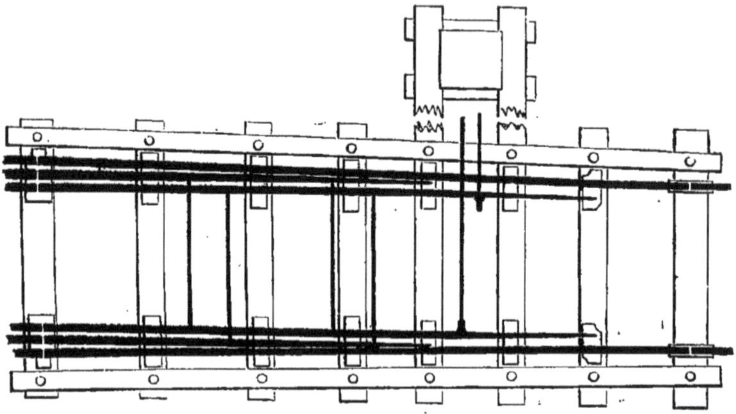

Fig. 354.

sont mal placées, car les roues les poussent de côté. Stephenson a inventé les aiguilles. Aujourd'hui elles sont employées partout. On les a perfectionnées ; la pointe est taillée en biseau et se loge sous les champignons du rail ; les roues ne passent alors plus sur ces pointes, et, par conséquent, ne les écrasent plus.

La figure 354 représente un deuxième spécimen de ces aiguilles.

Les leviers de changements de voie. — Les changements de voie sont manœuvrés au moyen de deux espèces de leviers.

Fig. 355.

La première espèce est représentée par la figure 355. La tige de fer MN relie les aiguilles ; MAE est un levier coudé qui a son point de rotation en A. Si le point E est abaissé, la tige se trouve tirée ; si l'aiguilleur le soulève, la tige est repoussée. Ce levier a donc une tendance à toujours s'incliner du côté où penche ce contre-poids ; il ne se maintient en place de l'autre côté que quand il est soutenu par l'aiguilleur. Cette disposition est dangereuse, car si cet ouvrier quitte son poste avant le passage de tout le train, ce dernier est alors coupé en deux, et chaque partie suit une des deux voies.

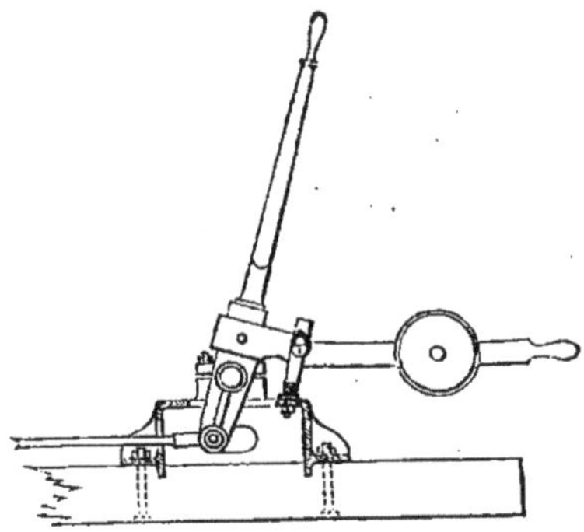
Fig. 356.

Dans la seconde espèce, le contre-poids est attaché à une tige perpendiculaire au levier; on la tourne avec son contre-poids d'un côté ou de l'autre; le levier reste alors en place de lui-même (fig. 356).

On voit combien ce système de la manœuvre des changements de voie est délicat; au moindre oubli de la part de l'aiguilleur, à la moindre inobservation des signaux, les trains, s'engageant sur une voie qui n'est pas la leur, sur la *fausse voie*, peuvent rencontrer des trains en marche ou en stationnement, et occasionner de terribles collisions.

Le croisement de voie (fig. 357). — C'est l'endroit où deux chemins de fer se croisent ou se coupent, mais ne s'embranchent pas l'un sur

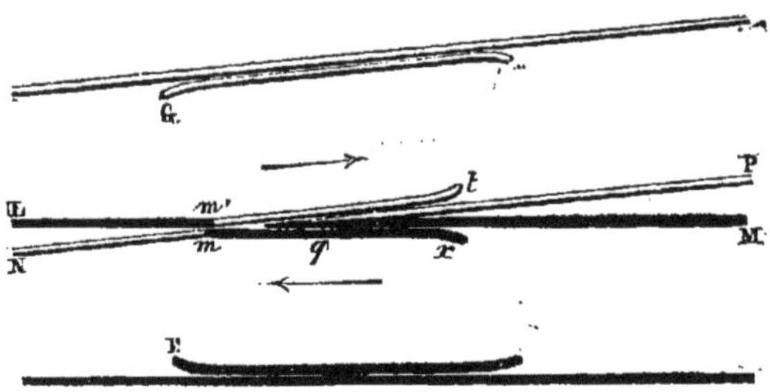

Fig. 357.

l'autre; c'est-à-dire les wagons ne peuvent pas passer de l'une des voies sur l'autre.

Ce croisement a lieu au moyen de deux dispositions : les *contre-rails* G, E et le *cœur mt*, pièce en acier ou en fonte qui est intercalée dans les rails et solidement clouée ou vissée sur un support spécial. Afin de suivre une voie sur laquelle on est engagé, et d'éviter de prendre l'autre, on laisse aux points de rencontre, et sur chaque rail, une solution de continuité de quelques centimètres pour laisser un passage aux boudins des roues. Le contre-rail retient la roue dans sa direction et empêche le déraillement. L'une des voies est dessinée en traits noirs, pour ne pas la confondre avec l'autre. Les rails L, N se rapprochent vers *m'm*, où leur écartement n'est plus que de 0m,04. Les rails P,M forment une pointe qui est le *cœur de croisement*. Un train sur la voie supérieure suivant la direction de la flèche pourrait dérailler si les roues sur le rail N*m* tombaient dans la rainure *mr* au lieu de suivre la ligne *mt*. Le contre-rail G guide alors les roues de gauche jusqu'à ce que celles de droite soient engagées dans la rainure *mt*. Il en est de même du train qui suit la voie inférieure.

La figure 358 représente le croisement à angle droit, ou *coupement*

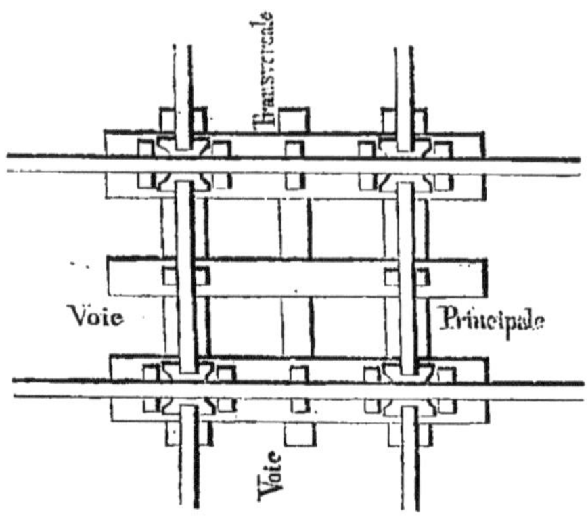

Fig. 358.

d'une voie principale par une voie transversale dont les rails coupés sont en surélévation, afin que les roues puissent franchir la voie principale.

§ 3. — PLAQUES TOURNANTES ET CHARIOTS DE SERVICE.

Quand il n'y a pas assez de place dans les gares pour établir commodément des aiguilles, on emploie des plaques tournantes et des chariots, dits *chariots de service* ou *chariots transbordeurs*, afin de transborder les véhicules du chemin de fer d'une voie sur une autre.

Les plaques tournantes. — Ce sont des coupements de voie fixés sur des plateaux ou plaques mobiles en bois ou en tôle. On pousse la locomotive ou le wagon sur ce plateau et on le tourne dans la direction voulue. Les plaques tournantes peuvent servir également pour passer d'une voie sur une autre parallèle. On établit dans ce cas une plaque sur chaque voie, et on les place obliquement, dès que ces voies sont trop rapprochées entre elles.

La construction des plaques tournantes est très-simple. Sur le plateau on fixe une voie ou deux voies se coupant en croix. Les rails dans ce dernier cas sont continus; mais pour donner passage aux bourrelets des roues, il faut, à la coupure, ménager des vides, qui malheureusement occasionnent des secousses. Aussi préfère-t-on les plaques

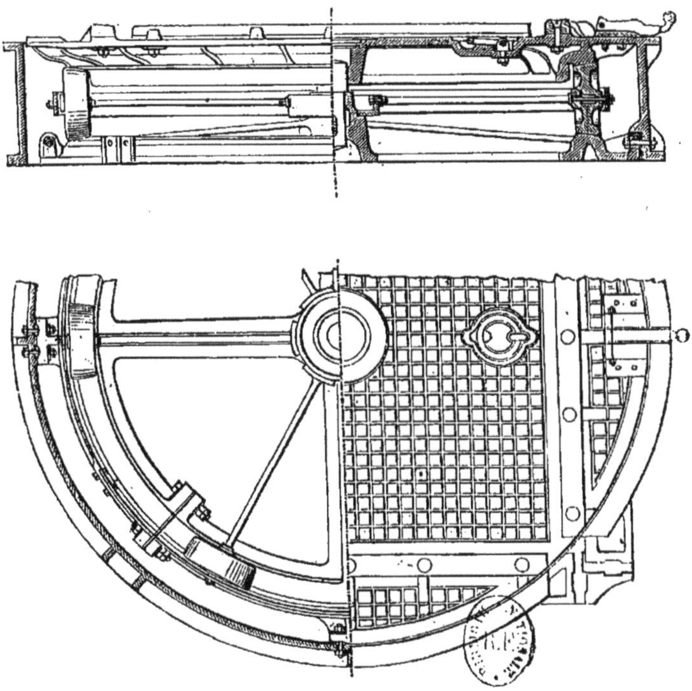

Fig. 359.

à une voie aux plaques à deux voies dans les lignes principales. Les plaques qui doivent porter une locomotive et son tender ont 13 mètres de diamètre.

Toutes les plaques sont munies d'un verrou qu'on soulève quand on les tourne et qu'on laisse retomber dans une entaille quand les rails sont arrivés en face de la voie qu'il s'agit de suivre (fig. 359).

Les plaques sont installées dans des massifs en maçonnerie dont la partie supérieure supporte un couronnement en charpente avec un cercle en fonte sur lequel roulent les galets du plateau. Ce cercle est entouré d'une couronne dentée, dans laquelle engrène un pignon au moyen d'une manivelle fixée sur la plaque. On commence à abandonner cet engrenage; on s'aperçoit, comme on s'est aperçu à l'origine des chemins de fer, que l'adhérence sur les bandes unies suffit pour la translation.

La *plaque tournante à colonne* est composée d'un arbre en fonte creux sur lequel repose la plaque avec un tourillon; elle est en outre reliée à cet arbre par des croisillons pour lui assurer la stabilité voulue. Ces sortes de plaques peuvent également servir de bascule, car leur pivot inférieur peut être soulevé par un levier de pesage.

Généralement ce sont les ouvriers des équipes dans les stations qui font la manœuvre des plaques; mais, quand elle se répète fréquemment, on emploie une petite machine à vapeur de la force de 1 cheval, chauffée avec des combustibles de rebut et desservie par un ouvrier invalide.

Les chariots transbordeurs, dits *chariots de service*. — Ils servent à faire passer, à l'instar des plaques tournantes, les wagons et les locomotives d'une voie sur une voie parallèle. Il y en a de deux sortes.

Le premier chariot ou *chariot à fosse* se compose de deux essieux avec deux ou trois roues chacun, et d'une plate-forme supportant un tronçon de voie, et destinée au véhicule à transborder. Ce chariot roule sur un chemin de fer perpendiculaire établi dans une fosse; les rails de la plate-forme sont dans le même plan que ceux de la voie principale. Ces chariots à fosse, qu'une petite machine à vapeur peut faire manœuvrer, ne sont établis que près des remises et dans les ateliers; comme on ne peut pas couper les voies principales par des fosses, on a recours à la deuxième espèce de chariot.

Le *chariot à caisse* est formé d'une caisse en tôle supportée par des galets qui roulent également sur un chemin perpendiculaire, mais celui-ci est un peu au-dessus du niveau de la voie principale, dont les rails ne doivent pas être coupés. Aux points d'intersection de ces deux chemins, les galets passent sur les rails de la voie principale en s'appuyant sur leurs rebords. Le véhicule à transborder est poussé sur des plans inclinés dont le chariot est muni.

§ 4. — SIGNAUX FIXES.

Dans les chemins de fer, on emploie trois espèces de signaux : les signaux qu'on voit, ou signaux optiques, ou aériens ; les signaux qu'on entend, ou signaux acoustiques ; et les signaux qu'on voit et qu'on entend ou signaux électriques.

Nous n'avons à nous occuper ici que des signaux optiques, ou signaux fixes de la voie ; les autres signaux seront mentionnés dans le paragraphe *Communications entre le personnel des trains.*

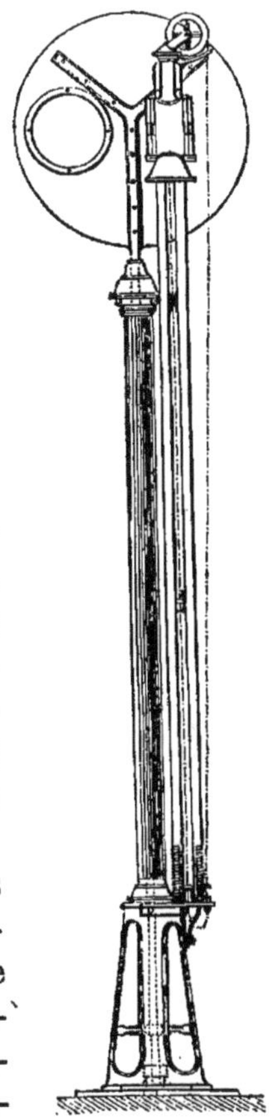

Fig. 360.

Les disques. — Les signaux fixes sont aussi appelés des *disques.* Le disque (fig. 360) est un plateau peint en rouge, en blanc ou en vert, et placé sur un poteau ou une colonne ; il peut tourner autour d'un axe vertical et présenter sa face au mécanicien, ou s'effacer parallèlement à la voie, suivant les signaux à donner ; le plateau peut aussi être remplacé par des ailettes (fig. 361). Pour les signaux de nuit, on emploie une lanterne fixée sur un appareil indépendant du disque, qui est percé d'un trou circulaire. Ce trou est fermé par un verre rouge. Si le disque est parallèle à la voie, le mécanicien venant de loin voit le feu blanc de la lanterne ; il voit le feu rouge si le disque, tourné perpendiculairement à la voie, se place devant la lanterne.

Les signaux sont manœuvrés à distance par des leviers et des fils de fer. Mais ces fils, subissant l'influence de la température, peuvent s'allonger ou se raccourcir mal à propos, et faire manquer la manœuvre, du moment qu'ils ne sont pas bien tendus. Pour remédier à cet inconvénient, on a recours aux appareils compensateurs, qui consistent à suspendre à l'extrémité du fil, au moyen d'une chaîne, un contrepoids pouvant descendre dans un tube. Lorsque le levier de manœuvre est levé, la chaîne en est indépendante, et le fil peut suivre les variations de l'atmosphère, n'étant soumis qu'à la tension du contre-poids.

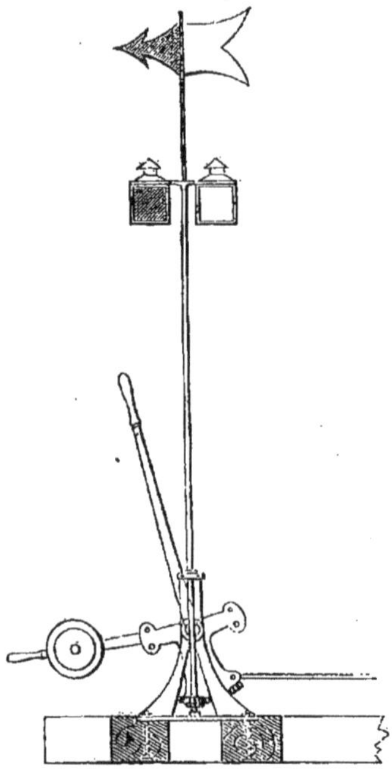

Fig. 361.

Un deuxième mode de manœuvre se réalise de la manière suivante : sur la base de l'arbre du disque se trouvé une équerre fixée à une petite chaîne ; à cette chaîne est également attaché le fil de transmission, ainsi qu'un levier de rappel dont la grande branche est munie d'un contre-poids ; du moment qu'on lâche le fil de transmission, le contre-poids descend et fait tourner le disque.

Dans quelques cas on emploie le *disque Limouse;* il est automatique, c'est-à-dire il est muni d'une pédale qui est abaissée par les roues de la locomotive ; une fois abaissée d'une quantité égale à la saillie du boudin de la roue, cette pédale détache un crochet qui laisse tomber un contre-poids fixé au levier du disque. Pour effacer ce signal, il faut naturellement relever le contre-poids et enclancher le crochet de la pédale.

Le trembleur électrique, ou répétiteur à sonnerie électrique. — Il se compose du disque auquel est attaché un fil de fer en communication avec une pile électrique installée dans le bâtiment de la gare. L'un des pôles communique avec la terre, l'autre se raccorde avec ce fil. Lorsque le disque est tourné à l'arrêt, il agit sur un commutateur spécial qui met le fil en communication avec la terre. Le courant passe alors pendant tout le temps que le disque est tourné à l'arrêt, et il cesse lorsque le disque abandonne cette position. Les disques ne sont pas toujours visibles de la station qu'ils défendent ; ils sont masqués par le terrain ou par le brouillard. Il est cependant essentiel que le chef de gare puisse avoir la certitude que les signaux sont convenablement donnés, et c'est là le but du trembleur électrique.

Une sonnerie trembleuse engagée dans le circuit tinte, tant que la communication du disque est établie. C'est ainsi qu'on est averti à la station de l'état des signaux. Il est très-important que le commutateur soit parfaitement isolé ; car si le fil se trouvait en communication permanente avec la terre, la sonnerie tinterait même lorsque le disque serait effacé, et donnerait une indication dangereuse. Le commutateur comprend une cloche en porcelaine, qui porte un collier en argent auquel est fixé le fil. A l'arbre du disque se trouve une lame de ressort terminée par un bouton d'argent, qui, dans la position correspondant à l'arrêt, vient s'appuyer sur le collier et ferme le circuit.

§ 5. — CONSTRUCTION DE LA LOCOMOTIVE.

La locomotive est, pour ainsi dire, une machine animée ; elle a son existence propre ; elle renferme sa force, sa vie ; elle se déplace en travaillant.

Les conditions générales de son établissement doivent se baser sur

Fig. 302.

la régularité du service et l'économie dans toutes les dépenses relatives à l'acquisition, à l'entretien et à la consommation d'eau et de combustible. Et malgré ces conditions restrictives, il faut obtenir une grande force de traction et, par conséquent, une grande production de vapeur, laquelle à son tour implique une surface de chauffe très-étendue. Par conséquent, toute la machine devient lourde, et elle doit même l'être pour avoir l'adhérence voulue et néanmoins elle ne doit pas user la voie de fer.

Dans la description qui va suivre, on fera ressortir les principaux caractères qui distinguent les locomotives des autres machines à vapeur ; il y aura quelques répétitions, mais elles ne sont peut-être pas superflues (fig. 362).

Nous aurons donc à considérer : le foyer *a*, où se produit la force motrice ; la chaudière *m*, où se développe cette force qui est la chaleur ; les accessoires de la chaudière, organes qui régularisent la production *n* et l'emploi de la vapeur ; les cylindres dans lesquels agit la vapeur ; les pistons ; la boîte à fumée *e* et sa cheminée *o* ; le mécanisme de distribution de la vapeur *c* dans la locomotive ; le mécanisme de transmission *s* de la force de la vapeur aux roues motrices ; le train de la locomotive ; le tender.

Après avoir disséqué cette machine, nous la recomposerons pour en connaître le fonctionnement.

Le foyer de la locomotive. — On le désigne aussi sous le nom de *boîte à feu ;* c'est une capacité rectangulaire fermée en haut par le ciel du foyer, ou dôme, qui est pyramidal ou cylindrique. L'enveloppe consiste en deux plaques dont l'intervalle est rempli d'eau ; elles sont reliées ensemble par de forts boulons ; les parois planes résistent peu à la pression de la vapeur ; il s'agit donc de les consolider le plus fortement possible. La plaque intérieure est en cuivre ; le fer se détériorerait trop vite au contact du feu. Pour augmenter la production de la vapeur, on place quelquefois un bouilleur, espèce de tube aplati, dans le foyer, mais alors on n'emploie pas d'autre combustible que le coke.

La grille repose sur un cadre qui est ou fixe, ou qui tourne autour d'un axe ; dans ce dernier cas, le mécanicien peut le renverser et jeter ainsi le feu, dès qu'il y a danger d'explosion.

Des fragments de combustible ou escarbilles, qui tombent à travers la grille, peuvent être entraînés par le courant d'air, ou être lancés au loin par les rais des roues ; c'est ainsi que de graves accidents ont eu lieu. Afin de les éviter, on ajoute d'office à la grille un cendrier en tôle, qui est ouvert à l'avant et fermé à l'arrière. L'administration avait ordonné à ce sujet une enquête, au point de vue de la sécurité principalement, et c'est ainsi que ces cendriers ont été prescrits. On objecte qu'ils diminuent le tirage, et qu'il n'y a pas de place pour les loger dans les machines dont le foyer se trouve très-bas ; on dit aussi que la grille devient difficile à nettoyer ; mais leurs avantages compensent au delà leurs inconvénients.

Quelle que soit du reste la nature du combustible employé, l'essentiel est de le soumettre à un tirage actif; ce à quoi on avait déjà songé dans le principe. Mais, ne pouvant élever beaucoup la cheminée, qui eût manqué de stabilité et n'eût pas passé par les tunnels, on se contenta de poser devant le foyer un ventilateur. Cet engin, surtout dans un emplacement aussi petit que celui qu'offre une locomotive, n'était guère pratique. On l'a donc abandonné, et on se contente d'un jet de vapeur dans la cheminée (voir *Cheminée*).

La houille, le coke, le bois, l'anthracite, le lignite et la tourbe avaient été jusqu'à présent les seuls combustibles des locomotives. L'empereur Napoléon III a inauguré, au mois d'août 1868, la première locomotive à huile de pétrole sur l'embranchement de Châlons au Grand-Mourmelon (chemin de fer de l'Est). L'huile introduite dans le foyer y brûlait au contact d'une plaque en briques chauffées au rouge par l'huile elle-même.

La vapeur d'eau n'est pas non plus le seul moteur des locomotives ; on a également proposé l'air comprimé et l'électricité, dont nous aurons l'occasion de parler dans le paragraphe des divers systèmes de traction sur les chemins de fer.

La chaudière de la locomotive. — Elle est une chaudière tubulaire ; nous la connaissons déjà. Comme c'est une invention qui appartient aux chemins de fer, nous allons ici en faire connaître quelques nouveaux détails.

Les tubes sont fixés à leurs extrémités dans les plaques tubulaires ; l'une est la plaque tubulaire du foyer ; l'autre, celle de la boîte à fumée. Ils ne doivent pas être trop longs, pour qu'ils ne fatiguent pas leurs attaches. On a bien cherché à les soutenir au milieu par une paroi, mais alors des sédiments s'y incrustent et les détériorent au bout de peu de temps. On a essayé plusieurs métaux dans la fabrication de ces tubes ; autrefois c'était le cuivre rouge ; on lui a substitué le laiton, qui s'use moins vite. En ce moment, on essaye le fer et l'acier.

C'est à ces tubes qu'est due la rareté de l'explosion des locomotives ; car, s'il y a excès de pression, un ou plusieurs tubes s'écrasent, surtout quand par l'usure ils sont devenus trop minces. Il n'y a pas alors d'explosion proprement dite ; la machine reste en service ; avec des tampons en bois, on ferme les bouts des tubes crevés. En outre, la vapeur ne se développe, dans les locomotives, qu'en raison du tirage, et le tirage n'est puissant qu'en raison de la vapeur produite : ces deux forces se contre-balancent pour ainsi dire ; ou, en d'autres termes, la machine lancée à grande vitesse dépense sa vapeur ; au repos, elle en fournit peu, puisque le tirage cesse.

L'invention des tubes bouilleurs a été faite simultanément par George Stephenson et par Marc Séguin. Ces deux ingénieurs, sachant que la force d'une machine dépend de la quantité de vapeur, cherchèrent à en augmenter la production par l'augmentation de la surface de chauffe, et ils se rencontrèrent ainsi sur le même chemin.

Au-dessus du niveau de l'eau dans la chaudière se masse la vapeur. Cet espace est nommé *réservoir de vapeur ;* il doit être aussi grand que possible, afin que la vapeur ait la place nécessaire pour laisser tomber l'eau qu'elle entraîne et qu'elle tient en suspension. Sur ce réservoir de vapeur, on a en outre placé une espèce de cloche, appelée *dôme de prise de vapeur*.

On n'est plus d'accord sur l'utilité de cet appendice, dont l'emploi était général autrefois.

Les accessoires de la chaudière de la locomotive. — Nous savons déjà qu'on a donné ce nom aux divers mécanismes destinés à l'alimentation et au fonctionnement d'une chaudière.

Les *pompes alimentaires* puisent l'eau dans le tender pour l'introduire dans la chaudière. La communication est établie au moyen de tuyaux en métal rendus flexibles aux coudes par des ajutages en caoutchouc ou simplement par des rotules. On reproche à ces pompes de consommer une partie notable du travail utile du moteur et d'entraver, par la présence d'un corps étranger, le jeu des clapets.

L'*injecteur Giffard* est destiné à remplacer les pompes alimentaires. Il aspire l'eau du tender et la refoule par un jet de vapeur dans la chaudière (fig. 363) : A, prise de vapeur ; R, robinet qui ouvre l'introduction de la vapeur ; G, prise d'eau ; EM, manivelle qui manœuvre l'aiguille d'introduction de la vapeur ; SS, chambre du vide ; K, tuyau d'échappement du trop-plein ; PO, tuyau de refoulement de l'eau ; O, clapet de retenue ; L, manivelle servant à régler l'appareil.

Ainsi, dès que les robinets sont ouverts, la vapeur pénètre dans les ajutages, s'y condense et produit le vide. L'eau du tender monte et est poussée dans la chaudière par une nouvelle quantité de vapeur qui afflue.

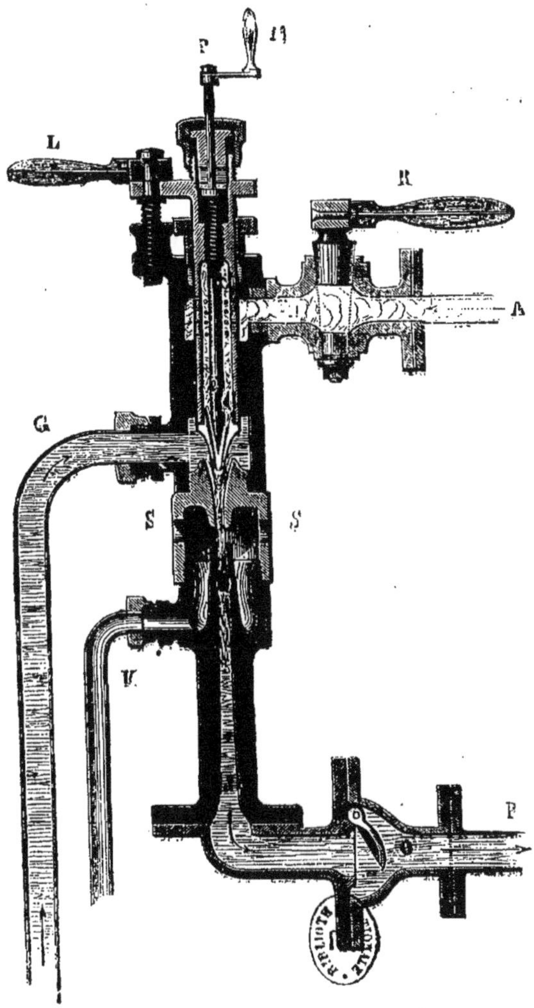

Fig. 363.

L'alimentation des chaudières pendant le stationnement dans les gares a lieu de plusieurs manières.

On fait pomper l'eau par les roues motrices de la locomotive, qui, au lieu de toucher les rails, tournent sur des galets ; dans ce cas, la voie est coupée au-dessus des fosses établies dans les dépôts sous chaque locomotive.

On emploie aussi des machines à vapeur fixes pour manœuvrer les pompes.

Une petite machine à vapeur nommée *petit cheval*, accolée à la chaudière, remplit le même office.

On laisse courir la locomotive sur les voies de service, afin qu'elle s'alimente elle-même.

Les *tuyaux de prise de vapeur* conduisent la vapeur aux cylindres ; ils sont au nombre de deux.

Le *régulateur* est attaché à ce tuyau ; il permet l'entrée de la vapeur. Il y a deux sortes de régulateurs : le *régulateur à papillon* (c'est un disque à plusieurs ailes, ou disque découpé qui s'applique contre un disque pareil) ; le *régulateur à tiroir* (c'est une plaque découpée qui s'applique, comme précédemment, contre une plaque pareille). Au moyen d'une manivelle, on rapproche plus ou moins ce papillon ou ce tiroir des ouvertures correspondantes.

Les *robinets réchauffeurs* renvoient le surplus de vapeur dans le tender pour réchauffer l'eau.

Le *sifflet* joue un très-grand rôle dans l'exploitation des chemins de fer. C'est une cloche en bronze portée sur une tige verticale et placée à une petite distance au-dessus d'un vide annulaire ménagé entre les bords d'une espèce de timbre renversé ; si le mécanicien en ouvre le robinet, la vapeur s'échappe par cette fente annulaire, frappe sur la cloche et produit le son strident que nous connaissons. Il y a quelquefois, sur une locomotive, deux sifflets qui ont des sons différents : l'un de ces sifflets est destiné aux signaux ordinaires et l'autre à la communication entre le personnel du train et le mécanicien.

Les *soupapes de sûreté* sont toujours au nombre de deux ; leur levier est chargé au moyen d'un ressort appelé *balance* en terme d'atelier, et qui n'est autre que le peson à boudin (p. 145, t. I).

Les robinets d'épreuve, les tubes indicateurs et les manomètres n'offrent rien de particulier ; ces appareils sont suffisamment décrits dans le chapitre des *Machines à vapeur*.

Les cylindres de la locomotive. — Ils sont en fonte ; ils sont plus ou moins inclinés et placés intérieurement ou extérieurement au châssis. Ils sont à double effet et entièrement pareils. Chaque cylindre est muni de deux *robinets purgeurs ;* ils servent à enlever l'eau de condensation qui s'accumule pendant le stationnement, ou qui est entraînée pendant la marche du train.

Les locomotives n'ont généralement que deux cylindres, qui sont placés à l'avant. Mais il y en a aussi à quatre cylindres; deux à l'avant et deux à l'arrière. Lors de l'exposition de Londres en 1862, on a vu une machine appelée *Dupleix* qui avait des deux côtés à l'avant deux cylindres superposés, donc doubles tiges de piston; les efforts en sens contraire s'équilibrant, on n'a pas besoin de contre-poids des roues motrices. C'est une grande complication, n'ayant d'autre but que d'éviter un inconvénient qui n'est pas bien sérieux.

Le piston du cylindre de la locomotive. — Il se compose de deux plateaux enfilés sur la tige et qui embrassent la garniture, composée de deux segments ou anneaux en fonte, et que l'action de ressorts maintient contre les parois du cylindre. La tige du piston passe à travers un presse-étoupes.

La boîte à fumée et la cheminée de la locomotive. — A l'avant de la chaudière se trouve la boîte à fumée, caisse en tôle, dont le nom indique la destination; elle est surmontée d'un cylindre en tôle, qui est la cheminée par laquelle s'échappent et la fumée et la vapeur; cette dernière, après avoir exercé sa pression sur les pistons, passe dans l'atmosphère par le *tube soufflant* ou d'*échappement* et produit le tirage, sans lequel la locomotive ne marcherait que lentement. On voit que la vapeur projetée avec force dans la cheminée entraîne une grande quantité d'air et laisse derrière elle un vide, qui est comblé par l'air traversant le foyer. Ce tirage artificiel et ces tubes bouilleurs sont les traits caractéristiques de la locomotive.

Pour empêcher la sortie des flammèches qui pourraient incendier le train ou les abords du chemin de fer, on met une grille sur la cheminée, mais on nuit ainsi au tirage; on préfère donc une plaque percée de trous au-dessus des tubes, et on obtient le même effet. Pour régler le tirage, on ouvre une petite porte ou fenêtre dans la boîte à fumée; l'air qui rentre diminue la quantité d'air qui passe par les tubes; enfin, pour faire cesser entièrement ce tirage pendant le stationnement de la machine dans les gares, on ferme la cheminée avec un clapet.

Le mécanisme de distribution de la vapeur dans la locomotive. — Cette distribution a lieu par un tiroir qui fonctionne dans une boîte à vapeur, ainsi que nous l'avons déjà décrit dans le chapitre des *Machines à vapeur*. Ce tiroir est mis en mouvement au moyen de deux excentriques.

Le mécanisme de transmission de la force de la vapeur aux roues motrices. — Au piston du cylindre est attachée une tige, guidée dans des glissières, afin qu'elle se maintienne toujours en ligne droite; elle est reliée à la bielle motrice qui s'adapte à la manivelle de la roue. Cette manivelle est souvent formée par un coude de l'essieu ou essieu coudé. Dans ce cas, les cylindres sont placés entre les roues.

Voici de quelle façon la machine est mise en action : dès que la vapeur est entrée dans le cylindre, elle pousse le piston; quand ce piston est aux extrémités du cylindre, c'est-à-dire quand il commence sa course ou quand il la finit, la tige du piston, la bielle et la manivelle se trouvent en ligne droite, et la machine ne pourrait plus continuer sa route ; elle resterait à son *point mort*, s'il n'y avait pas deux cylindres, avec deux mécanismes pareils qui se correspondent à angle droit, et dont l'un entraîne l'autre.

Pour augmenter la force de traction, on accouple les roues motrices également avec les roues portantes ou roues libres, qui deviennent également motrices; elles doivent toutes avoir le même diamètre. L'organe d'accouplement habituel est la *bielle d'accouplement* ou *bielle de connexion*. Il y a aussi des moyens extraordinaires d'accouplement que nous connaîtrons quand nous examinerons les diverses machines destinées à l'exploitation des fortes pentes.

Les mouvements de la locomotive se commandent entre eux; ainsi la bielle tourne la roue, qui alors tourne l'essieu, lequel règle la marche des tiroirs par les excentriques; le même mécanisme des pistons ou des excentriques fait fonctionner les pompes.

Pour faire avancer ou reculer la machine, on se sert de l'*appareil de changement de marche* qui se compose des pièces suivantes :

Le *levier de changement de marche*, placé à la portée du mécanicien ; c'est une barre mobile autour d'un gros boulon fixé à la chaudière;

Le *secteur*, formé de deux arcs embrassant le levier; ils ont des crans dans lesquels le levier doit s'arrêter;

La *barre de relevage* de la coulisse, de 3 mètres de longueur;

L'*arbre de relevage*, attaché au châssis et portant quatre leviers qui reçoivent l'action de la barre de relevage et qui commandent les bielles de suspension de la coulisse, ainsi que le contre-poids.

Nous allons nous reporter à la figure 301, p. 44 : *vn* est le levier; *r*, son point de rotation ; *nu*, la barre de relevage ; *u*, la section de l'arbre de relevage.

Le train de la locomotive. — Nous y distinguons le bâti, les essieux, les boîtes à graisse, les roues.

Le *bâti* ou *châssis de la locomotive* est un cadre formé de longerons en bois ou en fer, avec le chasse-pierre, les crochets, les barres et les chaînes d'attelage, la plate-forme où se tient le mécanicien, les plaques de garde où s'enchâssent les boîtes à graisse. Le châssis, qui peut être en dedans ou en dehors des roues, repose sur des ressorts ou lames d'acier superposées.

Les *essieux de la locomotive* sont en fer forgé ou en acier; ils sont droits (avec cylindres extérieurs) ou coudés (avec cylindres intérieurs). Aux essieux droits il faut attacher une manivelle ; les essieux coudés sont eux-mêmes des manivelles. Les avis sur les avantages et les inconvénients de ces divers systèmes sont partagés.

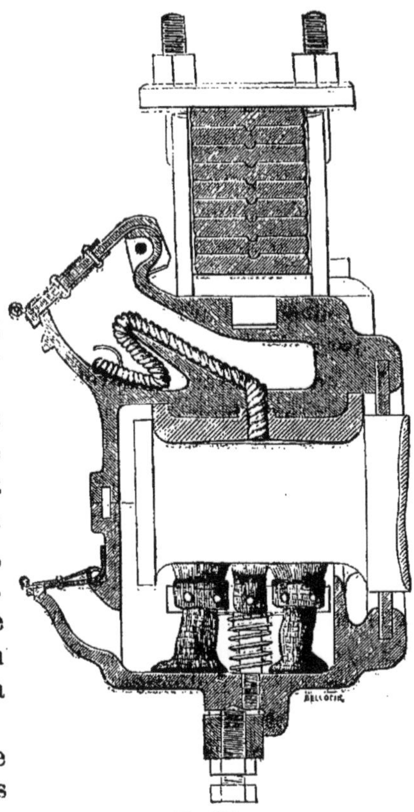

Fig. 364.

Les boîtes à graisse.— Ce sont des paliers dans lesquels tourne la fusée de l'essieu ; on leur donne du jeu dans les plaques de garde, afin de faciliter le passage dans les courbes. Les parties dont se compose une boîte à graisse sont faciles à distinguer sur le dessin : le corps de la boîte, le coussinet, le fond et le couvercle (fig. 364). La forme de ces boîtes varie à l'infini. La lubrification au moyen de l'huile est préférable à l'ancien mode avec la graisse.

Cette question du graissage dans les véhicules des chemins de fer a formé l'objet d'un concours par la Société des ingénieurs d'Autriche. M. H. de Waldegg, ingénieur en chef à Hanovre, seul concurrent, a remporté le prix. Son travail vient d'être publié sous le titre de : *Exposé historique et critique des modes de lubrification.* Je conseille aux élèves ingénieurs de traduire cet ouvrage; ils pourront ainsi commencer leur réputation.

Les roues. — Elles sont en fonte, en fer, en fonte et fer, en tôle avec cercle en fer. Leurs formes sont innombrables, c'est-à-dire la disposition des pièces dont se compose l'intérieur du cercle.

Les roues étant les derniers organes d'application de la force motrice, étant l'outil, on a cherché à leur donner la plus grande force d'adhérence possible. L'*adhérence* est un terme de physique exprimant la force qui s'oppose à la séparation de deux surfaces collées l'une contre l'autre. Dans les chemins de fer, l'adhérence, terme impropre, mais admis, exprime la force de la locomotive capable de vaincre le frottement des roues sur les rails. C'est l'effort que font les aspérités microscopiques de la jante des roues qui s'engrènent dans celles des rails pour produire le mouvement de translation (voir le paragraphe *Principe du frottement*).

A cet effet, on a augmenté leur prise sur les rails par l'aimantation. Une batterie galvanique est installée sur le tender et aimante les roues au moment de leur contact avec les rails. On a réalisé cette idée; mais, comme elle n'a pas donné de bons résultats, on l'a abandonnée; on avait remarqué que les roues ne se désaimantaient pas assez vite.

On croit trouver un moyen plus pratique d'augmenter cette adhérence en projetant du sable chaud sur les rails humides dans les tunnels et sur les rampes, au moyen de *boîtes à sable* ou *sablières*, fixées sur la chaudière. Cette sablière est formée d'un cylindre en tôle, d'une capacité de 100 litres, muni de deux tubes qui descendent presque sur les rails. Le mécanisme d'écoulement, manœuvré par le chauffeur, comprend un clapet ou une hélice. Si ces boîtes ne se généralisent pas, c'est que l'on craint d'user les bandages; puis le sable n'est pas toujours enlevé par des brosses derrière les roues motrices, de façon que le frottement, qui ne doit être augmenté que pour la machine, l'est aussi pour tout le train; et ce que l'on gagne d'un côté, on le perd de l'autre.

Les contre-poids des roues motrices. — Il y a une vingtaine d'années que M. Nollau, ingénieur des chemins de fer du Schleswig-

Holstein, fit des recherches sur l'instabilité des locomotives dans les grandes vitesses; à cet effet, il suspendit en l'air une machine et la fit travailler. Alors il y remarqua très-distinctement des oscillations horizontales combinées avec des mouvements de va-et-vient en avant et en arrière. C'est à cette marche irrégulière connue sous le nom de *lacet*, de *roulis*, etc., qu'il attribua en partie les déraillements. Il chercha à les faire disparaître au moyen de contre-poids attachés à la jante des roues motrices, afin de contre-balancer l'action de la manivelle qui produit par son poids cette irrégularité. Ces mouvements ne furent jamais annulés ensemble; quand l'un cessait, l'autre recommençait.

M. Le Châtelier eut connaissance du travail de M. Nollau, publié dans le journal allemand des chemins de fer, et il établit sur ces contre-poids une théorie très-savante, mais que la pratique n'a pas encore suffisamment sanctionnée. Il est vrai qu'on fait usage de ces contre-poids; cependant on préfère assurer la stabilité voulue à la locomotive par une répartition judicieuse de son poids sur ses points d'appui, qui doivent porter verticalement sur les rails.

Le tender. — C'est un wagon spécial attelé derrière la locomotive; il porte le combustible, l'eau, les ustensiles nécessaires pour réparation en cas d'accident; il est également muni de freins.

C'est dans le tender que les pompes alimentaires puisent constamment l'eau pour l'introduire dans la chaudière, afin d'y entretenir un niveau constant. Chacun des pistons à vapeur fait mouvoir une pompe alimentaire, dont la tige de piston est attachée à celle du piston moteur. Par suite du jeu des soupapes, l'eau peut se mouvoir en avant vers la chaudière, mais elle ne peut pas être refoulée dans le réservoir.

L'alimentation du tender a lieu pendant le stationnement par des grues hydrauliques ou des citernes. Il s'est présenté aussi un cas d'une alimentation d'eau pendant la route. La malle d'Irlande, qui parcourt la distance de Chester à Holyhead de 136 kilomètres en deux heures, ne s'arrête pas pour prendre de l'eau. Le tender possède un tube recourbé qui plonge dans une auge de 400 mètres de longueur, installée au milieu de la voie. L'eau, par suite de la grande vitesse du train, monte dans ce tube et retombe dans le tender. On gagne ainsi quelques minutes.

§ 6. — TRAVAIL DES LOCOMOTIVES.

La détermination de la puissance de traction des locomotives a constamment préoccupé les ingénieurs.

M. de Pambour est le premier qui ait cherché à résoudre ce problème, à une époque où il n'y avait pas encore de chemins de fer en France; il s'est livré sur les railways primitifs de l'Angleterre à des expériences qui lui ont fourni des formules compliquées, lesquelles ne sont plus en harmonie avec les systèmes actuels.

Plusieurs détails de cette question furent étudiés très-consciencieusement; mais au point de vue de l'ensemble on n'avait pas fait un pas de plus jusqu'en 1864, où Auguste Perdonnet fonda un prix consistant dans une médaille en or, d'une valeur de 2000 francs, pour être décerné à l'auteur des expériences sur *la Résistance des trains et la Puissance des machines*, qui répondraient le mieux à un programme rédigé par la Société des ingénieurs civils à Paris.

Ces expériences ont été entreprises par les chefs du matériel de la compagnie de l'Est, MM. Vuillemin, Guebhard et Dieudonné, qui les ont consignées dans un mémoire auquel le prix fut décerné en 1867.

Nous allons emprunter à ce document les principales bases sur lesquelles devront reposer nos démonstrations, et qui sont :

L'évaluation de la puissance d'une locomotive ;

L'énumération des résistances que la locomotive doit vaincre ;

L'évaluation de l'ensemble des résistances d'un train ;

Les relations entre le travail moteur et le travail résistant ;

Enfin la relation entre l'effort de traction et les dimensions des cylindres dont dépend la puissance de la machine.

L'évaluation de la puissance d'une locomotive. — La force d'une locomotive est subordonnée à la faculté de vaporisation, à son mode de dépenser utilement sa vapeur, à son adhérence. Ces trois ordres de faits se lient intimement et commandent dans les organes de la machine une corrélation absolue.

Premièrement. — En ce qui concerne la faculté de vaporisation, elle est proportionnelle à la surface de chauffe, à la vitesse de la machine au tirage, à la nature du combustible, à la qualité de l'eau, à la conduite du feu. L'expérience dit que 1 kilogramme de houille vaporise 8 litres d'eau; que pour 1 kilomètre parcouru il faut 56 litres d'eau dans les express, 97 dans les marchandises, et même 200 kilogrammes et au delà dans les grosses machines à huit roues couplées sur les rampes; que 1 mètre carré de surface de chauffe vaporise par heure 35 litres dans une locomotive ordinaire. Il va sans dire que la marche rapide accélère la vaporisation.

Deuxièmement. — La vapeur, quelle qu'en soit la quantité produite, devrait agir sur les pistons avec toute sa force; mais elle subit une forte réduction provenant de l'eau entraînée, du frottement qu'elle éprouve dans les tuyaux d'admission et de la condensation dans les cylindres. Ces pertes, d'après l'indicateur Watt, sont de 40 pour 100. Il ne faut donc prendre pour les cylindres que 60 pour 100 de la valeur de pression indiquée par les manomètres, dans la chaudière.

Troisièmement. — L'adhérence, ou la pression des roues motrices, dépend du poids de la machine et de l'état d'entretien de la voie; elle est d'un sixième sur les rails secs, et d'un dixième sur les rails humides qui se trouvent dans les tunnels, le long des rivières et partout pendant les brouillards. Pour citer un exemple, nous dirons que, si l'essieu moteur d'une machine express est chargé de 10 tonnes, son adhérence est de 1450 kilogrammes; que, si les essieux moteurs d'une machine à marchandises sont chargés de 33 tonnes, l'adhérence est de 4720 kilogrammes, et de 6500 kilogrammes si leur charge est de 46 tonnes.

N'oublions pas de dire que ces chiffres sont des moyennes et qu'elles n'ont d'autre valeur que de fixer les idées.

La puissance K d'une locomotive évaluée en chevaux-vapeur est :

$$K = v\left(\frac{pr + p'r'}{75}\right)$$

(v est la vitesse du train par seconde; p, son poids; p', celui de la machine et du tender; r, le coefficient de résistance du train; r', celui de la machine.)

La force nécessaire pour remorquer un train, divisée par le poids du train, est un rapport appelé *coefficient de résistance du train.* Ainsi pour remorquer un train de 56 wagons à 25 tonnes chacun le dynamomètre indique un effort de 8400 kilogrammes; le coefficient de résistance par tonne est de $\frac{8\,400}{56 \times 25}$ ou 6 kilogrammes.

Le rapport du travail utile au travail théorique, ou le rendement d'une locomotive, est évalué ainsi :

Voyageurs	0,85 à 0,72
Marchandises	0,48

L'énumération des résistances que la locomotive doit vaincre. — Ces résistances sont au nombre de six ; savoir, la résistance propre de la machine, la résistance du train, celle des pentes, des courbes, de l'air, de la voie.

La résistance d'un véhicule isolé. — Cette résistance peut être trouvée expérimentalement, si on lance le véhicule avec une vitesse déterminée, et en l'abandonnant jusqu'à ce qu'il s'arrête de lui-même. On mesure la distance parcourue et on obtient l'équation suivante, en appliquant la formule des forces vives : $\frac{1}{2}mv^2 = lx$.

(m, masse du véhicule; v, vitesse première; l, longueur du trajet; x, résistance.)

Voici les résultats obtenus :

Véhicule.	Vitesse initiale par heure. Kilomètres.	Coefficient de résistance par tonne. Kilogrammes.
Wagon	5	3,00
	13	7,60
Machine mixte..........	25	3,20
	55	5,70
Machine de marchandises.	23	5,30
	38	7,50

La pratique a démontré que ces chiffres sont trop faibles ; la vitesse initiale n'est jamais suffisante pour atteindre une vitesse de marche normale ; en outre, un véhicule isolé ne se comporte pas comme celui qui fait partie d'un train. On a donc opéré avec des dynamomètres. On y a attaché une machine qu'on a fait remorquer par une locomotive légère qui dépense toute sa force et produit néanmoins un effet très-doux. Si, au contraire, on emploie une forte machine, elle imprime une certaine accélération qui double les chiffres que nous allons indiquer.

Crampton	8 kilogrammes par tonne.
Mixte........................	10 —
Grosse Engerth.................	20 —

Quant aux tenders, leur résistance est la même que celle des machines mixtes; elle est inférieure quand les tendres suivent des machines à quatre roues couplées.

La résistance des pentes. — Jusqu'à présent on n'avait opéré que sur les paliers; la question va changer sur les pentes, où la gravité joue un rôle important.

En effet, pr, avons-nous vu, est la valeur de la résistance du poids remorqué p, et r son coefficient de résistance, α l'angle d'inclinaison; cette valeur devient donc :

$$p \sin \alpha + pr \cos \alpha \quad \text{(I)}.$$

Mais, comme dans les tracés ordinaires α est toujours très-petit, on peut admettre $\cos \alpha = 1$ et $\sin \alpha = \text{tang } \alpha$, l'expression (I) devient dès lors :

$$p \text{ tang } \alpha + pr = p\,(r + \text{tang } \alpha).$$

Tang α est l'inclinaison par mètre courant, soit $= i$; nous avons donc la résistance $p\,(r + i)$.

Comme i est exprimé en millimètres, le coefficient de résistance s'augmente d'autant de kilogrammes qu'il y a de millimètres dans la pente.

Si le train descend, i devient $-i$, et il faut diminuer le coefficient; si r devient égal à i, $r - i$ est zéro, et le train descend de lui-même. Donc il faut caler les wagons qui stationnent sur des rampes de $0^{m},003$, puisque le coefficient de résistance peut descendre à 3 kilogrammes.

L'inertie d'un train dépend donc de l'inclinaison du chemin; il suffit souvent pour la vaincre d'une force très-petite, inappréciable; on a vu des convois partir tout seuls, poussés peut-être par le vent (*).

La résistance des courbes. — Dans les chemins ordinaires les courbes n'exercent aucune influence sensible sur la résistance à la traction. On admet que depuis 1 500 mètres de rayon jusqu'à 300 mètres de rayon, une diminution de 100 mètres équivaut à une augmentation de $0^{k},05$ par tonne et à une vitesse modérée.

La résistance de l'air. — Pour peu qu'on marche vite, l'atmosphère oppose une certaine résistance dont il faut tenir compte. On com-

(*) *Les accidents sur les chemins de fer*, par Emile With, préface par Auguste Perdonnet.

prend, sans démonstration aucune, que la première voiture reçoit le premier choc, qui doit être plus grand que sur les voitures suivantes; la résistance par véhicule diminue avec leur nombre. On peut évaluer cette résistance à 1 kilogramme par tonne, en ligne droite et sans qu'il y ait du vent. Dans les vents forts, la résistance des trains peut augmenter jusqu'à 12 kilogrammes; si le vent prend le convoi en travers, il peut le renverser.

La résistance de la voie de fer. — Théoriquement, une voie est toujours en bon état d'entretien; mais la veille de la réfection elle laisse souvent à désirer. Dans ce cas, le train éprouve des chocs qui sont d'autant plus sensibles que la vitesse de marche est plus grande; cela est élémentaire. Pour la mauvaise voie la résistance est de 100 kilogrammes par wagon.

L'évaluation de l'ensemble des résistances d'un train. — Toutes les résistances qu'une locomotive doit vaincre se résument dans l'effort qu'elle exerce sur la barre d'attelage qui réunit le tender au fourgon. Pour l'évaluer, on ne connaissait pendant longtemps qu'une formule empirique établie par des ingénieurs anglais. Dans cette formule n'entraient que le poids du train, sa vitesse et sa section transversale; mais la pente du chemin de fer — élément essentiel du calcul — n'y était pas comprise. On s'est aperçu que cette équation donnait des chiffres trop élevés, et on l'a réduite *ad libitum* jusqu'à 25 pour 100; c'est donc comme si elle n'existait pas. Les ingénieurs de la compagnie de l'Est, qui ont entrepris la tâche de réformer cette manière de voir, ont jugé nécessaire d'établir avant tout une distinction entre les convois, et de se placer sur le terrain de la pratique.

Voici la moyenne des résultats obtenus :

Trains.	Composition des trains.	Vitesse en kilomètres.	Coefficient de résistance en kilogrammes.
Voyageurs......	8 à 10 voitures.	46	7,00
		68	10,00
		76	15,00
	14 à 16 voitures.	46	6,00
		52	6,50
		60	8,00
Mixtes.........	14 à 30 voitures.	40	5,00
		47	6,50
Marchandises....	12 à 56 wagons.	20	3,00
		28	6,00

Ces résultats ont permis d'établir les formules suivantes :

Pour les trains de voyageurs, r (huile) $= 1,80 + 0,08\,v + 0,01\dfrac{sv^2}{p}$;

Pour les trains de marchandises, r (huile) $= 1,65 + 0,05\,v$,

— — r (graisse) $= 2,30 + 0,05\,v$.

(r est le coefficient de résistance du train, v la vitesse par heure en kilomètres, s la section du train et p son poids.)

Ce qui vient d'être dit se rapporte aux trains en marche ; lors du démarrage, il faut vaincre le frottement au départ ; on a alors les chiffres suivants :

Trains de voyageurs, 22 (coefficient);

Trains de marchandises, 13 (coefficient).

En examinant ces deux chiffres, il faut prendre en considération que toutes les voitures à voyageurs, fortement serrées les unes contre les autres, exigent un grand effort au démarrage, ce qui n'a pas lieu pour les wagons à marchandises.

La relation entre le travail moteur et le travail résistant. — Comme base de calcul, il faut admettre que la puissance doit être égale à la résistance ; mais dans l'exploitation la puissance doit toujours être supérieure, à cause des résistances accessoires qui peuvent faire patiner les roues. Afin que cela n'arrive pas, il faut que l'effort de la jante des roues soit égal ou inférieur à l'adhérence, et on a :

$$pr + p'r' \overline{\overline{<}}\, np''.$$

Cette formule donne le poids du train qu'une machine peut remorquer.

(p est le poids du train en tonnes, p' le poids de la machine et de son tender, p'' le poids de l'adhérence, r et r' les coefficients du train et de la machine, n le coefficient d'adhérence de la machine, r et r' sont déduits des formules précédentes, et n est donné par l'expérience.)

La relation entre l'effort de traction T et les dimensions des cylindres. — Le travail moteur est celui que la vapeur exerce sur les pistons.

Le travail résistant pour un tour de roue est $T \times \pi D$ (I).

Pendant ce temps chaque piston parcourt deux fois la longueur du cylindre, et comme il y a deux cylindres, la valeur du travail moteur sera :

$$2\left(\frac{\pi d^2}{4}\right)\left(F - F'\right) 2l,$$

Ou simplifiée :

$$\pi d^2 (F - F') \, l \quad (II).$$

Comme valeur (I) = valeur (II), on a :

$$T = \frac{d^2 (F - F') \, l}{D}.$$

(F et F′ sont les efforts de la vapeur par unité de surface sur les deux faces du piston, d le diamètre du cylindre, l la course du piston, D le diamètre de la roue motrice.)

Cette formule fait voir que l'effort de traction est proportionnel à la tension de la vapeur, aux dimensions du cylindre, et inversement au diamètre des roues motrices, ainsi qu'on le voit dans le relevé ci-dessous :

Machines.	Diamètre des cylindres.	Diamètre des roues.
Roues libres....................	0m,40	2m,00
Mixtes........................	0 ,42	1 ,60
6 roues couplées...............	0 ,45	1, 40
8 roues couplées..............	0 ,50	1, 20

§ 7. — LOCOMOTIVES DE PLAINE, OU RIGIDES.

C'est suivant le mode de transformation de la force motrice en vitesse ou en puissance de traction qu'on classe en diverses catégories les locomotives de plaine, qui cependant sont identiques dans leur forme et leurs principes généraux de construction.

Nous diviserons ces machines en locomotives à voyageurs, locomotives à marchandises, locomotives mixtes, locomotives-tender et locomotives-voitures.

Cependant nous devons faire remarquer que le nombre des roues constitue un élément de classification des locomotives ; on distingue les machines à quatre, six, huit, dix et douze roues.

Fig. 365.

Ces nombres sont commandés par le poids de la machine, lequel résulte de la force de traction : car plus cette dernière doit être grande, plus les organes de transmission doivent être solides.

Ces nombres sont aussi commandés par la charge que chaque paire de roues doit porter, et cette charge est limitée par la résistance des rails ; donc, pour ménager la voie de fer, il faut répartir sur un grand nombre de points d'appui le poids de la machine.

Quant aux locomotives à quatre roues, elles ne sont guère usitées. Dans beaucoup de pays leur emploi est même formellement interdit ; on craint, en cas de rupture d'un essieu, le renversement de la machine, ce qui n'arrive pas avec six roues.

Cependant elles reparaissent aujourd'hui sur quelques chemins de fer allemands ; on en compte cent vingt-cinq. Les ingénieurs qui les admettent disent qu'elles passent facilement dans les courbes ; ceux qui ne les admettent pas disent qu'elles manquent de stabilité dans les grandes vitesses. Les personnes désintéressées dans la question répondent : Employez-les sur les tracés à faibles rayons, et marchez lentement (fig. 365).

Ce mode de classification par roues s'applique également aux wagons.

Les locomotives à voyageurs. — Leur trait caractéristique est la vitesse qui implique la liberté des roues motrices — c'est-à-dire non accouplées — auxquelles on donne le plus grand diamètre pos-

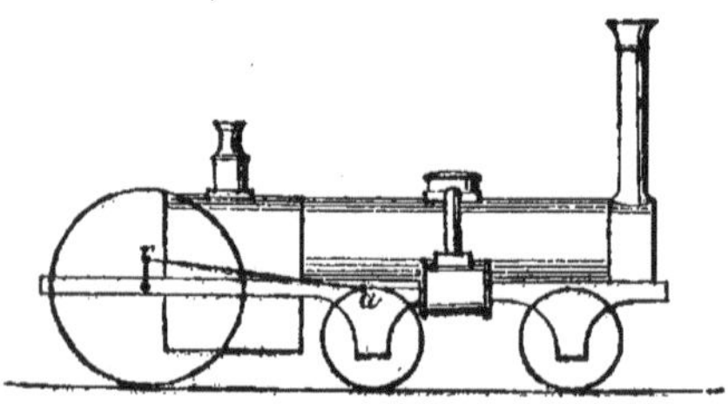

Fig. 366.

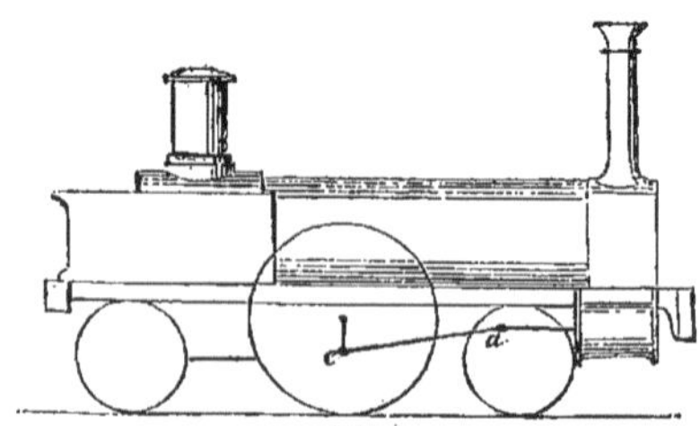

Fig. 367.

sible (2m,50) avec une vitesse de rotation de deux tours et demi par seconde.

Le spécimen le plus connu est la machine Crampton (fig. 366). Les roues motrices sont placées près du foyer ; la bielle motrice *a* tourne directement la roue *r*.

Ces locomotives ont une stabilité suffisante, car leur centre de gravité est peu élevé. Elles sont très-répandues en France, mais presque pas en Angleterre, probablement en vertu de ce principe, que nul n'est prophète dans son pays. Néanmoins les Anglais leur reprochent de manquer de charge à l'arrière et d'être lentes au démarrage. Si ce reproche était fondé, il le serait aussi bien en France que de l'autre côté du détroit. Du reste, pour atténuer l'inconvénient signalé, le Nord français leste l'arrière du châssis avec de la fonte, et il ne craint pas d'emporter ainsi un poids mort considérable.

La figure 367 représente un deuxième modèle qui est bien répandu aussi. La roue motrice *e* sur laquelle agit la bielle *a* se trouve au milieu, ce qui assure l'équilibre de la machine.

Nous avions commencé par dire que le caractère distinctif des machines à grande vitesse est la liberté des roues; cela n'est pas vrai d'une façon absolue. Aujourd'hui on est porté vers l'accouplement de ces roues, afin de pouvoir franchir les rampes et remorquer des charges toujours croissantes.

Les locomotives à marchandises. — Elles se distinguent par l'accouplement de toutes les roues, qui deviennent motrices. Les plus puissantes de ces machines, ce sont actuellement des locomotives-tenders.

Les locomotives mixtes. — Elles ont quatre roues accouplées; on augmente ainsi leur adhérence et par conséquent leur force de

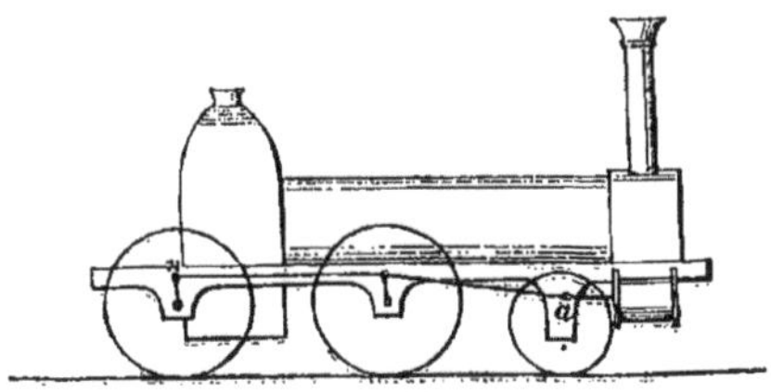

Fig. 368.

traction, mais aux dépens de la vitesse; aussi ne servent-elles qu'au transport des voyageurs qui ne sont pas trop pressés et des marchandises qui ne sont pas trop lourdes; ou, en d'autres termes, ce sont les machines des trains omnibus. Dans la figure 368, on voit que la bielle motrice *a* est reliée à la bielle d'accouplement *n*. Dans la figure 369, les roues motrices se trouvent à l'avant; c'est un spécimen de locomotives à cylindres intérieurs et par conséquent à essieu coudé.

Fig. 369

Les locomotives-tenders. — La locomotive fait corps avec le tender, un seul et même châssis les réunit. Il y a de petites machines-tenders qu'on emploie dans les gares et la banlieue. La figure 370 en représente un des spécimens les plus usités.

Au fur et à mesure que le trafic s'est développé, on a augmenté la force des locomotives et par conséquent le nombre des roues. De six roues on est arrivé à huit, puis à dix et à douze. Ces dernières sont séparées en deux groupes, commandés chacun par deux cylindres. Ce système a été combiné au chemin du Nord par M. Petiet.

Fig. 370.

Avec sa machine de 60 tonnes on remorque près de 700 tonnes sur des pentes de $0^m,005$ par mètre courant avec une vitesse de 20 kilomètres. Comme les essieux sont très-rapprochés, on peut facilement tourner dans les courbes (fig. 371). Cette machine offre

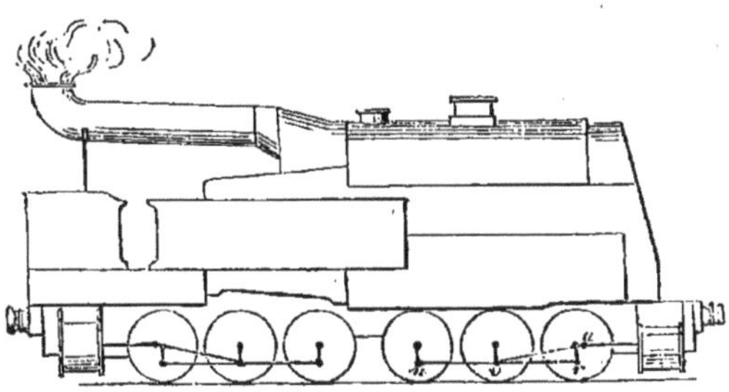

Fig. 371.

cela de particulier, c'est qu'elle est très-haute; aussi la cheminée, placée horizontalement, passe par-dessus la tête du mécanicien.

La bielle motrice *a* agit sur la roue *v* qui, par la bielle d'accouplement *nvr* fait tourner les trois essieux des roues *n*, *v* et *r*, et forme ainsi un groupe solidaire de six roues motrices.

Au chemin de l'Est on rencontre un autre type, c'est la machine Engerth modifiée, qui procède de la machine articulée avec engrenages. (Voir les *Locomotives de montagnes.*) Elle a huit roues couplées, 146 mètres carrés de surface de chauffe et une adhérence de 46 tonnes ; elle remorque 550 tonnes.

La locomotive-voiture Fairlie. — La machine, son tender et la voiture à voyageurs ne forment qu'un seul véhicule. C'est une petite voiture à voyageurs qui s'appuie, au moyen de ressorts, sur le châssis de la locomotive; à l'arrière, la voiture n'a qu'un essieu, mais elle possède à l'avant une paire de petites roues suspendues qui, au moyen de vis, peuvent s'abaisser sur les rails pour le cas où elle doit être détachée de son moteur. — Le poids de la locomotive-voiture est de 16 tonnes, et de 24 tonnes chargée; elle peut porter quatre-vingts voyageurs et traîner encore deux autres voitures, en totalité cent cinquante voyageurs. La vitesse sur les paliers serait de 40 kilomètres; elle est destinée aux chemins de fer vicinaux. Les ingénieurs anglais disent beaucoup de bien de l'invention de leur compatriote M. Fairlie, un des premiers constructeurs de Londres.

§ 8. — LOCOMOTIVES DE MONTAGNE, OU FLEXIBLES.

Le passage projeté des Alpes au moyen de chemins de fer et la création des chemins de fer secondaires ou vicinaux donnent un nouvel intérêt au problème de leur établissement économique dans les pays de montagnes; car il ne reste plus généralement que ces contrées qui ne jouissent pas encore du bénéfice des nouvelles voies de transport.

Il n'y a que deux moyens de résoudre cette question : c'est de passer à travers les montagnes ou de passer par-dessus.

Le premier moyen, celui du présent, consiste, en imitant les chemins de fer des plaines, à construire des viaducs très-élevés vers le pied de la montagne et à creuser un tunnel aussi court que possible; et, pour que ce tunnel soit court, il faut se rapprocher du sommet; de là l'obligation de surhausser les viaducs. Viaducs et tunnels donnent lieu à des dépenses considérables, en désaccord avec les revenus probables de ces chemins dans les contrées élevées, qui ne peuvent guère être aussi productifs que ceux des plaines, séjour de la richesse et de la grande industrie.

Le second moyen, celui de l'avenir, consiste à tracer sur le flanc de la montagne des courbes à petits rayons, des zigzags, afin d'arriver naturellement par des pentes très-douces au faîte, et de descendre de la même façon sur le versant opposé. Rien n'est plus facile et rien n'est moins coûteux dans la construction ; on percerait tout au plus un seul tunnel, vers le sommet, pour abréger la distance. Mais la locomotive ordinaire ou rigide qui remorque le train, dans le premier cas, le fera-t-elle dans le second? Non; car, n'étant pas flexible, elle ne peut tourner; et si elle l'était, elle n'aurait plus assez d'adhérence pour remorquer les convois, elle n'avancerait plus, elle tournerait sur place, elle *patinerait;* c'est le terme technique; elle se trouverait dans la situation d'un patineur, au pied d'une montagne de glace, faisant des efforts inutiles pour monter.

Ce sont les roues, toutes liées ensemble pour s'appuyer sur les rails et y grimper comme font les chenilles, qui se cramponnent avec leurs pattes aux aspérités des feuilles. Cette force cesse d'exercer son effet, du moment que la liaison entre toutes les roues commandées par les roues motrices n'a pas lieu; mais cette liaison, ou cet accouplement des roues, ne se réalise dans les limites pratiques qu'au moyen de barres de fer rigides — de bielles — qui ne peuvent ni se rétrécir d'un côté de la courbe ni s'allonger de l'autre côté.

C'est là le problème à deux conditions, dont l'une, l'accouplement, semble au premier abord exclure l'autre, la flexibilité.

On a cherché à le résoudre par des machines articulées, dont quelques-unes ont rendu déjà de bons services sur de petits parcours, et avec de faibles vitesses. Néanmoins les constructeurs ne se sont pas encore décidés à les appliquer en grand. Ils entrevoient des chances d'accidents par suite des complications dans les mécanismes, et des difficultés dans l'entretien du nombre considérable des pièces que ces machines exigent pour répondre aux conditions géométriques de leur marche; ils se contentent de remplir en entier une des conditions du problème : l'accouplement des roues au moyen de bielles rigides. Quant à l'autre condition : la divergence des essieux, au lieu de les faire obliquer, on les déplace parallèlement pour qu'ils puissent entrer dans la courbe; la différence de longueur du rayon extérieur et du rayon intérieur est rachetée par le jeu de quelques millimètres dans les boîtes à graisse.

Dans la description sommaire des machines flexibles, nous adopterons une certaine classification. Nous distinguerons les locomotives articulées et les locomotives articulées tender, où le tender sert également à l'adhérence.

Dans le premier groupe, qui n'a en vue principalement que le passage des courbes, la force motrice est transmise par des bielles à des essieux pivotant sur des trucs, à des faux essieux, à des essieux coupés en deux ou à des essieux, avec des paliers mobiles.

Dans le second groupe, les machines doivent non-seulement passer par les courbes, mais utiliser aussi toute leur force pour l'adhérence. A cet effet on transforme en machine motrice le tender également. On se sert tant de son poids propre que de celui de l'eau et du combustible. Cette dernière partie du principe est fausse, puisque l'eau et le combustible s'épuisent, et elle est plus fausse encore quand on place ces matières dans des soutes adaptées à la machine même, puisqu'au bout d'un certain temps ce poids supplémentaire, sur lequel on avait compté au début du voyage, a disparu.

Nous aurons donc à examiner le point capital du problème, qui est la transmission de la puissance au tender.

Elle a lieu à peu près de la même façon que dans les machines précédentes. On y emploie le truc américain, des engrenages, quatre cylindres, des faux essieux, etc., etc.

En attendant que ce problème soit résolu d'une manière définitive, tant au point de vue mécanique qu'au point de vue économique, on recommande deux machines ordinaires, l'une en tête, l'autre en queue du train ; elles s'inscrivent facilement dans les courbes et les conséquences des ruptures d'attelages ne sont pas à craindre.

Néanmoins nous devons faire observer que la machine n'est pas seule en discussion, et que la voie joue aussi un rôle ; car, pour peu qu'il y ait des contre-pentes, la conduite de deux machines offre des dangers réels.

Pour retrouver la trace des machines articulées, il faut se reporter au concours ouvert en 1851 par le gouvernement d'Autriche, lors de la mise en exploitation de la partie du chemin de fer de Vienne à Trieste sur la montagne appelée le Semmering, dont le tracé, établi dans les conditions les plus défavorables, renferme des pentes maxima et des courbes minima. Et cette ligne a été établie sans qu'on ait su — fait curieux dans l'histoire des chemins de fer — de quelle façon on pourrait l'exploiter.

L'administration accorda le prix de 300 000 francs à une locomotive avec chaîne de connexion ; puis elle acheta, pour dédommager les fabricants respectifs, leurs machines, qui, après quelques essais, ont été mises hors de service, y compris la chaîne de connexion.

Beaucoup de projets de locomotives flexibles ont été dressés à l'occasion de ce célèbre concours. Leur description se trouve dans le premier volume de notre *Traité de la construction des chemins de fer* et est reproduite sommairement dans notre livre des *Inventions*.

Ces paroles s'adressent aux inventeurs de seconde main et à toutes personnes qui voudront établir de pareils systèmes. Ils sont tombés depuis longtemps déjà dans le domaine public, et les brevets actuels ne sont valables tout au plus que pour les perfectionnements dans la machinerie.

Néanmoins le champ de ces investigations n'est pas encore clos, et nous engageons tous ceux que l'esprit inventif anime à y entrer. Il y a donc lieu d'étudier ces machines, pour réaliser leur simplification ; on a bien imaginé leur complication, et l'une des inventions ne doit pas être plus difficile que l'autre.

Afin de bien établir notre programme, nous dirons qu'il ne sera question dans ce paragraphe que des locomotives à vapeur devant marcher sur la voie habituelle à deux rails ; les machines à air comprimé, celles de Jouffroy et de Séguier, qui exigent trois rails, etc., rentreront dans le paragraphe intitulé : *Systèmes de traction sur les chemins de fer*.

La locomotive articulée américaine à un truc. — C'est la machine par excellence pour passer librement dans les courbes à petit rayon. On l'a introduite sur quelques chemins de fer allemands et suisses. Elle a huit roues, dont quatre forment un avant-train mobile, tournant autour d'une cheville ouvrière (fig. 372).

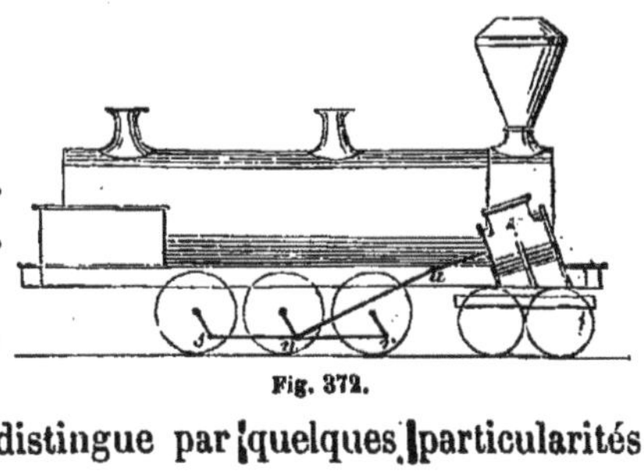

Fig. 372.

La locomotive américaine se distingue par quelques particularités que nous ne devons pas passer sous silence. Elle est munie d'un appareil pour écarter les bestiaux qui s'introduisent dans la voie généralement non clôturée ; elle possède une cabine fermée pour abriter le mécanicien et le chauffeur, ce qui est une mesure excellente pendant la mauvaise saison ; elle brûle du bois, et sa cheminée a cette forme étrange que nous voyons sur la figure. Quelques-uns de ces détails ne se trouvent pas sur la figure, qui n'a pour but, comme du reste toutes celles qui vont suivre, que d'indiquer la transmission du mouvement. Nous y voyons, en effet, que la bielle motrice *a* saisit l'essieu *n*, qui est relié aux deux autres essieux par la bielle d'accouplement *s r*. Ces trois essieux sont alors rapprochés pour s'inscrire sans frottement appréciable dans les courbes.

La locomotive articulée à deux trucs et à un faux essieu (fig. 373). — La bielle *a* met en mouvement les quatre essieux à la fois; elle attaque le faux essieu *s* au point *n*, qui est lié aux roues *i* et *v*, lesquelles sont accouplées avec les roues *o* et *r*. Le groupe *oi* est indépendant du groupe *vr*; chacun tourne séparément, en ce sens que la locomotive est flexible au milieu vers le point *s*.

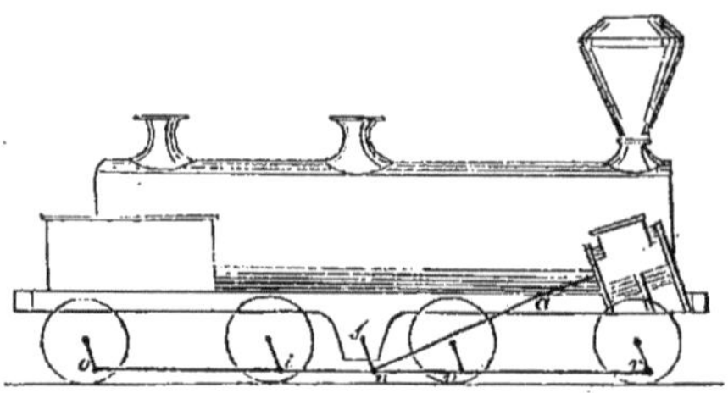

Fig. 373.

La locomotive articulée à un faux essieu. — Elle est à cinq essieux, et à adhérence totale avec un faux essieu et avec bielles évidées. Son châssis est supporté par deux trucs, mobiles autour d'une cheville ouvrière. Le premier truc a ses trois essieux fixes. L'essieu du milieu est moteur. Les deux essieux du truc d'arrière sont solidaires avec le truc pivotant en avant par un faux essieux avec deux manivelles calées à angle droit qui sont accouplées avec celles des roues d'arrière.

Le bouton de ces manivelles est un tourillon sur lequel est enfilée une bague en bronze dont l'extérieur est ajusté rectangulairement, de manière à glisser, sans jeu vertical, par une ouverture pratiquée dans la bielle d'accouplement qui réunit le faux essieu aux deux paires de roues du groupe d'arrière. Cette bielle peut converger avec les essieux d'arrière, en s'inclinant sur la bague-coussinet rectangulaire du bouton de manivelle des faux essieux, lequel entraîne néanmoins la bielle et lui transmet les efforts verticalement, et non horizontalement comme à l'ordinaire.

La locomotive articulée à un balancier. — Les deux essieux d'avant tournent autour d'une cheville; les deux essieux d'arrière sont fixés au châssis. Le renvoi du mouvement a lieu au moyen d'un balancier placé sur la chaudière, ou sur un appendice du longeron.

Voici de quelle façon la transmission a lieu. La bielle motrice *a* agit par une bielle d'accouplement sur l'essieu *n*; en même temps elle fait mouvoir le balancier *ro*, qui pivote sur le centre *s*. Ce balancier renvoie le mouvement par la bielle *v*. On pense bien que le point *a* ne reviendra vers *v*, qui est presque son point de départ, qu'après de nombreux détours où la force primitive se sera notablement diminuée (fig. 374).

Fig. 374.

La locomotive articulée Arnoux. — Elle a huit roues, dont les roues motrices planes, c'est-à-dire sans rebords, sont très-rapprochées. A l'avant et à l'arrière se trouvent les roues porteuses, au nombre de quatre, qui dirigent la machine au moyen de galets. Le train est articulé comme celui des wagons (voir le paragraphe *Wagons*). Cette locomotive passe facilement dans les courbes, mais elle n'a pas une force suffisante sur les rampes.

Afin de lui donner l'adhérence nécessaire, il faut accoupler toutes les roues. A cet effet, les roues d'un côté de la machine sont rendues indépendantes de celles de l'autre côté; les essieux sont alors coupés en deux, et chaque moitié s'appuie sur deux coussinets. On dirait deux locomotives juxtaposées et marchant de conserve. Il y a deux cylindres de chaque côté, afin d'éviter les points morts.

La locomotive articulée à double cadre Beugnot. — Voici la description que l'inventeur a publiée de sa machine dans le *Bulletin de la Société industrielle de Mulhouse :*

« Chaque essieu de la machine a quatre collets, deux extérieurs et deux intérieurs. Les boîtes à graisse des collets intérieurs, enveloppées dans des brides à doubles pivots verticaux, sont réunies d'un essieu à l'autre, et par deux du même côté, au moyen de bâtis intérieurs mobiles qui peuvent s'articuler autour de quatre sphères prises dans les supports de la chaudière. C'est par l'entremise de ces sphères, reposant chacune dans une crapaudine de bâtis mobiles, que les trois quarts environ du poids de la machine sont reportés sur les huits collets intérieurs. Le reste du poids repose sur les boîtes à graisse des collets extérieurs. Celles-ci sont prises et guidées par un châssis extérieur rigide, qui forme avec ses traverses d'avant et d'arrière un rectangle entourant toute la machine ; ce rectangle, entrelacé par les supports de la chaudière, est fixé à la boîte à feu et à la boîte à fumée, mais de façon que la chaudière puisse se dilater sans résistance. Le bâti extérieur porte les cylindres ; c'est à lui qu'est attelé le bouton d'attelage, et c'est lui qui reçoit les secousses et les poussées à la descente. Les boîtes à graisse extérieures qu'il guide pour en maintenir le parallélisme ont, chacune dans leur glissière respective, un jeu transversal de $0^m,04$, soit $0^m,02$ de chaque côté. Grâce à ces dispositions, les bandages, les manivelles extérieures et les bielles d'accouplement arrivent à se placer dans des plans verticaux différents, jusqu'à ce que les boudins des roues conductrices ne soient plus serrés contre le rail extérieur de la courbe, auquel cas, c'est-à-dire quand la machine entre en ligne droite, ils reprennent leur position primitive, qui est celle où tous les bandages se trouvent dans un même plan vertical. »

En résumé, M. Beugnot a maintenu le parallélisme absolu des essieux en laissant un jeu considérable dans les supports et les boîtes ; ce jeu est connu, mais ce qui est nouveau c'est la solidarité des essieux deux par deux, obtenu par des balanciers horizontaux.

La locomotive Beugnot a donc quatre essieux accouplés, posés sur des bâtis mobiles ; elle remorque 100 tonnes par le mauvais temps, 150 par le beau temps ; elle passe dans les courbes de 300 mètres de rayon et sur des pentes de $0^m,025$ par mètre. Les ingénieurs espagnols nous ont dit qu'ils sont très-satisfaits des services de ces machines.

La locomotive articulée à essieux mobiles Roy. — Les roues sont libres et les essieux sont mobiles. Les coussinets peuvent glisser dans leurs boîtes à graisse et l'essieu peut tourner dans le sens horizontal.

On a construit une locomotive d'après ce système ; elle a quatre essieux, dont les deux du milieu sont accouplés au moyen des bielles des roues. Les essieux extrêmes sont également couplés, mais avec une bielle centrale qui se place facilement au point mort. Comme dans les voyages d'essai on avait forcé la vapeur, les bielles se sont déformées ; on les a construites plus solidement, mais alors elles ont détraqué le châssis. Cette raison a paru suffisante pour ne pas continuer l'application de ce principe, qui en outre exige des wagons à six roues que l'exploitation, en France, a rejetés une fois pour toutes. Pour que les wagons puissent suivre la locomotive, on les a munis de trois essieux, dont celui du milieu est fixe ; il sert de point d'appui pour entraîner les deux essieux extrêmes par l'action des rails sur le rebord des roues.

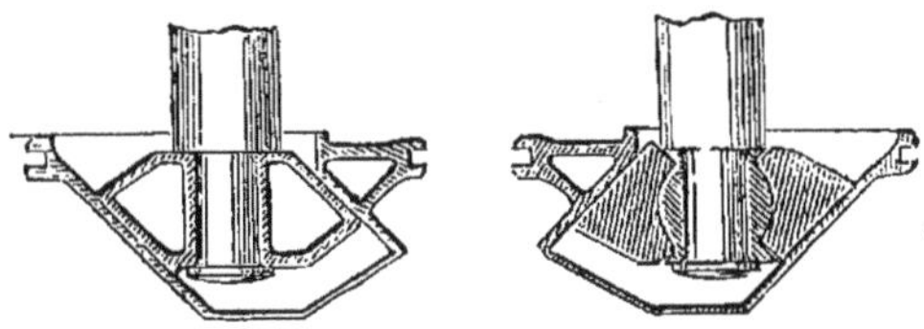

Fig. 375.

La locomotive articulée à osselets Polonceau (fig. 376).—L'osselet *a* est une pièce triangulaire arrondie en acier, reposant par sa pointe sur la boîte à graisse et portant sur sa base les tiges des ressorts ; c'est suivant la pression des boudins des roues contre les rails que cet osselet s'incline et qu'il reprend sa position verticale à la rentrée en ligne droite par le poids de la machine. Cet osselet s'appuie sur une surface trop petite.

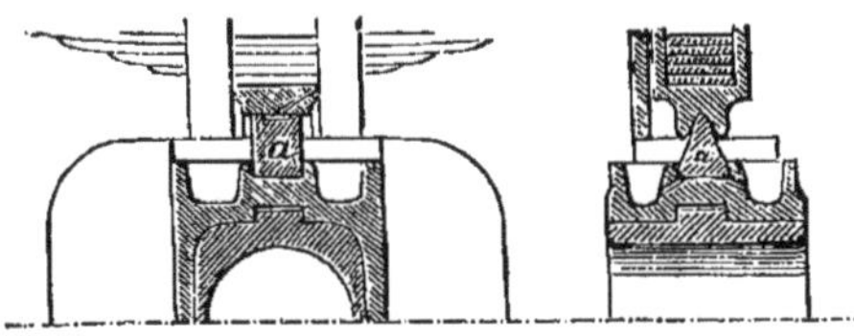

Fig. 376.

La locomotive articulée à plans inclinés des essieux. — Les tiges des ressorts sont terminées par un plan incliné et reposent sur un autre plan incliné porté sur les boîtes à graisse. Ils ont la même signification que les osselets.

Nous allons passer maintenant au second groupe des locomotives de montagnes qui comprend les locomotives-tenders articulées.

La locomotive-tender articulée Waessen. — Les deux essieux moteurs sont couplés ; à l'avant se trouve un truc américain ; l'eau et le combustible sont placés dans des soutes, à côté de la chaudière.

Ce n'est donc pas une machine-tender proprement dite, puisqu'il n'y a pas de tender; mais elle s'en rapproche puisque l'approvisionnement sert à l'adhérence.

La locomotive-tender articulée à un faux essieu (fig. 377). — La bielle *a* n'agit directement que sur les roues *a* et *r*, qui sont couplées;

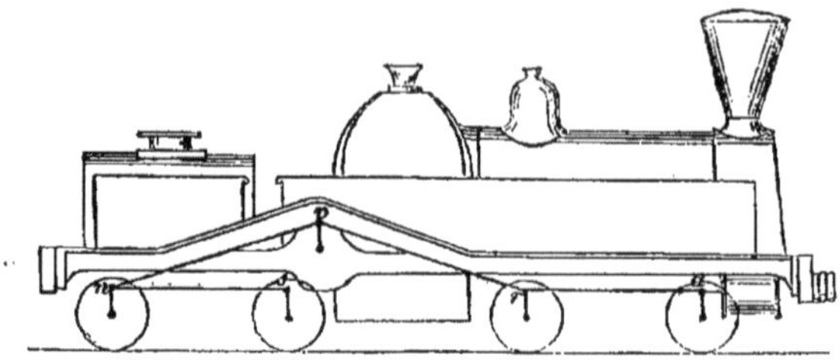

Fig. 377.

la roue *r* transmet son mouvement au faux essieu *v*, et de là aux roues couplées *n*, *s*. Comme précédemment, la locomotive est flexible vers le point *v* par les deux trucs.

La locomotive-tender articulée à chaîne de connexion. — Une chaîne passe sur des roues à engrenage placées sur les essieux. Cette chaîne a été inventée en 1812 par Chapmann, et exécutée par Stephenson. Au concours du Semmering on avait accouplé, au moyen d'une deuxième chaîne, le tender avec la locomotive. Ces chaînes se sont constamment brisées, et aujourd'hui on les a abandonnées.

La locomotive-tender articulée à engrenages Engerth (fig. 378). — Cette machine, dans le principe, était destinée, après la chute de la chaîne, à monter sur les pentes de 0^{m},025 avec des courbes de 190 mètres de rayon du Semmering; elle avait six roues accouplées très-rapprochées, et le tender en avait quatre. La liaison entre la locomotive et le tender était obtenue au moyen de roues d'engrenage, travaillant sur un faux essieu afin que la roue du tender ne tournât pas en sens opposé de celle de la locomotive. Les roues dentées en fer se cassaient; on les établit alors en acier, mais elles cassaient également.

Nous devons nous abstenir de critiquer une œuvre mécanique qui a demandé bien de la réflexion et bien du travail; mais il peut sembler naturel qu'un simple raisonnement aurait dû démontrer la difficulté, l'impossibilité même, de maintenir en état des engrenages mobiles. Les engrenages demandent pour première condition de leur fonctionnement régulier une base stable et solide. On a donc renoncé à ce mode d'accouplement et on n'a gardé de cette invention que la chaudière reposant en partie sur le tender.

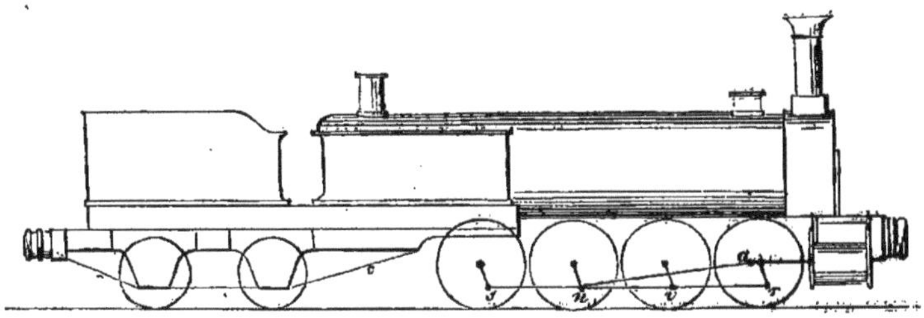

Fig. 378.

Les quatre essieux sont accouplés par la bielle *sr*. La bielle motrice *a* tourne la roue *n*, qui renvoie son mouvement d'un côté vers *s* et de l'autre côté vers les roues *v* et *r*. Entre *s* et *c* se trouve le boulon d'attelage qui relie le tender à la machine.

Cette locomotive, ainsi simplifiée, a quitté le Semmering et est allée comme machine de marchandises sur les chemins de fer français, où l'on a même abandonné maintenant la liaison entre la locomotive et le tender, en supprimant les longerons qui s'avançaient en brancard et donnaient une mauvaise allure à la machine; elle devenait *rude,* disaient les mécaniciens.

La locomotive Engerth a donc disparu entièrement, et il ne reste plus que le nom du célèbre ingénieur qu'on donne aux machines à quatre essieux couplés, puisqu'il faut donner un nom à toute chose, et c'est ainsi qu'on les appelle, *les grosses Engerth.*

Quant au Semmering on y a transformé l'ancien matériel en machines également à quatre essieux accouplés, dont le dernier a un jeu de 0^m,02 dans les portées ; comme les roues sont très-rapprochées, elles passent sans trop de chocs dans les courbes ; la vitesse n'est pas bien grande ; le poids suffit pour l'adhérence ; et on marche ainsi à la satisfaction des ingénieurs, qui n'ont rien trouvé de mieux, et à celle du public, qui n'est pas pressé de quitter la vue superbe qu'offrent les Alpes Noriques, dont le Semmering est le point le plus intéressant.

La locomotive-tender articulée à un faux essieu Steyerdorf (fig. 379). — Elle a été établie en 1861 en vue de l'exploitation du chemin de montagne de 34 kilomètres de longueur qui dessert le bassin houiller de Steyerdorf en Hongrie, et qui est tracé avec des pentes de 0m,02 par mètre et avec un grand nombre de petites courbes de 114 et de 90 mètres de rayon. Le programme qui a servi de base à la construction de cette locomotive était très-simple : vingt-cinq wagons vides, représentant une charge de 110 tonnes, devaient être remorqués à la remonte avec une vitesse de 12 à 15 kilomètres. L'effort de traction était donc calculé à 5000 kilogrammes et le poids adhérent sur les roues motrices à 42 tonnes. Comme les rails, qui ne pèsent que 28 kilogrammes par mètre courant, ne supportent pas une pression au delà de 4600 kilogrammes par roue, il s'ensuit que la charge adhérente devait être répartie sur dix roues. Les courbes de la voie impliquaient la nécessité de partager les essieux en deux groupes, pouvant prendre un déplacement angulaire et pouvant être accouplés par une cheville ouvrière; et voici de quelle façon on y est arrivé : le mouvement du piston est transmis par la bielle *a* à l'essieu *v*, qui renvoie ce mouvement par la bielle d'accouplement *vr* aux roues *v*, *n* et *r*. L'essieu *v* attaque le faux essieu *e* par la manivelle *se*, et une seconde manivelle *si* fait tourner le premier essieu du tender accouplé au second par la bielle *im*. Le tender étant très-petit, on le fait suivre d'un fourgon d'approvisionnement de combustible. Voici maintenant la manière dont ces diverses transmissions ont lieu.

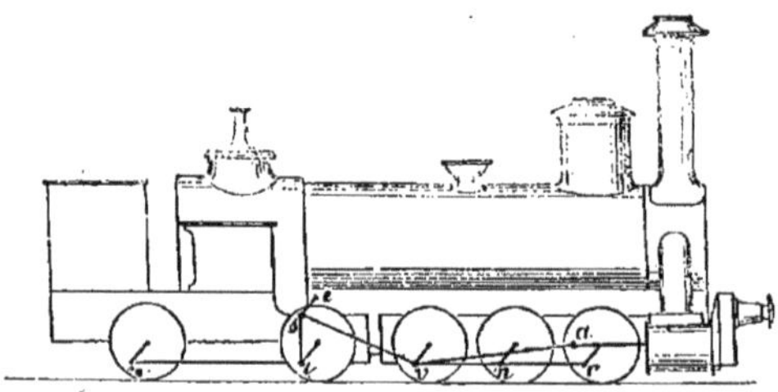

Fig. 379.

L'essieu d'avant du tender porte au-dessus de lui, par deux supports à tourillons sphériques, un faux essieu *e*, qui est maintenu à une distance sensiblement constante de l'essieu d'arrière moteur de la machine, au moyen de deux tiges de guidage assemblées aux coussinets de ces deux essieux, et portant deux articulations sphériques. Ces essieux ont chacun une manivelle dont les boutons sont réunis par une bielle inclinée à tourillons sphériques. Cette bielle laisse en dedans les bielles d'accouplement des roues du train de la machine, ainsi que la bielle motrice. Enfin les manivelles du faux essieu et du premier essieu du tender sont réunies par une bielle pendante qui reste verticale en voie droite.

Quand on entre dans une courbe, le premier essieu du tender et le faux essieu changent de position relative. L'essieu du tender prend une direction normale à la courbe, tandis que le faux essieu reste parallèle à l'essieu moteur.

Dans ce changement de position, le faux essieu descend puisque ses supports s'inclinent ; il reste horizontal et à la même distance de l'essieu moteur. Le parallélogramme formé par les manivelles du faux essieu et de l'essieu moteur, par la grande bielle inclinée et les tiges de guidage, s'abaisse et s'ouvre suivant la direction de la courbe. Le second parallélogramme, formé par le support, les manivelles du faux essieu, du premier essieu du tender et par la bielle pendante, se déforme également, et la dernière cesse d'être verticale.

On voit que cet accouplement permet de transmettre à l'essieu du tender les forces agissantes de l'essieu moteur, et qu'il n'a aucune tendance à déplacer les essieux.

Nous pouvons donner maintenant comme spécimen de démonstration l'appréciation du travail et les dimensions de cette locomotive. Elle doit marcher avec une vitesse minima de 12 kilomètres à l'heure. Il faut donc déterminer le diamètre d de son cylindre.

La formule générale du travail est :

$$\pi DT = 2p\frac{d^2\pi}{4}2l.$$

D'où l'on tire $d = 0^m,463$.

(D, diamètre des roues motrices = 1 mètre ; T, effort de traction que la machine doit exercer = 5 000 kilogrammes ; l, course du piston = $0^m,63$; p pression utile de la vapeur sur 1 mètre carré de surface du piston ; N, force motrice nécessaire pour produire l'effort T. $N = \frac{5\,000 \times 3,33}{75} = 220$ chevaux-vapeur ; surface de chauffe = 123 mètres carrés, puisqu'avec $0^{mq},5$ à $0^{mq},6$ par cheval-vapeur on atteint le but ; K, coefficient de réduction d'après lequel on tient compte de frottements du mécanisme ; la pratique indique K = 0,46, dans l'application pour l'admission de la vapeur de 65 à 70 pour 100 de la course de piston.)

Au moyen de ces données fondamentales, on peut déterminer toutes les dimensions de cette machine. Nous les relèverons ci-dessous, à titre d'exercice, puisque ce cas spécial peut se généraliser dans toutes les autres circonstances.

1° *Grille.*

Longueur	1^m,47
Largeur d'avant	0 ,88
Largeur d'arrière	1 ,01
Surface	1^{mq},40

2° *Boîte à feu.*

Longueur intérieure en bas	1^m,47
Longueur intérieure en haut	1 ,41
Largeur intérieure en bas, en avant	0 ,89
Largeur intérieure en bas, en arrière	1 ,01
Largeur intérieure en haut	1 ,13
Hauteur en avant	1 ,34
Hauteur en arrière	1 ,21
Hauteur de la porte du foyer au-dessus du bord inférieur de la boîte à feu	0 ,46
Epaisseur de la plaque tubulaire en haut	0 ,03
Epaisseur de la plaque tubulaire en bas	0 ,02
Diamètre des rivets en cuivre rouge	0 ,03
Distance des rivets d'axe en axe	0 ,10

3° *Chaudière.*

Longueur entre les plaques tubulaires	4^m,32
Plus grand diamètre extérieur	1 ,24
Plus petit diamètre intérieur	1 ,19
Epaisseur des tôles de la chaudière	0 ,01
Diamètre des rivets	0 ,02
Distance des rivets d'axe en axe	0 ,05
Nombre des tubes bouilleurs	158
Longueur intérieure des tubes	4^m,43
Diamètre extérieur	0 ,05
Epaisseur des tubes	0 ,002
Distance d'axe en axe des tubes	0 ,07
Nombre des soupapes de sûreté	2 ,00
Diamètre des soupapes de sûreté	0 ,11

4° *Surface de chauffe.*

Surface de chauffe des tubes	116^{mq}
Surface de chauffe de la boîte à feu	7
Surface totale (déjà indiquée)	123

5° *Cheminée.*

Diamètre intérieur	$0^m,42$
Hauteur de la cheminée au-dessus des rails	4 ,48

6° *Tuyau d'échappement.*

Section de la plus grande ouverture	166 cent. carrés.
Section de la plus petite ouverture	31 —

7° *Régulateur.*

Section de l'ouverture	52 cent. carrés.

8° *Cylindre à vapeur.*

Diamètre intérieur	$0^m,46$
Course du piston	0 ,63

9° *Orifices pour la vapeur sur le cylindre.*

Longueur d'un orifice	$0^m,32$
Largeur d'un orifice d'entrée	0 ,04
Largeur de l'orifice d'échappement	0 ,08

10° *Tiroir de distribution.*

Surface intérieure du tiroir	$0^m,13$ sur	$0^m,32$
Surface extérieure du tiroir	0 ,28 —	0 ,40
Recouvrement en dehors		0 ,03
Recouvrement en dedans		0 ,005
Avance du tiroir		0 ,003
Ouverture à l'introduction		0 ,03
Ouverture à l'échappement		0 ,04
Durée de l'admission en fonction de la course	66 pour cent.	
Course maxima du tiroir		$0^m,11$
Course de l'excentrique		0 ,16
Angle d'avance		15 degrés.
Longueur des bielles d'excentrique		$1^m,40$
Longueur de la coulisse		0 ,41
Rayon moyen de la coulisse		1 ,10

11° *Bielles motrices et d'accouplement.*

Longueur des bielles motrices		$1^m,95$
Longueur des bielles d'accouplement	entre l'essieu 1 et l'essieu 2	0 ,96
	— 2 — 3	1 ,11
	— 4 — 5	2 ,21

12° *Accouplement entre les deux trains.*

Longueur du faux essieu de milieu en milieu des coussinets sphériques	1m,80
Longueur totale du faux essieu	2 ,30
Diamètre du faux essieu	0 ,13
Longueur du support oscillant du faux essieu, de son centre au centre de l'essieu 4	0 ,63
Section maxima de ce support	104 cent. carrés.
Longueur entre les articulations des tiges de guidage allant de l'essieu moteur au faux essieu	1m,05
Longueur de la bielle d'accouplement inclinée entre l'essieu moteur et le faux essieu d'axe en axe	1 ,58
Longueur de la bielle d'accouplement verticale entre le faux essieu et l'essieu 4 d'axe en axe	0 ,63

13° *Frein à vapeur.*

Diamètre du cylindre à vapeur	0m,20
Course du piston	0 ,25
Longueur du balancier du piston	0 ,40
Longueur du levier du côté de la tige de pression	0 ,50
Longueur du levier du côté du sabot du frein	0 ,26

14° *Roues.*

Nombre des roues (1 mètre de diamètre)	10
Largeur des bandages (avec 0m,10 de conicité)	0m,14
Ecartement des essieux du tender	2 ,21

15° *Tender.*

Capacité de l'emplacement pour le combustible	2mc,00
Capacité des caisses à eau	5 ,40

16° *Longueur et largeur de la machine.*

Longueur de tampon à tampon	14m,46
Largeur de cylindre à cylindre	2 ,96

17° *Poids de la machine chargée.*

Charge sur les rails au	1er	essieu de la machine	9 200	kilogrammes.
—	2e	—	9 100	—
—	3e	—	8 750	—
—	4e	—	6 250	—

Charge sur les rails au 5e essieu de la machine.	9 100	kilogrammes.
— 6e — du fourgon...	7 550	—
— 7e — —	7 650	—
Poids d'adhérence........................	42 400	—
Poids total de la machine et du fourgon......	57 600	—

Les locomotives-tenders articulées à deux faux essieux.—Dans le premier modèle (fig. 380), les deux paires d'essieux extrêmes se trouvent chacune sur un truc. Le mouvement de la bielle *a* se communique à l'essieu *r*, qui est accouplé à l'essieu précédent. Le point *r* communique avec le faux essieu *s*, qui tourne les roues *v* et *n* accouplées. En même temps que cette communication a lieu au tender, le mouve-

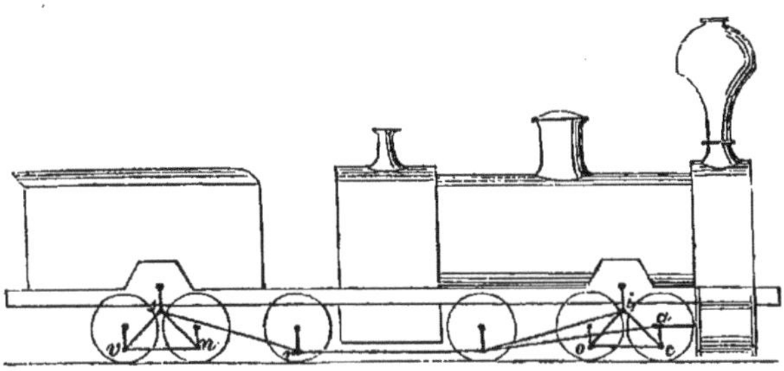

Fig. 380.

ment de la bielle motrice *a* est renvoyé au faux essieu *i*, qui actionne les roues couplées *o* et *c*. Les trucs forment des assemblages rigides par les triangles *svn* et *ioc*. Pour que la bielle d'accouplement *r* puisse suivre le mouvement du châssis, les têtes ont la forme sphérique.

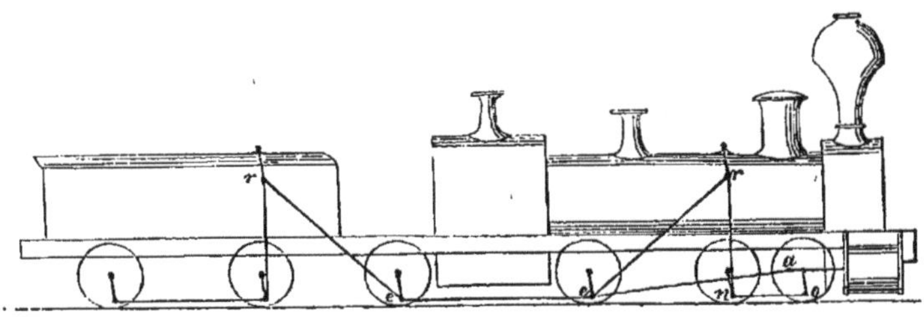

Fig. 381.

Dans le second modèle (fig. 381), la bielle motrice *a* transmet son mouvement aux faux essieux *r*,*r* par la bielle d'accouplement *ee*, qui tourne en même temps les roues *e*,*e*. Par les faux essieux est transmis le mouvement aux bielles à gauche et à droite. Tout le système est ainsi rendu solidaire, quoique les deux essieux du tender et les deux essieux d'avant de la locomotive soient indépendants. Le tender est attaché à la machine par une cheville ouvrière et le truc *aon* tourne également sur la cheville.

La locomotive-tender articulée à deux balanciers Rarchaert. — Les essieux, au nombre de six, sont divisés en deux groupes ; ils oscillent sur une cheville à articulation sphérique. La transmission du mouvement a lieu par un faux essieu et des balanciers horizontaux.

Le faux essieu est traversé par la cheville ouvrière ; il peut donc tourner dans le sens horizontal, mais pas autour de son axe ; il reste parallèle aux essieux des roues. A chaque extrémité se trouve un balancier à deux bras égaux, qui sont liés aux manivelles par des bielles. Dans les courbes, ce balancier avec ses bielles se replie intérieurement et se déploie extérieurement, mais les manivelles continuent à travailler comme en ligne droite. Les articulations sont nécessairement sphériques ou à rotules.

Il faut faire remarquer aussi que les manivelles ne sont pas calées à angle droit à chaque extrémité de l'essieu, comme aux machines ordinaires ; mais elles le sont dans le même sens. Sans quoi le faux essieu, sollicité par des forces qui ne sont pas symétriques, ne pourrait pas être maintenu en équilibre, et ne présenterait pas le point d'appui nécessaire à la transmission du mouvement. Mais il résulte de cette disposition que les manivelles arriveraient en même temps au point mort. On a donc doublé tout ce système de balanciers, de manivelles et de bielles d'un système absolument semblable, mais dans lequel les manivelles sont à angle droit sur le premier système.

Cette solution évidemment est correcte au point de vue mathématique ; mais en est-il de même dans la pratique, et est-il possible de tenir en état un si grand nombre de pièces? Aucun constructeur n'a encore répondu à cette question. Aussi cette machine n'a pas été exécutée. Du reste, l'inventeur a senti la valeur de l'objection qui lui a été faite, et il a cherché une solution moins compliquée par l'emploi d'une bielle centrale. A-t-il réussi cette fois ? C'est ce que nous allons voir dans l'article suivant.

La locomotive-tender articulée à bielle centrale (fig. 382). — Dans cette machine, il n'y a des cylindres que d'un côté, l'un à l'avant, l'autre à l'arrière, et formant deux trains qui sont reliés entre eux par un plateau tournant. L'accouplement des trois essieux à l'avant a lieu au moyen d'unebielle *ac*, placée au milieu des essieux.

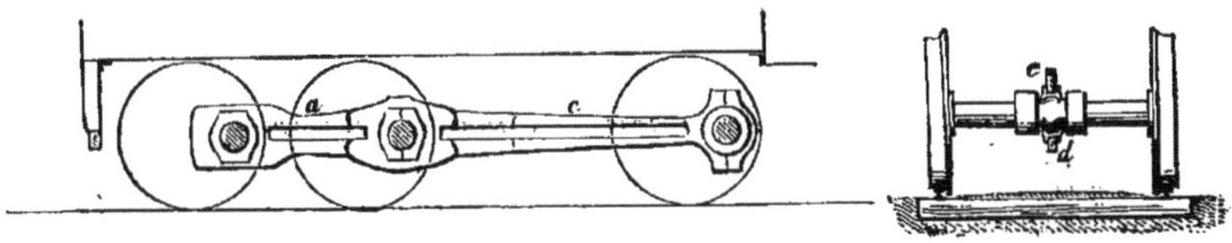

Fig. 382.

La coupe *c*, *d*, fait voir que l'articulation de cette bielle est sphérique.

Dans un modèle exposé au palais de l'Industrie du Champ de Mars en 1867, par l'inventeur de la locomotive à deux balanciers, on a vu deux groupes d'essieux pivotant sur une cheville ouvrière. Entre ces deux trains mobiles se trouve un faux essieu coudé, aux extrémités duquel sont calées les manivelles. Au coude du faux essieu travaille une bielle centrale, appelée, on ne sait pourquoi, *bielle circulaire*. Ses extrémités sont attachées au coude du dernier essieu du truc d'avant et au coude du premier essieu du truc d'arrière.

Il y a lieu de craindre que les centres de figure des boutons de manivelle ne s'éloignent au passage des courbes d'une quantité qui n'est pas à négliger, et comme la bielle est inextensible, il doit en résulter des efforts intérieurs produisant des tiraillements considérables, et par conséquent une convergence très-imparfaite des deux trucs.

La locomotive-tender articulée double. — Deux locomotives ordinaires, à six roues couplées et à réservoirs longitudinaux, sont attachées

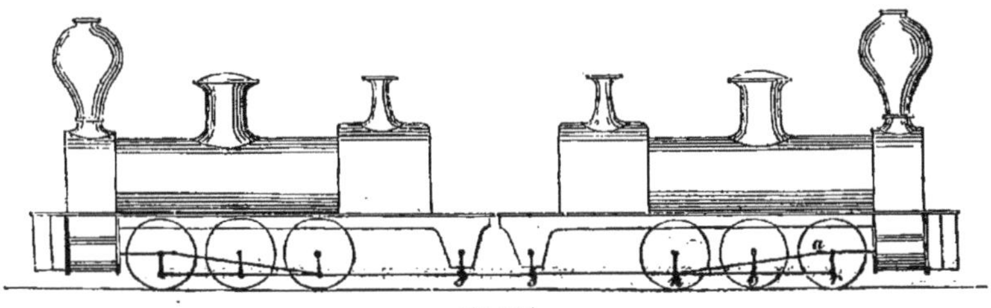

Fig. 383.

par une articulation dos à dos. Un seul mécanicien peut les desservir. On les emploie sur le chemin de fer de Gênes à Turin. (fig. 383).

Le mouvement de la bielle motrice *a* est communiqué à la roue *n*, qui le renvoie aux roues *v* et *r*. Pour que la marche de ces deux machines soit uniforme, on les rend solidaires par les deux faux essieux *s* et *s*, qui servent ainsi de régulateurs.

La locomotive-tender articulée à quatre cylindres Verpilleux. (fig. 384). — C'est une machine à deux essieux couplés, qui passe facilement dans les courbes. Elle est suivie de son tender, auquel est

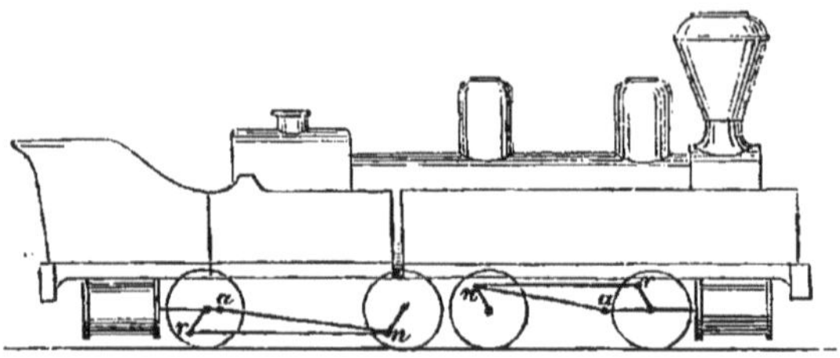

Fig. 384.

ajoutée une machinerie avec deux cylindres ; elle met en mouvement un des essieux du tender, qui est accouplé avec l'autre essieu. Cela est très-ingénieux, mais la chaudière ne peut pas avoir de grandes dimensions, et alors elle ne fournit ni force ni vitesse. En outre, ce double mécanisme coûte fort cher.

Dans le premier modèle, la bielle motrice *a* exerce son action sur la roue *n*, qui renvoie le mouvement en *r*.

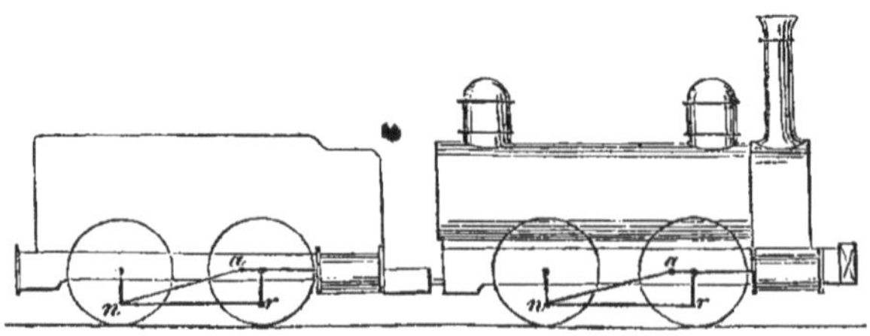

Fig. 385.

Dans le second modèle, la transmission a lieu de la même manière; seulement les cylindres sont disposés d'une autre façon, comme le dessin l'indique (fig. 385). Les deux bielles motrices *a* tournent les roues *n* qui renvoient le mouvement par les bielles d'accouplement *nr* aux roues *r*.

L'ingénieur anglais, M. Sturrock, au lieu de ramener la vapeur dans la cheminée comme ci-dessus pour activer le tirage, la conduit dans le tender pour chauffer l'eau. Il s'agit de savoir s'il vaut mieux chauffer l'eau ou activer le tirage. On cherche, en Angleterre, à résoudre cette question ; en France et ailleurs, on ne dit rien ; mais partout on trouve que la transmission de la vapeur est difficile à établir, surtout avec les tuyaux en cuivre qu'on a employés exclusivement jusqu'ici.

La locomotive-tender articulée à quatre cylindres Meyer. — C'est, à l'instar de la machine du Nord, une locomotive-tender de dimensions colossales, reposant sur douze roues, dont toute l'adhérence est utilisée, et voici comment :

Les deux groupes de six roues, commandés chacun par deux cylindres, sont séparés ; ces groupes sont indépendants, mais leurs trois essieux restent fixes.

La chaudière est installée sur ces deux trains ; l'avant-train porte l'eau, l'arrière-train le charbon.

L'avant de la chaudière est placé sur un pivot, l'arrière sur deux pivots sphériques. Les deux trains sont reliés par une barre dont le tourillon est le support du pivot d'articulation.

Les supports, à l'arrière, reposent sur deux patins qui se déplacent dans les courbes ; l'un avance quand l'autre recule, suivant la courbure.

La vapeur arrive par des tuyaux articulés.

Le poids de la locomotive est de 64 tonnes, et la surface de chauffe de 290 mètres carrés.

La locomotive-convoi Flachat. — M. Eugène Flachat va encore plus loin que M. Verpilleux ; il place des cylindres également sous chaque wagon américain, de façon que tout le convoi devient une seule et même machine à transport. La vapeur est transmise par des tuyaux flexibles. Nul doute que les premières voitures marcheront à la vapeur ; mais il serait intéressant de savoir ce qu'on trouvera dans le dernier cylindre d'un pareil train, qui aura gravi les hauteurs pittoresques mais très-froides des Alpes.

« Le système Flachat, fort ingénieux en principe, dit Auguste Perdonnet, paraît devoir présenter de grandes difficultés dans l'exécution. Espérons que l'habile ingénieur qui en est l'inventeur saura les surmonter. »

§ 9. — SYSTÈMES DE TRACTION SUR LES CHEMINS DE FER.

Les chevaux et les locomotives remorquant sur deux rails les convois ne sont pas les seuls moteurs des chemins de fer.

Voici la force de la gravité qui est employée dans les *plans automoteurs* à remonter les convois vides par les convois descendants, ou qui s'accumule dans le *mahovos*, espèce de volant qui tourne à la descente et qui continue à tourner en sens inverse à la remonte les roues des wagons.

Viennent ensuite les *machines fixes*, qui tirent les trains directement par des câbles, ou indirectement par le *locomoteur,* décrit dans le paragraphe suivant.

Nous voyons l'air servant de moteur, soit dans le *chemin pneumatique* à souffler les wagons, soit dans le *chemin atmosphérique* à les aspirer, ou encore dans le *chemin éolique*, à les pousser par le gonflement d'un boyau élastique. L'air comprimé est fourni à la locomotive aux stations dans le *chemin de fer Andraud*, et en route par les *tubes Péqueur*.

On a aussi proposé des ballons entraînant les véhicules dans un chemin de fer *aérostatique*.

Après l'air vient l'eau, qui pousse sur le *chemin hydraulique* les wagons munis de roues à palettes ou de turbines.

L'*électricité* ne pouvait pas manquer de venir jouer son rôle ; elle devait être le moteur des locomotives.

Passant à un autre ordre d'idées, les inventeurs ont cherché à augmenter l'adhérence de la locomotive en modifiant la voie, afin de pouvoir monter sur les rampes. *Jouffroy* doit être cité le premier. Il fait agir une roue verticale striée sur un rail médian. *Séguier* — *Krauss* — *Fell* s'y cramponnent par deux roues horizontales. L'ingénieur italien *Agudio* l'emprunte également.

En perfectionnant ce troisième rail, on obtient l'ancienne *crémaillère* — appliquée dernièrement en Suisse — ou une *échelle en fer*, où s'engrène une roue dentée dont on a muni la locomotive sur un chemin de fer en Amérique.

Mais ces constructions sont dispendieuses. *Palmer* a donc suspendu les rails en l'air par des poteaux. On va plus loin encore dans le chemin *aérien*, où l'on fait circuler les convois sur des câbles.

Revenant sur la terre, on se heurte toujours contre les courbes. *Laignel* les franchit en redressant la voie, et en gardant le matériel; *Arnoux* garde la voie et articule le matériel (voir le paragraphe des *Wagons*).

Enfin, par les *chemins Larmenjat* et *Cottrau*, on s'aperçoit que leurs inventeurs ne se décident ni pour le fer, ni pour les pierres; ils nous présentent un *mixtum compositum*, dans lequel les locomotives marchent en partie sur les rails et en partie sur la chaussée.

Après ce coup d'œil jeté rapidement sur l'ensemble de ces projets, nous allons les passer en revue, quoique nous sachions à l'avance qu'ils n'ont pas toujours une grande valeur pratique, car ils sont tous plus compliqués que les chemins de fer ordinaires. Mais souvent on y revient de nos jours; on leur emprunte même quelques idées anciennes auxquelles on donne une application nouvelle; puis en cherchant à vulgariser ces conceptions, nous avons encore un autre but : c'est de prévenir les innovateurs, afin qu'ils ne réinventent pas des systèmes connus et abandonnés.

Le chemin de fer automoteur (pour mémoire). — Ce système est une imitation de celui qu'on emploie dans les mines. Les projets élaborés en vue du transport des voyageurs sur ces plans inclinés n'ont pas été exécutés. Les chemins de fer automoteurs se bornent au service des mines et de leurs abords.

Le chemin de fer à mahovos. — Le modèle de ce système a figuré dans le jardin du palais de l'Industrie, près de l'École militaire, lors de la grande exhibition de 1867. On se rappelle y avoir remarqué un petit chemin de fer très-incliné installé sur des tréteaux; en haut sur une plate-forme se trouvait le mahovos. C'est le nom que l'inventeur, M. de Schubersky, ingénieur de l'état-major russe, a donné à ce moteur qui est un simple châssis de wagon flanqué de deux immenses volants, un de chaque côté. Ce mahovos est attaché à un train chargé qui descend; les volants se mettent à tourner et accumulent la force produite par la gravité.

Arrivé au bas de la rampe, le convoi est décroché; un autre, qui est vide, se trouve tout prêt; on y accouple le mahovos dont les volants continuent toujours à tourner, et font tourner les roues du chariot moteur.

Pour comprendre de quelle façon les volants et les roues tournent, il est nécessaire d'avoir sous les yeux le dessin, figure 386.

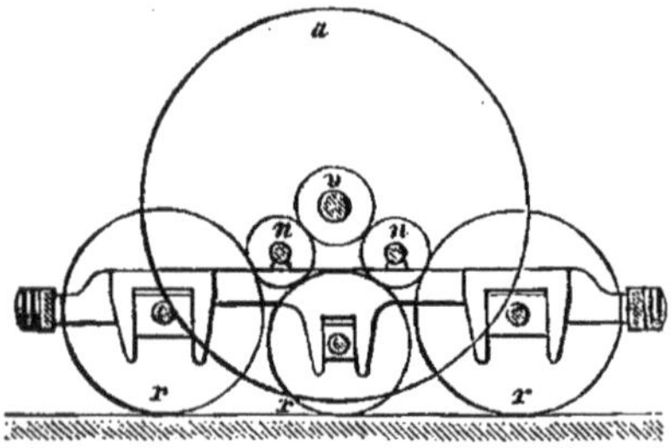

Fig. 386.

Les deux volants *a* du mahovos sont fixés sur un seul et même essieu *v*. Ils ne sont pas en fonte, mais en acier fondu qui peut supporter une vitesse cinq fois plus grande, étant beaucoup plus résistant. Ils pèsent 26 tonnes et peuvent recevoir une vitesse de 142 mètres par seconde à leur circonférence. Ils accumulent alors une force vive de 20 millions de kilogrammètres environ.

L'essieu des volants ne tourne pas dans des coussinets ; mais il repose sur des rouleaux Atwood *n*, qui s'appuient sur les roues motrices du mahovos *r*. L'action des volants est produite simplement par adhérence. Pour la suspendre, on élève l'essieu des roues Atwood dans leurs coussinets, et le contact avec les roues motrices cesse aussitôt.

Si l'on veut connaître théoriquement la hauteur à laquelle un mahovos du poids *p* peut élever un train du même poids marchant avec une vitesse de 75 kilomètres à l'heure ou de $20^m,8$ à la seconde, on n'a qu'à employer la formule de la force vive (m) :

$$m = \frac{pv^2}{2g} = \frac{p\ (20,80)^2}{2 \times 9,80} = 22p.$$

Donc la puissance dont le train est animé est capable de l'élever à une hauteur de 22 mètres, ou de le remorquer sur une pente de $0^m,05$ par mètre à une distance de 440 mètres.

Ce système pourra être utilisé dans les mines sur un chemin à simple voie, car dans les doubles voies ce sont les wagons pleins descendants qui remontent les wagons vides, ainsi que cela a déjà été dit.

Le lecteur pense bien que nous n'allons pas proposer la démolition des chemins de fer actuels afin d'y substituer des mahovos, dont le fonctionnement régulier et profitable semble très-problématique ; mais il a fallu citer cette invention, puisque tout inventeur a le droit d'exiger qu'on parle de ses travaux. Du reste ce mahovos a cela de bon, c'est qu'il indique un emploi très-ingénieux des poulies Atwood pour faciliter la transmission de mouvements, et à ce titre seul déjà il mérite d'être pris en sérieuse considération.

Les ennemis des nouvelles inventions pourront dire — avec la Société des ingénieurs civils de Paris — que le mahovos n'est qu'un objet de curiosité, et qu'il n'est susceptible d'aucune application industrielle.

Le chemin de fer à machines fixes. — Nous avons déjà vu qu'avant l'invention des locomotives, on avait placé des machines à vapeur le long d'un chemin de fer en plaine pour remorquer les trains au moyen d'un câble. A part cet exemple, on n'emploie ce système que sur les chemins à pentes très-fortes, dits *plans inclinés*.

Le plus célèbre de ces plans, et qui généralement sert de démonstration, est celui de Liége. Il se compose d'une rampe et d'une pente qui ont une longueur de 2 kilomètres ; elles sont raccordées par un palier de 330 mètres ; on franchit une hauteur de 55 mètres ; l'inclinaison des plans est donc de $0^m,055$ par mètre. Il y a deux voies sur chaque plan : l'une pour la montée, l'autre pour la descente. Sur la voie descendante il y a des contre-rails pour obvier à un déraillement ; les wagons y descendent par leur poids ; sur l'autre voie ils sont remontés par les machines.

Sur le palier sont installées quatre machines avec leurs six chaudières à basse pression ; la force d'une machine est de 80 chevaux. Aux arbres des machines sont attachées les poulies sur lesquelles s'enroulent les câbles de traction. Chaque machine agit avec deux manivelles à angle droit sur un arbre. Ces poulies ont chacune cinq gorges et une jante, destinée à recevoir l'action d'un frein. Le câble sans fin, en fil de fer, s'enroule en arrière du bâtiment des machines sur une poulie de renvoi ; sa tension constante est obtenue au moyen d'un chariot de tension placé sur un petit chemin de fer, qui aboutit à un puits. Au chariot est attaché, avec une chaîne, un poids de 7 tonnes qui se meut verticalement dans le puits, et règle ainsi la tension au degré voulu.

Le dernier plan incliné qui vient d'être construit est celui du chemin brésilien qui franchit la sierra de Mar sur 9 kilomètres avec une pente de $0^m,10$ par mètre. Ce plan est divisé en cinq étapes ; à chaque étape il y a une machine fixe avec une grande roue qui enroule le câble de traction d'un côté pour le convoi montant, et le déroule de l'autre côté pour le convoi descendant.

Claude Arnoux avait exprimé l'idée de supprimer la machine fixe et de faire enrouler et dérouler le câble par la locomotive qui s'y serait remorquée, exactement comme le bateau toueur sur la chaîne noyée dans la Seine, à Paris.

M. Agudio revient aux machines fixes en faisant pousser le train par un *chariot enrouleur*. Ce chariot porte deux tambours destinés à enrouler le câble de touage, qui est tiré par deux machines fixes, l'une en haut, l'autre en bas du plan incliné. Ce câble ne quitte pas la voie de fer ; il y reste immobile, sauf la manœuvre du déroulement ; on peut donc lui donner un grand poids et l'infléchir suivant les courbes. Ce système avait été essayé par le gouvernement italien sur le plan curviligne à Dusino, près de Turin.

Le chemin de fer pneumatique. — C'est un tube en bois placé sur le terrain naturel et dans lequel circule un wagon poussé par l'action de l'air comprimé ou par la réaction de l'atmosphère contre l'air raréfié. Une machine à vapeur, installée à l'extrémité de ce tunnel, fait mouvoir l'air qui agit sur un piston auquel le wagon est attaché.

Sur la route de Brighton, en Angleterre, on avait établi, vers 1800, un spécimen de ce tunnel aérien ; mais, aucun voyageur ne s'étant présenté pour s'y aventurer, cet essai fut abandonné.

Entre Londres et Sydenham se trouve un tunnel de 600 mètres de longueur, bâti en maçonnerie, dans lequel passe une voiture à voyageurs, munie d'un disque dont le profil est celui du tunnel ; un ventilateur souffle le véhicule à sa station d'arrivée. Au retour l'air est aspiré et l'atmosphère pousse alors le train. L'air se trouve donc constamment renouvelé dans ce souterrain pour l'agrément du public.

La poste pneumatique a beaucoup d'analogie avec ce système. Il en a été question à propos des machines à air comprimé.

Le chemin de fer atmosphérique. — Ce chemin comprend un tube en fonte placé au centre de la voie, et dans lequel se meut un piston à la tige duquel est attaché l'un des wagons du train. Une fente longitudinale, ménagée à la partie supérieure du tube, livre passage à la tige ; la fente est couverte par une soupape, lanière en cuir consolidée par des lames en fer ; elle est flexible et forme charnière ; elle ferme le tube en arrière. La fermeture est rendue étanche par un mastic. Une machine à vapeur fixe produit le vide dans le tube, l'atmosphère presse sur le piston et le fait avancer.

L'ingénieur danois Medhurst inventa, en 1810, le système atmosphérique, qui paraissait lutter avantageusement avec les locomotives, surtout dans les fortes pentes; on pensait aussi qu'il fonctionnerait plus économiquement. On l'a appliqué sur le plan incliné de Saint-Germain. Après une expérience de quinze ans, on y a substitué l'exploitation à locomotives, qui ne coûte que le tiers. On lui reproche aussi de se prêter mal aux manœuvres des gares; les passages à niveau sont difficiles, la force est limitée; elle est à peu près invariable, tandis que les locomotives proportionnent leur travail aux obstacles à vaincre et ont une puissance illimitée.

On peut dire que le système atmosphérique a terminé son rôle, et qu'il appartient maintenant à l'histoire des inventions.

Le chemin de fer éolique. — Il se compose d'un madrier placé au milieu de la voie; des deux côtés de ce madrier se trouvent des tubes flexibles en toile imperméable. Deux rouleaux en avant du convoi pressent ces tubes contre le madrier. Une machine soufflante envoie l'air dans ces espèces de boyaux, qui se gonflent et poussent les rouleaux, et avec eux le convoi.

Il est à regretter que le dieu des vents n'existe plus; car il ne faut pas s'attendre, quant à présent du moins, à ce que les directeurs de chemins de fer veuillent le remplacer et réaliser ainsi l'espoir des nombreux inventeurs qui ont pris des brevets pour ce système, toutefois après l'ingénieur Andraud, qui le premier en a conçu l'idée. Et quand même les compagnies y seraient disposées, il faudrait leur indiquer un moyen d'éviter les fissures de ces outres d'Éole, d'où l'air s'échapperait avec une force égale à celle qu'on emploie à sa compression.

Le chemin de fer Andraud avec locomotive à air comprimé. — La voie d'un chemin de fer se compose non-seulement de rails, mais aussi du matériel fixe dans lequel les appareils à fournir l'eau jouent un rôle important; en outre, les approvisionnements de houille demandent de vastes emplacements. L'eau coûte cher, la houille coûte cher, le terrain coûte cher, et économiser ces dépenses, tel était le but que s'est proposé feu Andraud, ingénieur civil, dont nous avons parlé à propos des machines soufflantes. Il espérait y arriver par l'emploi de l'air comprimé et fourni dans les gares au tender de la locomotive.

En effet, une pareille locomotive avait été expérimentée il y a une trentaine d'années à Paris.

Ce serait donc le superlatif de la locomotion économique, si l'air pouvait fonctionner avec régularité ; mais il s'échappe constamment de son réservoir, et c'est cette circonstance qui a fait manquer tous les essais tentés dans ce sens. En outre, le récipient de l'air à 7 atmosphères, pression ordinaire en marche, doit être bien plus grand que le tender qui emporte l'eau et le charbon.

Dès qu'on a senti la valeur pratique de cette objection, on a proposé de comprimer l'air à 30 atmosphères. C'est facile à dire ; mais à cette augmentation de pression doit correspondre une augmentation de calibre du réservoir, et on arriverait bientôt à une espèce de canon monstre en acier fondu, pareil à celui du secteur prussien de l'Exposition universelle de 1867.

Le chemin de fer Péqueur, avec tubes à air comprimé. — Pour se soustraire à la déperdition de l'air comprimé à haute pression extraordinaire dans la locomotive Andraud, ainsi qu'à l'obligation de remorquer un tender-canon, l'ingénieur Péqueur a proposé de distribuer à la locomotive son air à la pression ordinaire, au moyen d'un tube installé le long de la voie et aboutissant à un compresseur central.

On a prévu de grandes complications dans les mécanismes de distribution, on a craint la cessation complète du service en cas de rupture des tuyaux de conduite, et on n'a pas jugé convenable d'exécuter ce projet. En outre, la construction du chemin qu'Andraud a cherché à simplifier par la suppression des réservoirs d'eau reste aussi compliquée par suite de l'addition du tube Péqueur.

Le chemin de fer aérostatique. — Après le chemin à air comprimé, voici maintenant le chemin à air raréfié ou chemin aérostatique : il comprend un rail suspendu au moyen de poteaux ; une roulette glisse sur ce rail. En bas de la roulette est suspendue une nacelle, et en haut un ballon. Il soulève cette nacelle en la remorquant sur le rail incliné, qui rend d'autant plus de services qu'il est plus incliné. Leur travail utile augmente avec les pentes, contrairement aux chemins de fer ordinaires.

Un pareil système semble offrir des avantages, car le tracé des lignes peut être aussi courbe que possible ; on n'a qu'à suivre le terrain naturel, à la condition, toutefois, de monter constamment. Les gares doivent être horizontales. Pour faire partir le convoi, il faut nécessairement le pousser en dehors du niveau, puis il va tout seul.

S'il allait trop vite, on ferait agir un frein, et s'il n'allait pas assez vite, le conducteur ouvrirait le robinet d'un réservoir où l'eau sert de lest. Pour descendre, on remplirait ce réservoir de pierres à bâtir qu'on transporterait ainsi gratuitement.

Nous calculerons plus tard le pouvoir ascensionnel d'un aérostat ; il nous suffit pour le moment de savoir qu'un ballon de 5 mètres de rayon est capable de soulever dix-huit voyageurs.

Tels sont les avantages de ce mode de transport ; il offre un inconvénient très-grave : c'est de ne pouvoir fonctionner que dans l'air calme.

Ce système, inventé par M. Albrecht, ingénieur suisse, n'a rien de contraire aux lois de la physique et de la mécanique ; on y trouvera peut-être le germe d'une idée nouvelle, et, dans ce cas, cette citation n'aura pas été faite en vain.

Le chemin de fer hydraulique. — Il se compose d'une conduite d'eau placée au milieu de la voie entre les rails. De distance en distance l'eau est lancée sous une forte pression contre des turbines dont les voitures sont munies. L'eau provient d'un réservoir placé à 80 mètres au-dessus du chemin de fer ; la vitesse d'écoulement est donc de 40 mètres par seconde.

Le train devient traîneau ; avec ses patins qui remplacent les roues, il glisse sur les rails, ou plutôt sur une couche d'eau injectée entre les patins et les rails ; le train ouvre et ferme successivement les robinets par lesquels l'eau s'écoule.

Un essai de ce chemin a eu lieu à Dublin. Il est possible qu'une pareille voie humide réussisse dans la verte Érin, mais elle aurait moins de chances de succès en France, à cause de la grande sécheresse qui y règne assez souvent.

Et encore, y aurait-il assez d'eau, qu'il faudrait trouver un moyen de s'en débarrasser après le passage du convoi, afin de ne pas transformer le chemin de fer en rivière ; ou plutôt il ne faudrait pas établir de chemin de fer du tout : un simple canal suffirait pour les transports économiques.

Le chemin de fer avec locomotive électrique. — Dès l'apparition de machines mises en action par l'électro-magnétisme, on a cherché à appliquer ce fluide à la traction sur les chemins de fer. On a construit quelques modèles de locomotives à électricité, mais on n'en a obtenu aucun résultat pratique.

Pour des tentatives ultérieures, il n'est peut-être pas inutile de se rappeler que la force d'un cheval-électricité coûte 10 francs par heure, tandis que celle d'un cheval-vapeur ne revient qu'à 0 fr. 10.

Le but qu'on s'était proposé consistait dans une grande simplification de la voie de fer des gares, par suite de la suppression de l'eau et du combustible. Cette économie est loin de compenser les dépenses pour l'électricité.

Le chemin de fer Jouffroy à trois rails et à une roue motrice verticale (fig. 387). — Au milieu de la voie est placé un rail strié de fonte. Dans

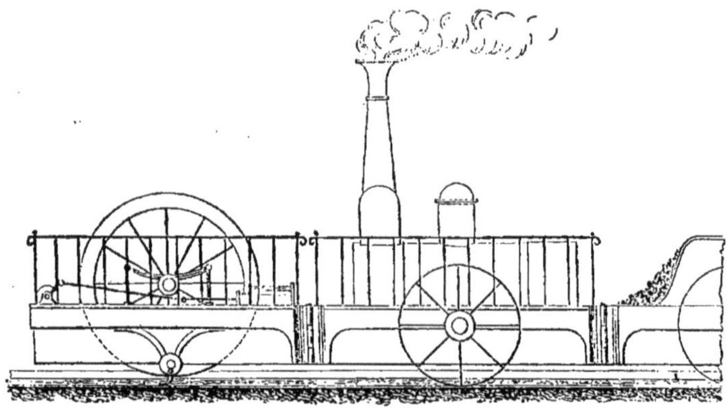

Fig. 387.

la machine de transport, on voit d'abord un avant-train avec une seule roue au milieu, et sur lequel repose la machinerie d'une locomotive à deux roues. Vient à la fin le tender, à deux roues également. Ces trois véhicules sont reliés ensemble au moyen d'articulations ou charnières verticales. La roue de l'avant-train, d'un très-grand diamètre, est en fer avec une jante en bois; elle a deux rebords et embrasse le rail; elle reçoit son mouvement par des chaînes, des courroies et des poulies qui sont mises en action par deux cylindres, dont les tiges de piston tournent un arbre ou essieu fixe, tout à l'avant, ce qui peut paraître une singulière manière de transmettre le mouvement (profil fig. 387 *bis*(.

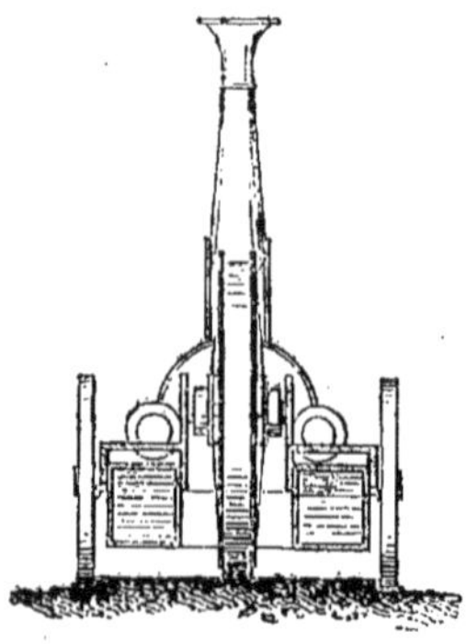

Fig. 388 *bis*.

On voit que cette machine, par sa flexibilité et son adhérence, franchit les courbes à petit rayon et les fortes pentes..... sur le papier. Sur le terrain cela ne se passerait pas aussi facilement.

D'abord la roue motrice unique ne donnerait pas, malgré ses rebords, une stabilité suffisante à son train, qui tomberait infailliblement. Ensuite les rails plats extérieurs, également à rebords, seraient impossibles à maintenir en état de propreté. Quant aux stries du rail central, elles disparaîtraient bientôt par la poussière et les débris de bois de la roue motrice, qui n'aurait plus aucune prise. On a remarqué également que la chaudière ne donnerait pas une force suffisante ; car, n'étant portée que sur un essieu, elle ne pourrait pas avoir de grandes dimensions, ni offrir la surface de chauffe nécessaire.

Par suite de ces raisons, les constructeurs ne se sont pas encore décidés à exécuter ce système.

Le chemin de fer Séguier, Krauss, Fell, à trois rails et à deux roues horizontales. — Dans ce système, un troisième rail est placé au centre de la voie. La locomotive possède, outre les roues verticales, encore deux roues horizontales supplémentaires ; elles embrassent le rail médian et sont manœuvrées par des essieux coudés *a*, placés verticalement. La force motrice est communiquée par quatre cylindres, deux pour les roues verticales et deux pour les roues horizontales. La pression contre le troisième rail augmente en raison de la pente, car les roues *r* sont serrées par des leviers à ressort auxquels le train est attaché (fig. 388).

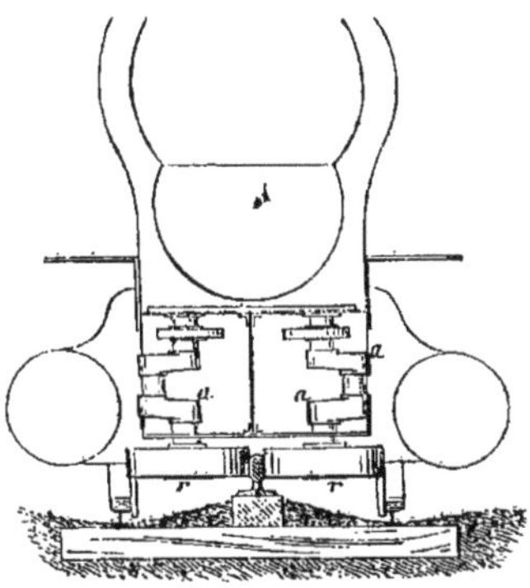

Fig. 388.

Un spécimen de ce rail médian a été établi en 1865 sur l'accotement de la grande route qui traverse le mont Cenis, par l'Anglais Fell, qui a ainsi mis en pratique l'idée du Français Séguier, l'inventeur primitif de ce système, et d'après les dessins que l'Autrichien Krauss avait présentés en vue de l'exploitation du Semmering. Pendant six ans cette ligne avait ouvert une communication provisoire entre la France et l'Italie, en attendant que l'œuvre colossale du tunnel des Alpes fût achevée.

Ce chemin à trois rails deviendra-t-il sur d'autres passages un établissement définitif, avec quelques modifications et des travaux accessoires qui assureraient sa stabilité et son fonctionnement ?

Le chemin de fer à crémaillère. — La crémaillère Blenkinsop avec roue dentée, dont nous avons eu occasion de parler dans l'historique de l'*Invention des chemins de fer*, vient d'être reprise en sous-œuvre sur le tracé du Righi, en Suisse. Trois dents d'une roue sur l'essieu d'avant de la locomotive engrènent dans la crémaillère au centre de la voie, de façon qu'en cas de rupture d'une dent, les deux autres puissent travailler encore. La locomotive de 12 tonnes marche avec la vitesse du cheval au trot ; sa chaudière, dans la position de marche moyenne, est verticale pour que le niveau de l'eau soit aussi élevé que possible et ne découvre pas la surface de chauffe. La machine, qui est à quatre roues, pousse le wagon unique en montant, et elle l'arrête à la descente. Par suite de l'inclinaison de la voiture, les voyageurs sont placés en gradins, comme dans un cirque.

On peut se demander ce qui a pu motiver l'établissement d'un chemin de fer aussi singulier.

Le Righi est une montagne isolée, qui domine le lac des Quatre-Cantons, et de son sommet on jouit d'une vue incomparable par l'étendue et la beauté du paysage. Cinquante mille touristes, presque exclusivement des Anglais, s'installent dans les hôtels qui entourent le célèbre mont. Comme il faut quatre heures pour franchir à cheval, ou en chaise à porteurs, une élévation de 1 500 mètres, ils ont insinué à M. l'ingénieur Riggenbach l'idée de construire ce chemin de fer qui effectue en cinquante minutes le trajet total de 5300 mètres.

Une deuxième application de ce système vient d'avoir lieu sur un embranchement de 3 kilomètres de la ligne de Berne à Thoune, en Suisse.

On voit, par cet exemple, que l'ancienne idée du manque d'adhérence sur ces rails unis a laissé des traces ; car dans ces derniers temps on croyait que la locomotive ne monterait pas avantageusement sur les rampes et on écartait les tracés au-dessus de $0^m,005$. Deux savants professeurs de l'Ecole polytechnique de Zurich écrivaient même au sujet du chemin de fer de Righi : « Une locomotive munie d'une grande roue dentée et gravissant péniblement le long d'une crémaillère est, au point de vue mécanique, une énormité. »

Le chemin de fer à échelle. — Il ressemble beaucoup au précédent. Entre deux rails ordinaires est posée une échelle en fer. La roue dentée d'une locomotive engrène dans les échelons ; les engrenages ont un jeu suffisant, et le rail-échelle reste propre, vu qu'il est à jour.

La locomotive se supporte sur les rails avec ses roues plates, ou plutôt avec ses roues sans aspérités, car elles ont un rebord exactement comme partout ailleurs.

Un pareil chemin vient d'être construit sur le Mount-Washington, la plus haute des montagnes Blanches de l'Amérique du Nord. C'est le Righi du nouveau monde que des milliers de touristes yankees fréquentent annuellement; il s'agit de les monter, puis de les descendre avec toute la sécurité et tout le confortable possibles.

La longueur du trajet est de 5 000 mètres, et comme la hauteur à franchir est de 1 500 mètres, la pente est de $0^m,30$ par mètre, chiffre cinq fois supérieur à celui des chaussées très-inclinées. Nous n'avons pas encore vu ce chemin de fer, et nous ne le connaissons que d'après les journaux des Etats-Unis. Si l'on voulait en établir un spécimen en Europe, il ne faudrait s'y décider qu'au retour d'un voyage en Amérique, où on aurait pu examiner dans la localité même cette nouvelle merveille de l'art de l'ingénieur.

Le chemin de fer suspendu Palmer. — Ce chemin a été inventé et breveté en Allemagne en 1815 ; mais c'est un ingénieur anglais, Pal-

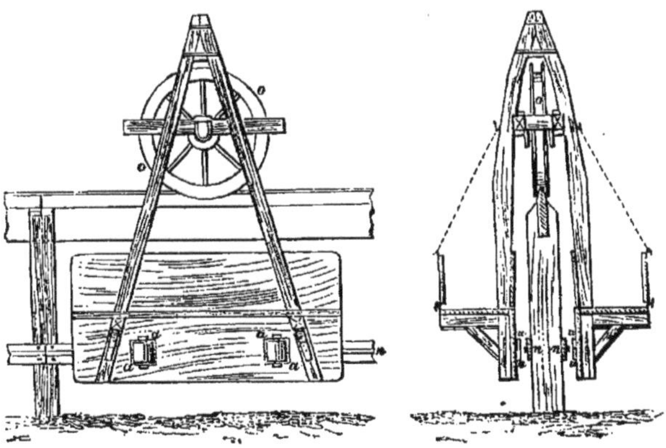

Fig. 389.

mer, qui en a construit un dans son pays à titre d'essai. A cette époque, les journaux se sont occupés activement de ce système, auquel on a attribué les avantages suivants (fig. 389).

Le chemin Palmer ne coûte qu'un dixième des chemins de fer posés sur le terrain; il peut être exécuté partout, car sa construction est très-simple; il n'occupe presque pas de place; il peut avoir des courbes d'un très-faible rayon; les wagons ne peuvent pas dérailler.

Dans tous les livres qui ont paru sur ce sujet, on voit un paysage très-accidenté, des poteaux grands ou petits, enfoncés de distance en distance dans les champs, dans les prés, un rail placé horizontalement sur ces poteaux, et sur le rail une roue *o* à l'essieu de laquelle pendent à chaque côté une nacelle ou wagon volant qui s'applique par les rouleaux *a* contre la bande de fer *n;* un cheval traîne ce singulier convoi.

En 1834, la direction de la forteresse de Posen, en Prusse, établit, pour le transport des matériaux un chemin suspendu sur une longueur de près de 2 kilomètres ; il a produit annuellement une économie de 3000 francs sur la traction ordinaire. A part cet exemple, il paraît qu'on ne veut pas de ces chemins, du moins avec leur ancienne dénomination ; peut-être les fera-t-on accepter sous un autre nom. C'est probablement cette raison qui a porté un ingénieur polonais à les appeler *chemins statiques*, et à faire paraître un écrit sur les immenses avantages qu'auraient ces voies sur les chemins de fer actuels.

Ces chemins statiques ne diffèrent des chemins Palmer que sous le rapport de la locomotion ; l'auteur de la brochure est d'avis de placer dans les premières nacelles du train une machine à vapeur, qui ferait tourner une roue dentée sur un rail à engrenages. Ce mode serait avantageux pour le passage des rivières, où la traction par des chevaux offrirait des difficultés, car il faut alors un sentier, ce qui n'est plus nécessaire dès que la force d'impulsion est produite sur le convoi même.

Le chemin de fer aérien à câbles. — Il ne doit pas être confondu avec le *chemin de fer aérien à force centrifuge*, qui est un appareil de physique au moyen duquel on démontre les effets de la force centrifuge. C'est un petit chemin de fer qui décrit une spirale verticale et qui forme un nœud en l'air. Un wagon lancé du sommet de ce chemin descend avec une grande vitesse et parcourt la spirale ; il est maintenu, par la force centrifuge, sur les rails en l'air, alors qu'ils s'enroulent sur eux-mêmes ; en redescendant sur la spirale, le wagon acquiert une nouvelle vitesse qui l'entraîne jusqu'à l'autre bout du chemin.

Le chemin de fer aérien proprement dit, dont l'idée appartient à un inventeur strasbourgeois, Louis Schertz, comprend une série de câbles suspendus à des poteaux qui sont fixés dans le sol. Les wagons sont placés des deux côtés, comme dans le système Palmer. Arrivés au milieu du câble, les véhicules montent par la vitesse acquise vers le côté opposé, où ils sont soulevés avec un contre-poids agissant par en bas. Ce contre-poids est mû par un treuil et toujours prêt à fonctionner au moment du passage des convois. D'après ce plan, de grandes promesses sont faites : économie notable dans la construction, dont les dépenses se bornent à celles des câbles, des contre-poids, des poteaux ; pas de terrains, pas de terrassements, pas d'ouvrages d'art. Les câbles serviraient en outre de fils pour la télégraphie électrique.

Un modèle de ce chemin en l'air avait été envoyé à l'Exposition universelle de Paris en 1855, qui ne l'a pas accepté, faute de place. Mais la Société d'encouragement pour l'industrie nationale l'a pris sous sa protection, en lui accordant un asile dans une de ses salles ; et elle continue ainsi à encourager, quoique très-indirectement, cet original mode de transport.

Le chemin de fer Laignel avec un rail plat. — Ce chemin a pour but de faciliter le passage des trains dans les courbes ; à cet effet, le rail extérieur est plat avec un seul rebord, comme les premiers rails des mines ; les roues s'y appuient avec leur bourrelet ; sur le rail extérieur ou convexe, elles marchent comme d'habitude.

On cherche ainsi à compenser la différence de longueur des deux courbes d'un même secteur par la différence des diamètres des deux roues jumelles. Or, comme le bourrelet a une hauteur constante, il faut également adopter une courbe constante qui a 50 mètres de rayon, de façon que ces courbes à grands rayons sont coupées par portions et remplacées par des lignes droites avec des raccordements de 50 mètres de rayon.

En effet, le frottement est diminué dans ces courbes, mais il devient excessif avec des rayons plus petits ; les roues s'usent alors inégalement ; leur diamètre, calculé en vue des courbes de 50 mètres, ne correspond plus à cette mesure, et la base de tout ce système fait défaut.

On aura déjà remarqué qu'à l'entrée et à la sortie des courbes, trois roues reposent sur leur cercle et une seulement sur le bourrelet ; avant que l'équilibre se rétablisse, il y a donc un frottement de glissement, et nous savons que cette résistance nuisible est la plaie des machines.

Telles sont les raisons qui ont empêché la propagation du chemin

Laignel en dehors des chemins de mines, où la traction s'opère par des chevaux. D'ailleurs il n'est pas indispensable, car on arrive au même résultat par un artifice plus simple, qui est le surhaussement du rail extérieur tel qu'il se pratique partout ; on évite ainsi, en outre, cette espèce de porte à faux du bourrelet, qui serait écrasé si la charge de la roue devenait tant soit peu grande.

Finalement, si l'on voulait donner le coup de grâce à cette invention, on n'aurait qu'à se demander si dans les grandes vitesses la force centrifuge ne presserait pas les roues contre le rebord du rail plat, qui serait cassé, et si alors un déraillement ne deviendrait pas inévitable.

Le chemin de fer Larmenjat. — Dans ce système, il y a lieu de distinguer la voie et le matériel (fig. 390).

Primitivement la voie comprenait une longuerine sur laquelle était cloué un rail Vignoles et enfoncé dans l'empierrement de la chaussée. La tête du rail sortait à peine de quelques centimètres. Plus perfectionnée déjà, cette voie avait une autre longuerine vers le bord du fossé, et les deux longuerines étaient reliées au moyen de petites traverses; enfin, plus perfectionné encore, le chemin mixte actuel possède deux longuerines, et le rail ne repose plus que sur les traverses comme un rail ordinaire; les longuerines peuvent aussi être des bandes en béton.

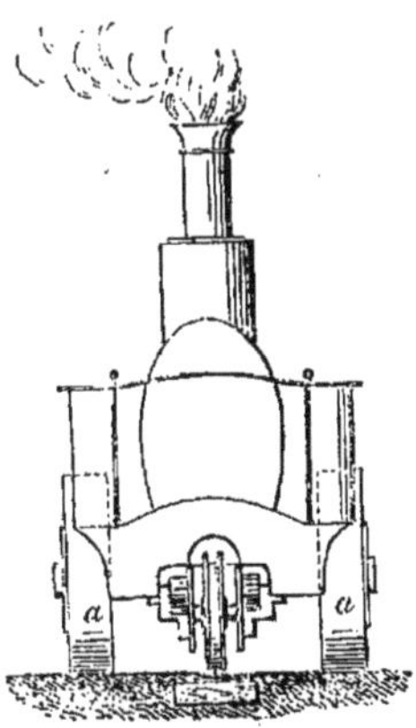

Fig. 390.

Quant à la machine motrice, son mécanisme, pareil à celui d'une locomotive ordinaire, est porté sur deux roues à bandage creux, entièrement libres, l'une à l'avant, l'autre à l'arrière, et s'appuyant sur le rail; ce sont les roues portantes. Les deux roues motrices *a*, calées sur un seul essieu, marchent sur des longuerines, où elles sont censées rencontrer une adhérence plus forte que sur les rails.

Les wagons ont un truc pareil à celui de la machine. A l'avant comme à l'arrière, les roues, sur pivot et libres comme celles d'une charrette, ne doivent pas quitter le rail, et rien ne s'oppose alors à ce que le train mixte parfaitement équilibré passe dans les courbes à petits rayons avec la même facilité que le matériel Arnoux et les bogies à cheville ouvrière.

M. Larmenjat a probablement entendu dire que sur nos grandes lignes, et même dans les express, on avait intercalé quelques spécimens des véhicules Arnoux ; mais, sans tenir compte du résultat de cet essai, qui n'avait pas été favorable à l'articulation, il propose aux compagnies de placer un troisième rail affecté à la circulation de son matériel mixte, également articulé. Il y a lieu de craindre qu'on ne mettra pas beaucoup d'empressement à suivre ce conseil.

Voici comment l'inventeur fait ressortir les avantages de son système de traction ; il dit que, pour remorquer 1 000 kilogrammes, il faut un effort de 33 kilogrammes sur une route macadamisée, de 14 kilogrammes sur un chemin en bois, de 10 kilogrammes sur un chemin américain et de 5 kilogrammes sur un chemin de fer ordinaire.

Jusqu'ici ces chiffres sont assez plausibles, car plus une route est unie, moins l'effort de propulsion est considérable ; mais ce qui n'est pas aussi facile à comprendre, c'est la réduction proposée à 4 kilogrammes sur la voie mixte, qui cependant n'est qu'une espèce de moyenne entre le macadam et le rail, et doit se trouver alors entre les limites de 33 et de 5 kilogrammes.

Nous arrivons maintenant aux conclusions sur le système Larmenjat. « Ce système mixte garde tous les inconvénients de la traction sur les routes et n'offre aucun des avantages des railways sur lesquels on exploite, quoique exceptionnellement, des pentes très-fortes et des courbes très-prononcées ; il serait alors inutile de faire circuler sur le sol une machine aussi délicate qu'une locomotive, qui s'y détraquerait sous peu, à cause de ses organes rigides de transmission du mouvement. »

Tel est l'avis de la Société des ingénieurs de Paris, qui désespère de la réussite de cette conception ; elle croit, en outre, que le rail unique gêne la circulation des chevaux et que la pression des roues motrices qui s'exerce toujours sur la même ligne, détériore l'empierrement ou les longuerines, auxquelles on sera conduit à substituer un rail en fer ; enfin elle est convaincue qu'une voie ferrée ordinaire de 1 mètre de largeur coûte moins cher de premier établissement et d'exploitation qu'un chemin mixte.

A cela M. Larmenjat répond que cette question est tranchée, et qu'il a exécuté son système près de Paris, entre le Raincy et Montfermeil, sur une longueur de 4 kilomètres et demi, dont 1 kilomètre a une pente de 6 pour 100 ; sur ce tracé, on rencontre des courbes de 50 mètres de 40, de 25, et même de 6 mètres de rayon. Puis il ajoute que son deuxième chemin fonctionne à la satisfaction publique en Portugal, que l'on va en construire encore bien d'autres, et qu'en résumé, tout le monde, sauf l'honorable Société des ingénieurs civils, approuve cette invention, qui est appelée à un grand avenir.

Le chemin de fer Cottrau. — C'est un chemin de fer ordinaire à 1^m,50 de largeur. Les deux roues motrices d'une locomotrice doivent marcher sur le corps de la voie compris entre les rails. Ce corps se compose probablement d'une forte chaussée encastrée entre les deux longuerines sur lesquelles reposent les rails.

La locomotive est divisée en deux trains : l'avant-train, qui supporte presque tout le poids de la machine ; il s'appuie sur l'essieu des roues motrices, qui sont guidées par des galets Arnoux. Les pistons de devant, ne devant pas agir directement sur les roues, attaquent un système d'engrenages. L'arrière-train est mobile autour d'une cheville ouvrière et repose par deux roues sur les rails ; rien n'empêche donc son passage dans les petites courbes.

Faisons des vœux pour que les ingénieurs de la traction ne préfèrent pas toujours l'adhérence sur des rails à l'adhérence sur des pierres, et que leur antipathie bien prononcée pour les engrenages dans les locomotives, à grande vitesse surtout, diminue à la suite des temps.

§ 10. — LOCOMOTEUR FUNICULAIRE.

Le locomoteur funiculaire, destiné à franchir les fortes pentes à petites courbes des chemins de fer, est composé :

Premièrement, de deux machines fixes, l'une en haut, l'autre en bas du plan incliné et mues par la vapeur ou par des chutes d'eau ;

Deuxièmement, d'un câble sans fin en acier mis en mouvement par ces machines avec une très-grande vitesse, comme dans la transmission télodynamique ;

Troisièmement, d'un chariot destiné à recevoir la force motrice développée par les machines fixes ;

Quatrièmement, enfin d'un rail central ou troisième rail placé entre les deux rails ordinaires et servant de point d'appui au chariot qui grimpe sur ce rail central comme dans la machine Séguier, Krauss, Fell.

N'oublions pas de dire que le convoi, une fois arrivé au pied de la montagne, quitte sa locomotive et est poussé sur la rampe par ce chariot que l'inventeur, M. Agudio, appelle *locomoteur*; le convoi descendant est aussi accompagné par cette machine, qui remplace ainsi la locomotive.

Ce n'est pas précisément un moteur ou une machine motrice, puisqu'il ne porte pas avec lui le générateur de la force d'impulsion; il est plutôt un récepteur de la force; mais ne discutons pas sur le mot, afin de ne pas compliquer davantage la chose, qui n'est déjà pas très-simple, ni dans sa conception, ni dans son exécution.

Voici comment M. Agudio s'est exprimé, à ce sujet, dans la séance du 6 septembre 1867 de la Société des ingénieurs civils de Paris :

« Mon système est tout autre que le mode de traction ordinaire par câble. On doit l'envisager comme une véritable transmission télodynamique à double effet, qui agit au moyen de deux moteurs, chacun d'eux étant appliqué sur l'une des extrémités d'un câble sans fin. Ici, le récepteur de la force transmise par les deux brins moteurs, au lieu d'être fixé à un point déterminé, comme cela a lieu ordinairement, est au contraire placé sur un chariot mobile, dit *locomoteur*, lequel doit précisément se déplacer par l'action de la force qu'il reçoit. Si le déplacement a lieu en montant un chemin de fer en rampe, et si l'action des deux moteurs est de force égale, le brin ascendant du câble contribuerait à produire l'ascension du chariot également et avec la même efficacité que le brin descendant, bien que celui-ci ait une marche contraire à celle du chariot. Or les tractions qu'exercent les deux brins du câble, étant égales entre elles et de sens opposé, s'équilibrent réciproquement l'une l'autre sur le locomoteur, de sorte qu'il ne reste disponible pour la traction que le mouvement de rotation des poulies sur lesquelles les deux brins font un tour. Par une combinaison d'engrenages, de bielles et de manivelles, le mouvement se communique aux quatre roues portant la machine et aux six roues horizontales pinçant le rail central, et produisant le déplacement du locomoteur. »

Après cette explication sommaire, nous pouvons entrer dans quelques détails sur cet appareil, tel qu'il a été présenté au jardin de l'Exposition universelle près des catacombes de Rome.

La construction du locomoteur. — Le locomoteur comprend quatre mécanismes, dont chacun a des fonctions spéciales, qui sont : de recevoir la force motrice, de la transmettre, de produire l'adhérence nécessaire à la propulsion et de serrer les freins.

Le mécanisme récepteur de la force prend le mouvement du câble moteur *avs* sans fin en dehors du rail; on voit comment ce câble s'enroule autour des quatre poulies à gorge *sv* (en plan et en éléva-

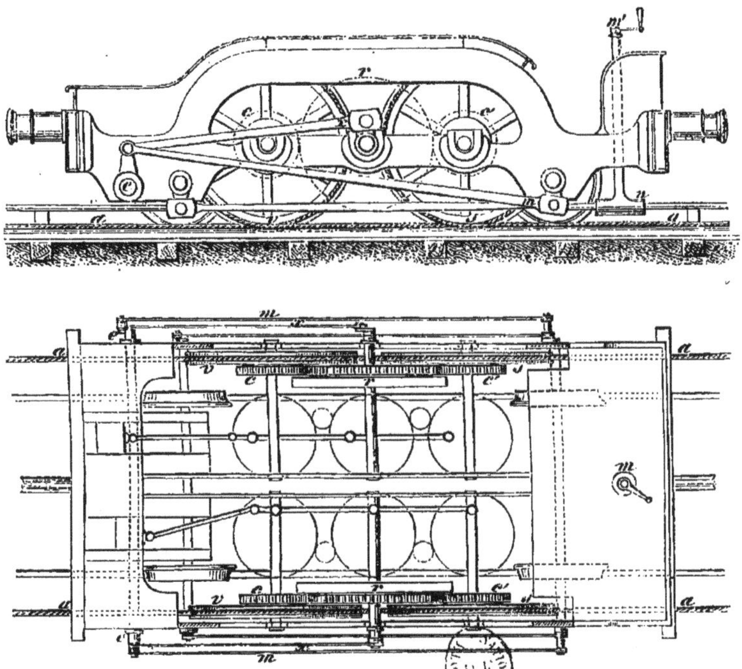

Fig. 391.

tion), fixées sur leurs essieux; sur ces essieux se trouvent les pignons dentés *cc'* (fig. 391).

Le mécanisme de transmission se compose de deux roues dentées *r* tournant sur leurs arbres; elles sont rendues fixes au moyen de deux embrayages. Les pignons engrènent avec les roues dentées. Les arbres portent à leurs extrémités des manivelles *x* qui, avec leurs bielles *m*, se relient aux leviers coudés placés sur les deux axes de rotation *e* dont nous allons voir la destination.

Le *mécanisme d'adhérence* est formé de quatre roues portantes et de six roues horizontales. Ces dix roues prennent leur mouvement sur les axes *c e*, que nous venons d'indiquer à l'instant, au moyen de deux bielles appliquées aux leviers coudés. Les roues horizontales agissent sur le rail central.

Le *mécanisme du frein* (voir l'élévation) se compose de deux mâchoires *n*, à droite, qui sont serrées par une manivelle *m*, que manœuvre le garde-frein.

Le *câble en acier* est soutenu le long de la voie par des galets sans friction qui rendent le mouvement très-doux. Pour empêcher que la tension du câble ne dépasse la limite voulue, son adhérence sur les poulies est réglée par un modérateur.

Le fonctionnement du locomoteur. — Le locomoteur pousse le convoi sur la rampe ; il serait dangereux de tirer le convoi, car étant pour ainsi dire suspendu — puisque la pente est d'un dixième, il déchirerait les chaînes d'attelage. Nous avons déjà vu que le brin du câble fait un tour sur les poulies et produit leur mouvement de rotation ainsi que celui de leurs pignons qui engrènent la roue centrale. Si l'on serre l'embrayage au moyen de la manivelle, le brin descendant du câble produit un mouvement de va-et-vient sur les leviers coudés. Les oscillations de ces leviers fixés aux deux arbres sont isochrones et se croisent entre elles, les manivelles *r* des roues porteuses étant placées à angle droit l'une par rapport à l'autre.

L'évaluation de la puissance de traction du locomoteur. — Les données relatives au système funiculaire sont les suivantes ; elles se rapportent au passage des Alpes ; mais elles pourront être appliquées, avec quelques modifications de détail, à des chemins de fer similaires.

Longueur du plan incliné	10 kilomètres.
Inclinaison par mètre courant	$0^{m},10$
Moitié du trajet en courbe	200 mètres de rayon.
Poids du train remorqué	60 tonnes.
Vitesse du train à l'heure	22 kilomètres.
Poids du locomoteur	12 tonnes.
Adhérence du locomoteur	48 —
Effort de traction du locomoteur (1 sixième de l'adhérence)	8 —

Vitesse du locomoteur, 6 mètres par seconde ou	22 kilom. à l'heure.
Poids du câble en acier, travaillant à un sixième de l'effort de rupture, par mètre courant...	1 kilogramme.
Effort de traction sur le câble...............	2 tonnes.
Vitesse du câble, par seconde...............	18 mètres.
Puissance des machines fixes, chacune	500 chevaux-vapeur.

Il doit être intéressant de connaître la marche qui a été suivie pour établir ces données.

Commençons par déterminer la quantité totale de l'adhérence sur laquelle repose la propulsion du convoi.

La pression des ressorts sur chacune des roues horizontales, et par conséquent sur le rail central, est de 6 tonnes, 36 tonnes en tout ; le poids du locomoteur est de 12 tonnes ; l'adhérence totale est alors de 48 tonnes, dont 1 sixième représente l'effort de traction, ou 8 tonnes. L'expérience a donné ce coefficient de 1 sixième.

Pour transporter 1 tonne sur un chemin de fer incliné d'un dixième avec une vitesse de 22 kilomètres, il faut un effort de traction de 106 kilogrammes ; donc pour les 60 tonnes du train, plus les 12 tonnes du locomoteur, nous aurons 7 632 kilogrammes. Or le locomoteur exerce un effort de 8 000 kilogrammes ; le surplus est alors employé à vaincre les résistnces propres de cette machine.

Quoique le rapport des diamètres des roues d'engrenage et des poulies soit de 1 à 2, il ne s'ensuit pas que ce même rapport existe également entre la vitesse du train et celle du câble ; ce dernier rapport est de 1 à 3, parce qu'à la vitesse de rotation des poulies sur lesquelles le câble se déroule s'ajoute la vitesse de rotation des roues produisant la translation de l'axe de cette poulie, de même que la translation simultanée du câble ; ou en d'autres termes, le câble se déroule des poulies avec une vitesse égale à la somme des deux vitesses tangentielles des poulies et des roues.

La vitesse du câble étant trois fois plus grande que celle du locomoteur, l'effort que le câble exercerait sur les poulies serait 1 tiers de la traction du locomoteur, si un seul des deux brins de ce câble était moteur ; mais, par le principe de ce système, les deux brins étant moteurs, il en résulte que l'effort sur chacun d'eux à proximité du locomoteur est $1/3 \times 1/2 = 1/6$ ou $\frac{8000}{6} = 1333$ kilogrammes.

Maintenant, pour avoir l'effort total que les moteurs fixes exercent sur le câble, et qui est la tension maxima du câble, il faudra ajouter à l'effort de 1333 kilogrammes les résistances passives du câble, ou le frottement qu'il produit dans son mouvement sur les galets en ligne droite et contre les galets dans les courbes ; ces résistances sont évaluées à 2 pour 100 du poids du câble, soit 200 kilogrammes.

En totalité, l'effort que les machines fixes exercent sur les brins du câble est de $1\,333 + 200 = 1\,533$; et comme la vitesse du câble est de 18 mètres par seconde, le travail mécanique de chacun des moteurs fixes $= 1\,533 \times 18 = 27\,418$ kilogrammètres, ou 366 chevaux-vapeur.

Nous avions adopté, pour limiter nos calculs, une vitesse maxima du train de 22 kilomètres à l'heure. Or, comme le plan entier n'a que 10 kilomètres de longueur, il importe peu que cette petite distance soit franchie en trente minutes ou en quarante minutes. Dans la durée du voyage, il faut principalement avoir en vue la promptitude des manœuvres du locomoteur aux extrémités de la rampe.

On remorquera aisément par jour et dans chaque direction seize convois qui pourront transporter près de 2000 tonnes et satisfaire ainsi aux exigences d'un trafic très-considérable.

L'union de la locomotive et du locomoteur. — Deux systèmes de chemins de fer de montagne sont actuellement en présence : la locomotive avec son tunnel, et le locomoteur avec son câble télodynamique.

Si j'étais appelé à intervenir dans cette lutte, qui n'a pas toujours été très-pacifique au sein des sociétés savantes, je proposerais une amalgamation, pour me servir d'un terme de railway. Je laisserais ce câble et son chariot ; mais, à la place des machines fixes, j'installerais aux extrémités de la rampe les locomotives, après leur trajet dans la plaine, et je les ferais travailler sur des galets exactement comme dans quelques vieilles gares, où elles pompent encore l'eau nécessaire à leur alimentation. De cette manière, au lieu d'employer la majeure puissance à se remorquer, elles remorqueraient le convoi en faisant tourner le câble.

Cette idée de fusionner le câble et la locomotive, qu'on peut taxer de singulière, m'est venue quand j'étudiai les systèmes appliqués sur le Rhin pour sortir les wagons des bateaux à vapeur qui font le trajet d'une rive à l'autre et qui relient ainsi les chemins de fer que sépare encore ce fleuve majestueux.

Arrivés au rivage qui forme digue, les wagons sont accrochés à un câble que tire de loin une locomotive sur le palier. Le public la voit marcher lentement, péniblement, toute seule, et ce n'est qu'au bout d'un certain parcours qu'elle s'arrête ; on aperçoit alors toute une file de voitures montées comme par enchantement au haut du talus. Le câble tombe à terre, la machine recule, s'attache directement à son train et reprend sa course.

C'est un spectacle curieux et instructif pour un ingénieur, mais qu'on ne verra plus souvent, car des ponts fixes remplaceront bientôt ces *établissements de trajet*, nom qu'on donne en Allemagne à ces bacs de chemins de fer.

§ 11. — WAGONS.

Au point de vue de la mécanique, les wagons ne sont intéressants quep ar leurs roues et leur train. La construction de leur caisse, dont la forme peut varier à l'infini d'après les objets à transporter, rentre dans la carrosserie. Ce sont des fabricants qui s'en occupent, à moins que les compagnies n'exécutent dans leurs propres ateliers le matériel roulant.

La construction des wagons. — Ce qui distingue les wagons rigides de chemins de fer des voitures à chevaux, c'est que les roues des premiers sont fixées sur l'essieu qui tourne, tandis que les roues des voitures ordinaires sont mobiles, et que c'est l'essieu qui est immobile. Les essieux de chemins de fer tournent sur eux-mêmes, mais pas sur leur wagon, de manière que si le premier essieu change de direction, les autres le suivent, et la caisse change de place également, sauf toutefois dans les voitures Arnoux, dont nous allons parler bientôt.

Les wagons à quatre roues sont les plus usités ; cependant il y en a aussi à six et à huit roues. Ces derniers sont les wagons américains.

Le *train d'un wagon* se compose d'un cadre qui est placé sur les ressorts de suspension, lesquels reposent sur les boîtes à graisse, et ces boîtes s'appuient à leur tour sur les fusées des essieux. Essieux, boîtes à graisse et cadre peuvent donc prendre un mouvement élastique de va-et-vient de haut en bas qui se communique à la voiture, et qui plaît aux voyageurs quand il est doux, mais qui les impatiente quand il est brusque. Par suite de ce mouvement vertical, le wagon peut franchir les inégalités de la voie. Il faut également éviter les chocs qui proviennent de la traction de la locomotive ou de la rencontre des wagons entre eux. Si l'un d'eux ralentit sa marche, celui qui le suit s'y heurte; si le premier accélère sa marche, il tire sur le train à la queue.

Afin de pouvoir passer doucement de l'accélération au ralentissement, chaque véhicule est muni d'un *appareil de choc et de traction*, qui se compose de ressorts auxquels sont attachées des tiges avec des tampons élastiques. L'effort de la locomotive s'exerce donc sur ces ressorts, et il se communique successivement, sans secousse à tout le train. Les tampons se touchent et font fléchir les ressorts.

A la place de ces appareils on emploie quelquefois des *ressorts à*

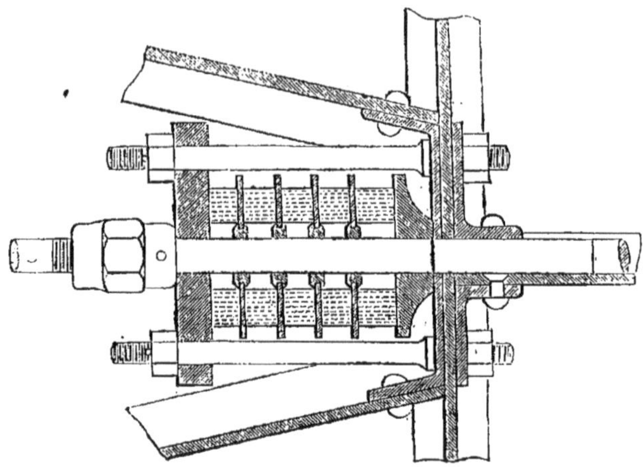

Fig. 392.

boudin ou à *volute d'acier*, ou des *ressorts en caoutchouc vulcanisé* (fig. 392). Ces derniers sont usités principalement pour les wagons à marchandises.

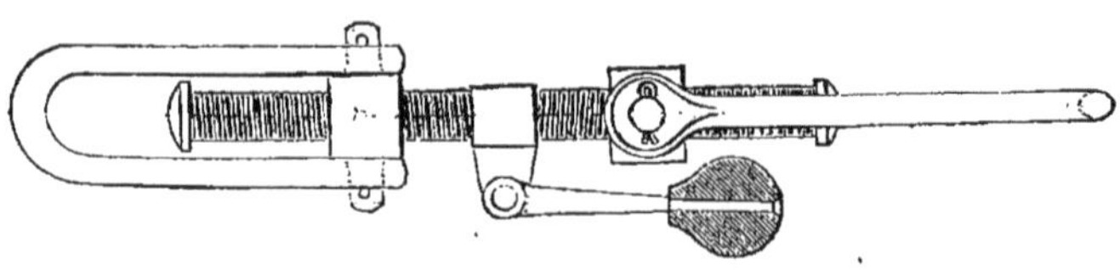

Fig. 393.

L'*appareil d'attelage*, nommé le *tendeur*, sert à atteler ou à attacher tous les wagons d'un convoi les uns aux autres (fig. 393).

Les deux écrous sont réunis par une tige avec un pas de vis pour écarter ou rapprocher ces écrous, et par suite les wagons. Dans la composition du train on serre ces tendeurs jusqu'à ce que tous les wagons exercent les uns sur les autres une pression assez considérable. Ces tendeurs rigides ralentissent le démarrage ; aussi construit-on des *tendeurs à ressort*, ou *tendeurs élastiques*. La vis est en deux parties, réunies par des ressorts. Avec ce tendeur on peut supprimer complétement les ressorts pour la traction et ne laisser que les tampons élastiques contre les chocs.

Les tendeurs n'avaient pas été appliqués dans l'origine ; ils ont remplacé les chaînes d'attelage et les barres rigides. La longueur des chaînes était assez grande pour que la machine pût mettre chaque wagon en mouvement. Le démarrage était alors facile, mais il était accompagé de secousses qui agaçaient les voyageurs et détraquaient le matériel. Comme les tendeurs peuvent se briser, on attache les wagons, pour surcroît de précaution, avec des chaînes de sûreté.

Afin que les convois puissent passer librement dans les petites courbes, on a recours à deux artifices : le système Arnoux et le système américain.

Les wagons articulés Arnoux. — Ces wagons, inventés par Claude Arnoux, ressemblent beaucoup aux voitures ordinaires ; les roues sont libres sur l'essieu et portent des galets qui les guident dans les rails ; il y a un avant-train et un arrière-train qui sont réunis par une flèche ; chaque essieu est traversé par une cheville ouvrière et peut tourner horizontalement ; les deux essieux sont réunis entre eux par une chaîne croisée qui les oblige à exécuter des mouvements d'ensemble.

Tel est l'ancien système, qui a toujours paru compliqué.

Voici le nouveau, dû à M. Arnoux fils, et qui est plus simple : les chaînes et les disques autour desquels elles tournent sont supprimés (fig. 394). *sa* sont des manchons dans lesquels glissent les essieux ; *v* sont des bielles à charnières disposées en un losange dont l'essieu est la diagonale. En haut et en bas (voir le plan) elles sont attachées au manchon, à droite au timon *cv* et à la flèche *vn*. En ligne droite, les essieux sont parallèles ; mais si le timon et la flèche s'inclinent, ils se placent normalement à la courbe.

Les wagons Arnoux ne sont employés que sur le petit chemin de fer de Paris à Sceaux. Quoique en activité depuis 1846, ils ne se sont pas propagés; on a reconnu qu'ils sont inutiles dans les lignes des plaines, où il n'y a pas des courbes de faible rayon, et qu'ils ne peuvent servir dans les montagnes qu'à la condition d'être remorqués par une locomotive flexible et puissante. Ce n'est que quand ces deux éléments, flexibilité et puissance de traction, seront réunis, que les

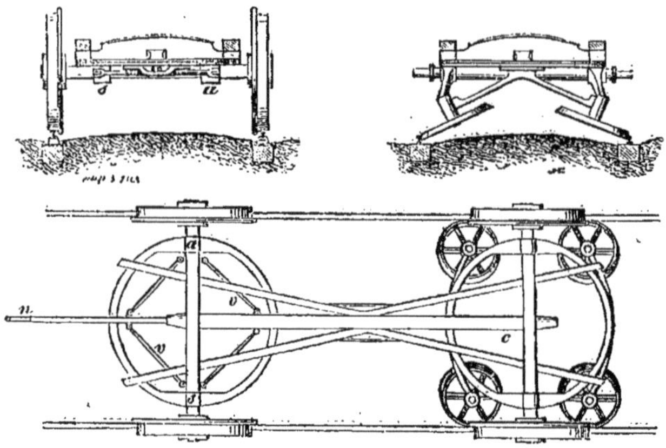

Fig. 394.

wagons articulés constitueront un système complet d'exploitation des chemins de fer.

Les wagons Arnoux ne présentent sur les wagons rigides que l'avantage de l'articulation, tandis que les wagons américains, également articulés, offrent un second avantage: c'est la commodité et l'extrême confortable dans leur agencement intérieur, ainsi que nous allons le voir.

Les wagons américains. — Ces wagons, deux fois plus longs que les wagons ordinaires, reposent sur deux trains à quatre roues, qui pivotent autour d'une cheville ouvrière; ils peuvent se placer ainsi dans les courbes. Ils sont ouverts aux deux extrémités avec un couloir au milieu, comme celui des omnibus. On peut circuler dans tout un train, s'entretenir avec le chauffeur et les employés des postes, et, au besoin, réveiller la vigie quelquefois endormie dans sa guérite sur le dernier wagon. Dans les voitures américaines on trouve des siéges qui peuvent être retournés et permettre des vis-à-vis pour des personnes voyageant en famille.

En été, les voitures sont ventilées; à cet effet, on les ferme hermétiquement; on ne laisse qu'une ouverture dans le plancher, au bas duquel se trouve un baquet d'eau glacée; aux essieux des roues on adapte un engrenage qui actionne un ventilateur; l'air, en passant dans ce liquide, se rafraîchit et se purifie en se dépouillant de la poussière. Par un raffinement de confortable, la ventilation a également lieu en hiver; l'eau alors est chauffée. Il faut faire remarquer que sur les chemins américains il y a fort peu de ballast; quelquefois même il n'y en a pas du tout; le sable fin sur lequel reposent directement les traverses donne beaucoup de poussière.

Il y a toujours de l'eau dans les wagons pour les besoins des voyageurs; en été il y a des carafes glacées et leur absence est punie d'une amende de 25 livres sterling, dont une moitié revient au plaignant et l'autre moitié au bureau de bienfaisance de la localité.

Le chauffage de ces wagons est excessivement simple; au centre se trouve un petit poêle autour duquel se groupent les voyageurs sans distinction de rang, de position ou de fortune, car il n'y a qu'une seule classe de voitures pour tout le monde. Les noirs ne comptent pas: ils sont voiturés comme le bétail dans des fourgons, ou intercalés entre les bagages et les chiens. Les émigrants paraissent être un terme moyen entre les Yankees et les nègres; ils ont des trucs qui tiennent le milieu entre nos wagons-écuries et nos troisièmes.

Quant à l'éclairage, il a lieu au moyen de lampes, de bougies ou de gaz comprimé; sur la ligne de l'Erié, on emploie la lumière électrique.

Nous dirons subsidiairement que les rampes, les tunnels, les ponts, enfin tous les points dangereux de la voie y sont éclairés par le feu électrique, ce qui nous semble une mesure excellente, que les compagnies et les gouvernements européens feraient bien de mettre à l'étude.

L'idéal du wagon des Américains est le *sleeping-car* ou *wagon de sommeil.* Sous les banquettes se trouvent des matelas, des draps, des couvertures, et en un clin d'œil le domestique spécial a établi un lit. Un lavabo et un cabinet sont disposés à chaque extrémité de cette chambre à coucher ambulante.

Les sleeping-car sont chauffés et meublés avec un véritable luxe. Le peu de commodité des siéges américains, sur lesquels on ne peut pas s'étendre, rend ces voitures très-populaires; elles se multiplient sur toutes les lignes.

Leur exploitation est livrée dans le service des chemins de fer à une entreprise particulière, espèce de sous-compagnie qui demande l'autorisation d'ajouter aux trains de nuit son matériel agréé par la compagnie concessionnaire. Cette autorisation est accordée moyennant une indemnité fixe pour la traction du wagon occupé ou non.

Le voyageur paye d'abord son billet de passage, puis celui du coucher; ce supplément est de 3 francs. On ne prend pas les billets avant de monter dans le train; le conducteur fait la perception en route; on en distribue aussi dans des bureaux ou dans les hôtels, mais c'est l'exception.

Après la chambre à coucher vient la salle à manger ambulante, ou le *wagon-restaurant*, qui a 20 mètres de longueur, 3 mètres de largeur et coûte la somme de 20 000 dollars; son prix est donc celui d'une grosse locomotive à marchandises. Au centre de cet établissement culinaire se trouve la cuisine avec sa glacière, qui divise la salle de la table d'hôte en deux compartiments, l'un pour les riches, l'autre pour les déshérités. C'est dans cette circonstance seule que les chemins de fer des États-Unis partagent les voyageurs en catégories.

Nous sommes convaincu qu'une pareille table d'hôte aurait un grand succès de nouveauté sur le continent, en France surtout, et nous nous empresserons de donner avec plaisir tous les détails de construction à ce sujet, le cas échéant.

Le *wagon-imprimerie* est plus curieux encore; il est destiné à la publication du *Transcontinental* pendant le trajet du Pacific-railroad entre New-York et San-Francisco.

Ce journal quotidien donne les nouvelles télégraphiques recueillies aux stations, quelques articles de fond, mais surtout beaucoup d'annonces, et même des illustrations. Sa devise, qui ne serait guère goûtée dans la vieille Europe, est : *Laissez faire tout pas en avant*. Le numéro 1 est daté de la chute du Niagara, du 24 mai 1870, et le numéro 6, le dernier de la première série, a été publié au sommet de la sierra Nevada.

Les convois américains sont toujours accompagnés d'un marchand de journaux et de livres, lequel circule dans toutes les voitures, car elles sont ouvertes aux deux extrémités, comme nous l'avons dit. On augmente ainsi le danger des lectures, qui produisent, par suite des trépidations continuelles, une maladie d'yeux toute particulière, à laquelle on a donné le nom d'*ophthalmie des railways*.

Mais les Yankees n'y font pas attention. L'insouciance est dans leur caractère; pourvu qu'ils aient une voiture confortable, ils ne s'occupent pas du reste, pas même des accidents, cette corde sensible de tous les chemins de fer, qui vibre chez eux plus que partout ailleurs. Là, les accidents prennent des proportions inconnues en Europe; et quatre cents individus tués annuellement par le fait de l'exploitation sont un chiffre qu'on accepte sans élever la moindre réclamation.

Après avoir écouté l'énumération des avantages qu'offrent les wagons américains, on peut se demander pourquoi ce système ne se propage pas aussi en Europe, en dehors de quelques rares spécimens sur les chemins de l'Autriche, du Wurtemberg, de la Russie et de la Suisse.

Ces voitures démocratiques ne seront probablement jamais adoptées en France, qui est le pays le plus aristocratique du monde. La société y est divisée en classes trop tranchées pour jamais en espérer le moindre rapprochement. Un paysan fourvoyé dans une première est aussi mal à son aise qu'un fashionable dans une troisième. On se recule du premier, on insulte le second. Qui, du reste, ne connaît les ruses et les mensonges qu'emploient les voyageurs pour s'isoler et surtout pour ne pas se trouver en contact avec le peuple?

En dehors de ces raisons morales, ou plutôt immorales, qui empêchent la vulgarisation des voitures américaines, il y a aussi des raisons techniques et économiques.

D'abord on ne peut pas donner au matériel américain la vitesse de nos express.

Ensuite, quand le public demande des wagons-lits, lits sérieux, avec matelas, couvertures, édredon, etc., et non pas des coupés-lits, quand il trouve que la température dans les voitures est aussi désagréable en été qu'en hiver, alors les compagnies ont leur réponse toute préparée à de pareilles propositions. Dans le nouveau monde, les distances à franchir sont immenses; pour se rendre d'une ville importante à une autre, il faut passer plusieurs nuits en chemin de fer. Il n'en est pas ainsi dans les divers Etats de l'Europe, par exemple en France; généralement on part le soir et on arrive le lendemain à la frontière ou à Paris, et c'est là qu'on se repose avant de continuer le voyage.

Quant à rafraîchir les voitures avec de l'eau glacée ou à les chauffer avec des poêles, on dira qu'en été il fait chaud partout, et qu'un chemin de fer n'est pas un endroit de délices pour les personnes qui n'aiment pas la chaleur, pas plus qu'un lieu de refuge pour les gens frileux; les cylindres avec l'eau bouillante doivent suffire en hiver, et les fenêtres ouvertes en été.

Cependant les lignes du Nord se servent de petits poêles. Sur les chemins de fer bavarois il y a des wagons-poêles. On en intercale un dans chaque convoi; il porte un appareil pour produire de la vapeur, que des tuyaux élastiques conduisent dans des tubes en fer, placés sous les siéges des voitures; la chaleur qu'elle répand est agréable comme celle des appartements. Le public considère cette innovation comme un bienfait, dont il se montre très-reconnaissant.

Les wagons blindés. — Ils ont été essayés pour la première fois lors de la dernière guerre civile des États-Unis d'Amérique.

Un wagon blindé a dix-huit roues; il est cuirassé avec des plaques de fer de $0^m,25$ d'épaisseur. A chaque coin il y a une meurtrière pour un canon, qui est monté sur un affût marin, comme dans les navires cuirassés. La locomotive est placée entre deux wagons. Il y a donc huit bouches à feu par train.

§ 12. — FREINS DE WAGONS ET DE LOCOMOTIVES.

Il n'existe pas de mécanisme qui ait exercé l'esprit inventif autant que l'ont fait les freins appliqués aux véhicules des chemins de fer. Toutes les classes de la société y ont fourni leur contingent d'inventeurs. Des officiers en retraite, des magistrats, d'anciens notaires ont construit des freins excellents; le frein automoteur du curé rend même de très-bons services. Journellement encore on combine de nouveaux freins avec lesquels on obsède les compagnies de chemins de fer.

Au lieu de chercher à apporter notre part dans ces inventions, rendons-nous plus utile en définissant le but des freins, et en indiquant d'une manière succincte les principaux types, afin qu'on puisse se livrer avec quelque chance de réussite à la solution de ce problème en y introduisant des éléments nouveaux.

Le frein doit opérer la transformation du frottement de roulement en frottement de glissement, de façon à changer le train en traîneau, et cela par degrés successifs.

Quant à l'arrêt instantané des trains, l'idée en est toujours poursuivie ; mais heureusement il n'existe aucun moyen mécanique de la réaliser, car l'arrêt instantané pourrait produire la destruction immédiate du train et la mort des voyageurs, ainsi que cela a lieu dans la rencontre de deux convois, dans la chute des trains à la suite d'un déraillement ou de la rupture d'un pont.

La gravité du désastre qui résulte d'un tel arrêt dépend de la vitesse dont le train est animé ; et pour rendre la démonstration facile à saisir, M. Gentil a mis en regard des diverses vitesses de marche la hauteur de chute correspondante. C'est le résultat d'un calcul élémentaire ; mais précisément cet ingénieur a eu la bonne inspiration de le présenter au public, et nous l'en félicitons ; car les efforts qui tendent à vulgariser la science par des exemples palpables, compréhensibles pour tout le monde auront toujours nos plus vives sympathies.

Voici son petit tableau, extrait de l'*Enquête sur les moyens d'assurer la régularité et la sûreté de l'exploitation sur les chemins de fer*, publiée par ordre de S. Exc. M. le ministre des travaux publics.

Nature des trains.	Vitesse à l'heure.	Vitesse à la seconde.	Hauteur de chute.	Comparaison approximative.
	Kilomètres.	Mètres.	Mètres.	
Trains de marchandises.	25	6,94	2,46	Entresol.
Trains mixtes	30	8,33	3,53	I étage.
Trains omnibus........	40	11,11	6,29	II étage.
Trains directs	50	13,88	9,83	III étage.
Trais express..........	60	16,66	14,16	IV étage.

Le nombre des freins. — Il est déterminé ainsi qu'il suit, sur les chemins de fer français :

1 frein par train de 7 voitures ;

2 freins par train de 15 voitures ;

3 freins par train de plus de 15 voitures.

Le frein du tender n'est pas compris dans ce nombre.

Sur les chemins de fer prussiens, on fait entrer en ligne de compte la pente. Les voitures qui doivent être munies de freins sont du sixième du nombre total des voitures d'un convoi sur les chemins dont les pentes n'excèdent pas $0^m,003$ par mètre et du quart sur les pentes au-dessus. Dans les trains de marchandises, on n'applique les freins respectivement qu'au huitième et au sixième du nombre total des wagons.

La classification des freins. — Il y a plusieurs espèces de freins : les freins qui serrent les bandages des roues, ceux qui agissent sur l'essieu et ceux qui soulèvent les roues en pressant sur les rails. La forme des freins ne constitue pas seule une classification, c'est aussi la force qui sert à leur manœuvre ; ainsi il y a des freins à main, à vapeur, à air comprimé, des freins électriques, automoteurs ; enfin on a fait appel à toutes les forces de la nature pour mettre ces freins en action.

Du reste, n'attachons pas une grande importance à des classifications ; occupons-nous de faire connaître ces divers systèmes.

Le frein idéal. — Ce frein agirait sur tous les wagons à la fois, serait à la disposition du mécanicien et permettrait le recul du convoi. C'est vers ce but que tendent la plupart des inventeurs ; mais ils en sont encore très-éloignés, car la transmission d'un mouvement général a le grave inconvénient de compliquer la formation des trains ; puis, les organes de cette transmission étant faciles à rompre ou à se déranger, la communication ferait défaut, et tous les moyens d'enrayage seraient paralysés.

Quant à placer un frein dans chaque voiture, ce moyen ne serait guère pratique, car il exigerait la présence continuelle d'un garde pour chaque frein, et ce nombreux personnel serait inoccupé dans les circonstances habituelles de l'exploitation. En outre, il ne serait probablement jamais prêt à agir avec ensemble dans un cas de danger, où une manœuvre instantanée offrirait quelque secours.

Le frein à leviers. — C'est un moule en bois que le garde-frein presse contre le bandage des roues par des leviers, soit directement,

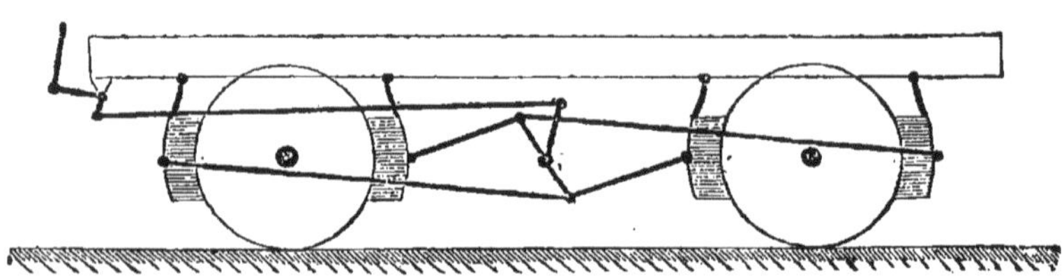

Fig. 395.

soit par une vis ; ce frein n'agit pas très-vite, ni avec beaucoup de force. Son avantage est d'être simple, d'être connu et d'avoir le mérite de l'ancienneté.

Les figures 395 et 395 *bis* représentent des freins à huit sabots. En

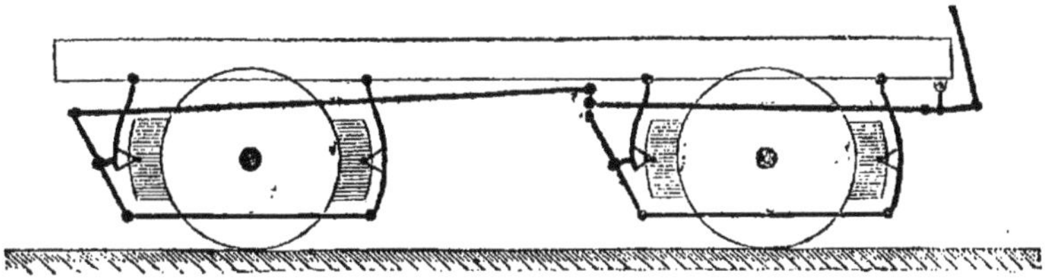

Fig. 395 *bis*.

suivant avec quelque attention la combinaison des leviers, on se rend facilement compte du serrage de ces freins.

Le frein Lindner. — Ce frein est principalement employé en Allemagne. Il donne un serrage énergique et prompt ; il fonctionne toujours d'une manière exacte, quelle que soit l'usure des sabots. Le serrage est limité, mais c'est précisément ce qui permet d'agir avec promptitude. A cet effet, la vis de serrage remonte un écrou qui presse par des leviers sur des sabots. La position de l'écrou est réglée par une crémaillère à la distance voulue.

Le frein Stilman. — Il est composé de deux longerons reliés par des entretoises et suspendus au châssis du fourgon par quatre bielles articulées, qu'on écarte au moyen de coins ; à ces bielles sont attachés les sabots du frein, qui pressent contre les bandages. Les sabots sont généralement en bois ; mais, comme ils prennent feu sur les pentes, on leur substitue, dans ce cas, des sabots en fonte. Ce frein est combiné de manière que l'angle du coin diminue au fur et à mesure de l'enfoncement, ce qui augmente d'autant la force du serrage ; l'angle, étant assez prononcé au commencement du serrage, amène rapidement les sabots en prise. Ce frein est usité dans la compagnie de l'Est. Il a l'inconvénient d'être lourd et coûteux.

Le frein Tabuteau. — Dans cet appareil, une combinaison de leviers articulés, en forme de genou, est substituée aux organes de transmission, ordinairement employés, tels que vis. Le volant de serrage est remplacé par un grand levier, offrant une course d'environ $1^m,50$, et dont la manœuvre est prompte et facile. La force, dans ce système, s'accroît dans une grande proportion. On dit que ces articulations sont très-nombreuses et que leur entretien est trop dispendieux.

Le frein Bricogne. — Ce frein a pour but de serrer les roues au moyen d'un contre-poids qu'on abandonne à lui-même en pressant la détente d'un appareil à déclic; ce contre-poids agit sur le levier d'embrayage du frein ordinaire à sabot. Il permet un serrage instantané et dispense des nombreux tours de manivelle, qui entraînent toujours une perte de temps. Ce frein Bricogne ne doit produire le serrage ni brusquement ni complétement; il faut laisser au garde le soin d'agir sur une manivelle pour achever l'enrayage des roues. Lorsque le train doit reprendre sa marche, on relève le poids à l'aide d'une roue à rochet, qui engrène avec le déclic.

Le frein Néval. — Ce frein est destiné à enrayer plusieurs wagons à la fois par l'action d'un seul garde. Le mécanisme moteur se compose d'un arbre vertical et d'un volant avec roue d'angle qui fait agir un contre-poids sur le levier du sabot. Le même mouvement est transmis aux autres wagons par des arbres horizontaux placés sous chaque caisse.

Le frein automoteur Guérin. — L'idée d'appliquer au frein la force d'impulsion d'un convoi en mouvement est déjà ancienne. On a cherché à utiliser la rotation des roues, ainsi que la pression exercée par les véhicules les uns contre les autres, du moment où la vitesse à la tête du convoi se trouve ralentie. Les tentatives faites pour rendre pratique un pareil système avaient toujours échoué jusqu'à ce que M. Guérin, par des combinaisons très-ingénieuses, lui ait donné une certaine valeur pratique.

Accueilli dès l'origine avec un enthousiasme irréfléchi, cet engin est aujourd'hui à peu près abandonné; l'expérience ne l'a pas consacré. On trouve qu'il est compliqué, qu'il exige de la part du mécanicien trop de soins et trop d'attention. En outre, par suite de la solidarité qui existe aujourd'hui entre toutes les compagnies de chemins de fer de l'Europe centrale, il faudrait que le frein Guérin fût généralisé, ce qui ne peut pas avoir lieu, puisque les ingénieurs allemands refusent, pour le transit, le matériel français qui en est muni.

Ce qui n'a pas peu contribué non plus à discréditer ce système, c'est que, lors d'un accident arrivé en 1866, quarante wagons détachés d'un train au sommet d'une rampe sont descendus et que le frein Guérin, sur lequel on avait compté, n'a pas fonctionné du tout. Il en est presque toujours ainsi des moyens de sécurité extraordinaires.

Le frein Doré. — C'est une modification du frein Guérin ; on l'applique au chemin de l'Est.

Le frein Achard. — Ce frein, à embrayage électrique, a reçu le prix Montyon en 1866. Sa mise en action s'opère par l'entremise d'un courant magnétique. Le mouvement des wagons produit le serrage. Mais ce frein, quoique très-prompt et très-énergique pour enrayer comme pour lâcher, est malheureusement très-compliqué. Il a, en outre, l'inconvénient que présentent toutes les communications électriques, qui ne garantissent pas les jonctions du courant de wagon à wagon. Il en résulte des dérèglements imprévus dans la marche du frein qui agit quand on ne le lui demande pas (interruption d'un courant permanent), ou qui n'agit pas quand on le lui demande (interruption d'un courant intermittent). On a essayé ce système sur les lignes de l'Etat belge et de l'Est français.

Le frein sur l'essieu. — Sur l'essieu est placée une troisième roue qu'entoure une bande de fer semblable à celle du frein dynamométrique de Prony ; cette bande est serrée par un levier auquel est attaché un poids qu'on laisse tomber successivement ; mais, si ce poids tombait brusquement, l'essieu serait brisé. Outre ce danger qu'il offre d'une manière permanente, ce poids est un poids mort qu'il faut emporter dans le train.

Le frein Molinos et Pronnier. — Les roues sont enrayées par une bande de fer pareille au frein modérateur des machines. Cette bande embrasse les roues sur une saillie intérieure et elle est serrée par un contre-poids. Il y a une grande analogie entre ce frein et celui que nous avons appelé *frein sur l'essieu.*

Il a une application spéciale sur le chemin de Lyon à la Croix-Rousse, dont la pente a $0^m,16$ par mètre.

Le frein Laignel. — C'est un sabot ou pièce de bois munie d'une bande de fer *n* qui occupe l'intervalle entre deux roues ; au moyen d'une manivelle *a*, on le presse verticalement sur les rails pour soulever le convoi ; il est guidé par la tringle *rn*. C'est un des freins les plus énergiques ; il agit comme un cric dont le point d'appui se trouve sur le rail ; muni d'aspérités et pressant même sur le sol, il constituerait une espèce de frein de détresse ou de miséricorde, comme l'inventeur l'a appelé. Ce frein a été appliqué dans le principe à des wagons spéciaux, *wagons-freins*, sur le plan incliné de Liége, où il rend encore journellement de bons services. Les objections qu'on fait à son emploi sur les chemins horizontaux sont nombreuses : il agit avec lenteur ; il demande plus de force que les freins ordinaires, car

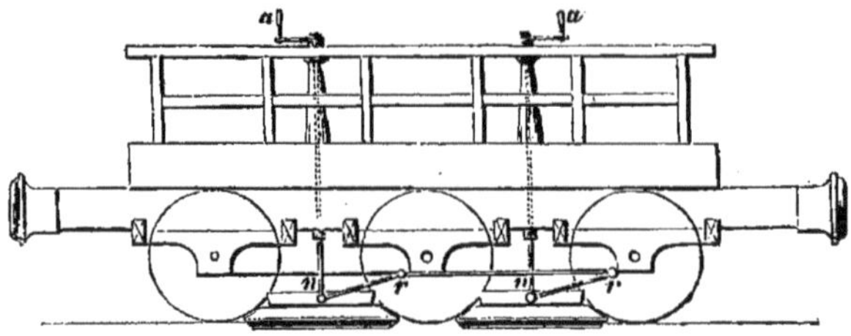

Fig. 396.

le garde-frein doit soulever tout le wagon ; les patins doivent se trouver tout près des rails, afin qu'ils fonctionnent de suite ; ils peuvent donc buter contre le moindre obstacle, à cause de l'oscillation continuelle des ressorts ; en outre, les roues, étant allégées, peuvent sortir de la voie. Il est vrai que ce frein ne détériore pas les roues, puisqu'il n'agit pas sur elles ; mais par contre, il agit sur les rails qui sont, pour ainsi dire, limés.

Le frein Didier. — Ce frein s'appuie, comme le frein Laignel, sur les rails et transforme le train en traîneau. Seulement il ne s'applique pas à un wagon spécial, mais à tous les wagons à la fois.

Le frein-sabot flottant. — C'était difficile de trouver un nom pour ce frein, qui est un sabot de voiture de roulage et qui flotte devant les roues ; si on le laisse tomber par un déclanchement, la roue monte dessus et le presse de tout son poids contre les rails. Ce sabot a la hauteur voulue pour que le rebord de la roue ne se trouve pas en surélévation du rail, et que la roue, maintenue dans la voie, ne puisse pas être la cause d'un déraillement. Pour enlever le sabot, on fait reculer le train. Ce frein-sabot chargé par la roue a un grand avantage sur le frein Laignel, qui, prenant son point d'appui sur le châssis, n'utilise pas le poids des roues et de leurs essieux. Cependant on lui reproche d'arrêter trop brusquement la rotation des roues et de donner lieu à un choc dangereux, surtout s'il rencontre une bosse. Ce frein a été inventé en Angleterre.

Le frein à air comprimé. — A la locomotive est accolé un récipient dans lequel on comprime l'air qui s'échappe par des tubes élastiques dans des cylindres adaptés près des roues, et dont les pistons pressent sur les freins.

Le frein de Bergues. — Ce frein est également à air comprimé. Les cylindres aspirent l'air atmosphérique par le tuyau d'échappement, dont la tuyère se ferme en même temps que s'ouvre un orifice spécial, afin d'éviter l'introduction des escarbilles dans les cylindres. Le régulateur est fermé et l'air est refoulé dans un réservoir muni d'une soupape d'évacuation et d'une deuxième soupape qui empêche de dépasser le maximum de pression; c'est une soupape de sûreté. Un jet d'eau pris dans le tender rafraîchit l'air qui s'échauffe par la compression.

Le frein Le Chatelier. — Cette invention consiste à lancer dans les tuyaux d'échappement vers les tables des tiroirs un jet de vapeur pour remplir la cheminée et empêcher l'aspiration de l'air par le cylindre, au moment où l'on renverse la distribution. Dans les cylindres s'introduit la vapeur détendue qui se liquéfie jusqu'à ce que la vapeur de la chaudière est admise à contre-marche et refoulée immédiatement. L'appareil Le Chatelier se compose de quelques tuyaux en cuivre avec leurs robinets.

L'emploi de la contre-vapeur, pour modérer la vitesse des trains à la descente des pentes, est connu depuis longtemps; mais les mécaniciens n'aiment pas s'en servir, parce que, la locomotive étant lancée à grande vitesse, la manœuvre du levier de changement de marche est rarement certaine, souvent difficile, toujours dangereuse, car ce levier, entraîné par le mécanisme, peut leur échapper et les blesser. Cette marche à contre-vapeur est obtenue par le simple renversement de la distribution.

Aujourd'hui, au moyen de la combinaison ingénieuse due à M. Le Chatelier, on se sert de la contre-vapeur non-seulement comme frein de détresse, mais comme frein à résistance permanente et régulière, à l'instar des freins ordinaires.

Cette invention est appelée à rendre de bons services dans la descente des rampes, opération délicate, périlleuse même, et qui implique des précautions extraordinaires et une surveillance de tout instant sous peine des plus graves désastres. Il faut donc que le moteur qui a effectué la montée du train régularise aussi la descente par une action progressive, molle, sans glissement et surtout sans choc.

§ 13. — COMMUNICATIONS ENTRE LES VOYAGEURS ET LES EMPLOYÉS DES TRAINS.

L'établissement d'une communication entre les voyageurs, les conducteurs et le mécanicien est un sujet de préoccupation des inventeurs. Cependant la question première, celle de l'opportunité et de la nécessité d'une pareille communication, n'a jamais été résolue d'une manière définitive.

Des enquêtes qui ont eu lieu à ce propos en Angleterre pourront peut-être nous édifier à cet égard.

Le Railway Clearing house de Londres (maison de liquidation des chemins de fer) avait ordonné des recherches sur ces moyens de communication.

On était arrivé à cette conclusion : que le procédé le plus pratique consistait à faire sonner une cloche ou un timbre sur le tender, par une corde ou un fil de fer tendu sur un rouleau et passant dans des anneaux placés au côté de chaque voiture. Cet appareil n'ayant satisfait ni l'opinion publique ni les compagnies, une nouvelle enquête fut ordonnée, à l'occasion de deux incendies dans des wagons de voyageurs, par le Board of trade (ministère du commerce), qui adressa à cet effet une circulaire à cent quarante-trois administrations de chemins de fer.

Cent vingt-quatre d'entre elles ne possédaient pas de communication, soit qu'elles trouvassent les systèmes en usage ailleurs trop compliqués, soit que l'expérience acquise ne fût pas suffisamment concluante, soit qu'elles craignissent de créer une nouvelle source d'accidents, soit enfin qu'elles attendissent que le gouvernement voulût imposer un certain mode de communication ; dix-neuf compagnies seulement en possédaient, sans en être toutefois bien satisfaites : c'étaient des marchepieds avec main courante, des sifflets de bouche ou à air comprimé, des cloches sur les voitures, la corde-signal. On avait aussi essayé, mais en vain, des tuyaux acoustiques, des miroirs réflecteurs, des canons d'alarme, des feux d'artifice, et ainsi de suite.

Selon le Board of trade, la difficulté consiste moins à trouver une solution pratique qu'à vaincre une certaine répugnance (*desinclination*) de la part des compagnies à l'adopter, et qu'elles expliquent par la complication des systèmes proposés, par les dépenses qui en résulteraient, par l'inutilité de cette communication que démontre la rareté des accidents, par la vitesse modérée sur beaucoup de lignes, le rapprochement des stations, le manque de promptitude dans le fonctionnement de cette communication, comparé à la soudaineté des accidents, par la faiblesse du son des cloches ou des sifflets, enfin par l'efficacité suffisante du signal donné au moyen des freins mêmes. A ces raisons il faut encore ajouter les dangers résultant de l'inattention inévitable du personnel, qui se reposerait sur les services problématiques de cette communication ; et puis les accidents auxquels donnerait lieu l'arrêt du train à la suite d'un appel fait mal à propos par les voyageurs. Au surplus, un appareil qui ne doit fonctionner que dans des circonstances exceptionnelles est toujours suspect ; les employés n'y voient qu'une superfétation ; l'entretien en est presque nul, et il y a quatre-vingt-dix-neuf chances contre une qu'en cas de danger il refuse son service.

Cependant, malgré ces objections (voici le point important de cette discussion), le Board of trade, pénétré de l'importance de cette mesure de précaution et voulant l'imposer aux compagnies, a présenté un bill pour atteindre ce but ; mais le Parlement anglais, fidèle à son principe du laisser-faire en matière d'industrie, ne l'a pas adopté.

Néanmoins, comme ces sortes de communications offrent de l'intérêt au point de vue de la mécanique, nous allons en citer quelques spécimens.

La corde-signal. — Elle a été suffisamment décrite dans l'introduction de ce paragraphe, et je n'ai rien à y ajouter, si ce n'est une observation personnelle sur la valeur pratique de cet appareil. Une nuit, à un signal d'alarme, j'ai mis la tête à la fenêtre de mon wagon, et je me suis déchiré le front contre la corde, qui, n'ayant pas été suffisamment tendue, pendait devant moi. Mais ce n'est qu'un détail insignifiant pour le lecteur; ce qui est plus sérieux, c'est le résultat d'une enquête ordonnée par l'administration prussienne sur cette corde : on y voit que cet engin n'a jamais rendu de services ; bien au contraire, le rapport statistique mentionne deux accidents qui en sont le fait direct : deux chutes mortelles des ouvriers occupés à attacher cette corde sur le toit des voitures.

Aussi ce dernier travail s'exécute-t-il partout avec une certaine nonchalance, comme si les employés étaient convaincus de son inutilité (*).

Quant à cette assertion, je puis la confirmer pleinement. Un jour j'ai suivi, lors du rangement d'un train, le conducteur chargé de l'attache de cette corde. En moins de deux minutes elle était placée sur les wagons, et le conducteur en fixait le bout à... qu'on devine ! A un clou planté dans le tender.

« Mais que faites-vous ? lui dis-je ; si l'on vous voyait ?

— On le sait bien, me répondit-il ; il y a plus d'un mois que je suis dans ce train ; le camarade qui m'a précédé m'a raconté que le timbre auquel la corde doit s'attacher s'est brisé dans un tunnel. »

Jugez vous-même.

La communication électrique entre le personnel d'un train et le mécanicien. — Au moyen de cet appareil, on a cherché à mettre en communication les conducteurs entre eux, les voyageurs avec les conducteurs, les voyageurs et conducteurs avec le mécanicien, ainsi qu'à avertir les conducteurs de la rupture du train.

Pour réaliser ce programme, on a établi trois piles, l'une à la tête, l'autre au milieu et la troisième à la queue d'un train. Ces piles avec leur sonnerie sont enfermées dans une caisse qui est accrochée à la paroi du wagon ou du fourgon. Il y a donc toujours trois véhicules qui sont munis de cet appareil. Les pôles positifs touchent aux rails et communiquent par conséquent avec la terre, au moyen de fils qui sont en contact avec les ressorts des roues et les chaînes d'attache. Les fils des pôles négatifs, après avoir traversé les sonneries, forment un seul circuit. Dans cette position il n'y a pas de courant, puisque le fluide positif ne rejoint pas le fluide négatif, et aucune sonnerie ne se fait entendre. Mais dès que le fil positif donnera une issue au fluide négatif, le courant fera tinter les sonneries.

A cet effet, les conducteurs ou les voyageurs n'ont qu'à tourner une lame métallique qui est à leur portée pour opérer cette jonction. En cas de rupture du train et par conséquent du fil électrique, une

(*) Voir la *Notice sur les chemins de fer de la Confédération germanique*, par Emile With. Paris, 1862.

lame pareille est tirée violemment et permet la jonction des deux courants. Tous les véhicules d'un train sont munis de ces lames indicatrices.

Maintenant composer un train, le décomposer quand il faut en sortir des wagons, le recomposer sans perdre de vue ces fils et ces piles, dans la nuit principalement, voilà des difficultés pratiques qu'aucune administration de chemins de fer n'a encore résolues, surtout en ce qui concerne les lames ou plutôt le bouton qui les commande, et sur lequel les voyageurs pourront presser mal à propos.

Les personnes qui désirent persister dans l'étude de cette question, trouveront tous les détails qui s'y rapportent dans le remarquable ouvrage de M. l'ingénieur Goschler, intitulé : *Traité pratique de l'entretien et de l'exploitation des chemins de fer.*

La communication électrique entre les trains. — Elle est établie au moyen de fils de fer placés à côté de la voie, et de brosses ou frotteurs métalliques qui touchent ces fils ; ces brosses sont attachées aux wagons, qui emportent leur pile et leur appareil télégraphique. Ce système, pompeusement annoncé il y a quelques années, a été essayé près de Paris. Il a fonctionné à la satisfaction des invités et des reporters ; puis sont venus les ingénieurs qui l'ont trouvé d'abord compliqué et, réflexion faite, inutile. Aussi je me suis demandé, après avoir lu d'élogieux comptes rendus sur cette expérience, ce que deux trains en route peuvent se dire de bien intéressant, si ce n'est : Bon voyage (*).

(*) Georges Stéphenson, né à Newcastle, en Angleterre, en 1781, mort à soixante-sept ans ; ancien mineur, puis chauffeur. Il est devenu un des premiers ingénieurs des temps modernes. Il avait pour associé son fils Robert, qui est mort il y a quelques années ; c'est à ces deux hommes éminents qu'on doit la plupart des inventions introduites dans les travaux publics.

Auguste Perdonnet, appelé *le Patriarche des ingénieurs* à la Chambre des députés. Il a inventé le mot *chemins à ornières*, qui a été tranformé en celui de *chemins de fer*. Né en Suisse, mort en 1867. *Transiit benefaciendo.*

Marc Séguin, né à Annonay en 1786. Il a créé les premiers chemins de fer et les premiers bateaux à vapeur en France ; il a inventé les ponts suspendus en fils de fer.

Ces trois grands ingénieurs ne sont pas évidemment les seuls qui ont édifié la huitième merveille du monde, qu'on appelle *le chemin de fer*. Chacun de leurs illustres disciples a sa place marquée dans notre livre des *Inventeurs*.

CHAPITRE XX.

MACHINES DE NAVIGATION SUR L'EAU.

HISTORIQUE.

L'arche de Noé sert encore aujourd'hui de type à tout constructeur de vaisseaux.

Les premières machines de navigation sont également très-anciennes. Vitruve même ne se rappelle pas leur origine. C'étaient des bateaux plats ou des radeaux avec des roues à ailettes mises en mouvement au moyen de manéges et de rouages. Thémistocle les a employés à la bataille de Salamine pour détruire la flotte de Xerxès, et Scipion l'Africain s'en est servi, lors des guerres puniques, pour transporter les légions romaines en Sicile. Afin de faire franchir les fleuves de l'Europe à ses éléphants, Annibal procéda d'une manière semblable.

Il fit construire plusieurs radeaux qu'on attacha fortement au rivage; on les couvrit de terre et de gazon, de manière à représenter un chemin pareil à celui qui conduisait aux bords. Les éléphants, précédés de leurs femelles, qu'ils suivaient sans hésiter, descendaient sur ce sol flottant; on coupa alors les liens qui le retenaient, et des espèces de ponts volants le remorquèrent vers le point de destination. Au premier balancement de ces radeaux, les éléphants montraient un grand effroi; quelques-uns tombaient dans l'eau; mais ils élevaient leur trompe en l'air pour respirer et nageaient vers l'autre rive, tandis que leurs cornacs se noyèrent.

Avec les anciens maîtres du monde disparurent également ces engins de navigation, et sous les rois de France on considérait comme le *nec plus ultra* de la propulsion mécanique les galères, telles que les Phéniciens les avaient inventées, c'est-à-dire des bateaux avec un ou plusieurs rangs de rames que manœuvraient les galériens — qui étaient des esclaves, des prisonnniers de guerre ou des condamnés.

Dans l'ère moderne on cherchait bien à inventer des machines de navigation, mais c'est la force motrice commode et pratique qui toujours faisait défaut. Une fois en possession de la vapeur, on l'appliqua d'abord à des roues palmipèdes qui imitent la patte des oiseaux nageurs, puis aux roues à palettes ou aubes, et en dernier lieu à l'hélice, telle qu'Archimède nous l'a léguée. On est donc arrivé par les systèmes composés aux systèmes simples.

Le nombre des inventeurs du bateau à vapeur est considérable, et chacune des nations qui a fourni son contingent dans cette phalange d'hommes de génie veut s'attribuer exclusivement cette découverte ; l'Angleterre, l'Amérique, la France, l'Allemagne se la disputent. Au lieu de s'arracher les lambeaux d'une gloire toute personnelle — ce qui est très-inconvenant — les peuples jaloux feraient mieux de se laver de la honte d'avoir laissé périr les grands hommes dont enfin ils semblent se souvenir. Ils n'ont jamais eu de l'argent quand il fallait donner à l'inventeur un morceau de pain, qui lui est dû ; mais ils ont toujours de l'or pour lui élever des statues, qui n'ajoutent rien à son mérite, et qui, en outre, sont généralement de fort mauvais goût ; car elles ne représentent pas l'homme tel qu'il a été dans sa misère et ses déceptions — ce qui est la vérité, — mais elles cherchent à le faire voir dans la fortune et le bonheur — ce qui est le mensonge, — sauf quelques rares exceptions très-faciles à compter.

Biffons alors d'un seul trait de plume les nationalités qui passent ; ne reconnaissons que l'histoire qui reste, et à laquelle appartiennent désormais les célèbres mécaniciens qui se sont distingués dans cette œuvre spéciale. Racontons succinctement, d'après l'ordre d'ancienneté, leur vie et leurs travaux, qui serviront d'exemple à tous ceux qui embrassent l'honorable, mais pénible carrière d'inventeur.

La première tentative d'appliquer la force de la vapeur à la navigation date de 1540, où Blasco, capitaine de la marine espagnole, expérimenta devant Charles-Quint et sa cour un bateau avec une chaudière et des roues. On trouva cet appareil compliqué et sujet à explosion et on l'enleva ; cependant l'inventeur fut récompensé. La légende n'en dit pas davantage. On voit qu'il y a là toute l'invention des machines à vapeur, qui se résume en ces deux parties : chaudière et propulseur.

Pendant deux siècles, cette hardie conception resta dans l'oubli. Cela ne doit pas étonner, car toute découverte doit venir en temps opportun et quand la nécessité s'en fait sentir. Il est probable que si, à l'époque de la splendeur des Espagnes, des bateaux à vapeur avaient circulé, peu de personnes en eussent profité. Le besoin des voyages n'existait pas encore ; les peuples ne se connaissaient pas et ne désiraient pas se connaître ; de province à province ils se traitaient mutuellement d'étrangers, comme les habitants de l'Europe le font encore aujourd'hui de royaume à royaume. En outre, combien de fois les inventions apparaissent-elles comme des feux follets et disparaissent-elles pour reparaître et briller d'un nouvel éclat ?

Après Blasco arriva Papin, l'illustre professeur à Marbourg. Il chercha à appliquer la vapeur à un bateau qu'il voulait diriger contre le vent, et il en affréta un qui devait passer de la rivière du Wéser dans les eaux de la ville libre de Brême, où un vaisseau britannique l'aurait remorqué jusqu'à Londres.

Mais les bateliers le guettaient et lui barrèrent le passage. Convaincus que ce bateau de nouvelle espèce les menaçait de concurrence, de ruine peut-être, ils s'en emparèrent et le mirent en pièces.

Le marquis de Jouffroy s'occupa également de ce problème. Dans sa prison de l'île Sainte-Marguerite, où il avait été envoyé par une lettre de cachet, il contempla du matin jusqu'au soir la mer où circulaient de nombreuses galères. Il s'aperçut bientôt que ce mode de transport laissait beaucoup à désirer, et il songea dès lors à l'améliorer en y appliquant la vapeur.

A peine mis en liberté, il se rendit à Paris afin d'y étudier le seul spécimen de machine à vapeur qui existât alors en France ; c'était la pompe à feu de Chaillot, destinée à élever les eaux de la Seine. Dès qu'il eut fixé ses idées sur l'usage auquel il destinait cette nouvelle machine, il chercha à les mettre à exécution, et alla en Franche-Comté, sa patrie. Là il s'adressa à un chaudronnier pour forger les diverses pièces de sa machine ; c'était d'abord un cylindre en cuivre battu qui fut poli intérieurement au marteau ; pour le consolider, on l'entoura de cercles en fer, comme un tonneau. Au piston du cylindre était attachée une chaîne qui s'enroulait autour d'une poulie et agissait sur des rames articulées.

Jouffroy, après avoir navigué sur le Doubs, reconnut de grands défauts à ces rames palmipèdes, et il leur substitua les roues que Papin avait déjà employées. Il se remit donc à l'œuvre, et quatre années après un autre bateau était reconstruit. Cette fois la réussite fut complète. En présence de milliers de témoins on remonta plusieurs fois la Saône à Lyon.

Cet éclatant succès ne devait être qu'une lueur de satisfaction pour Jouffroy. Il avait épuisé toutes ses ressources, et cependant il fallait se procurer un bateau assez grand et assez solide pour un service régulier ; l'ancienne chaudière était percée et laissait fuir la vapeur. Mais à cette époque c'était une entreprise très-difficile que de façonner les métaux. Il n'existait pas d'ateliers, pas d'outillage ; il fallait instruire les forgerons, les chaudronniers, leur tracer toute pièce, que la malfaçon faisait souvent manquer au dernier moment.

Malgré ces obstacles, une compagnie put se former et elle réclama une concession ; mais, avant de l'accorder, le ministre voulut consulter l'Académie.

Le lecteur craint déjà pour Jouffroy ; « car un inventeur qui tombe entre les mains des savants est un homme perdu — disait Jobard, le spirituel directeur du musée de l'Industrie de Bruxelles ; — ils ne voient que le présent et désespèrent toujours de l'avenir ; ils arrivent avec leurs dynamomètres et leurs manomètres, avec leurs réactifs et leurs correctifs, comme si c'étaient choses neuves et curieuses, pour mesurer la force de l'enfant qui vient de naître, et pour prouver qu'une faible créature ne peut pas porter de lourds fardeaux. »

..... Donc, ne comprenant pas cette invention de premier ordre et ne voulant pas se fier non plus au témoignage de tout un peuple qui salue de ses acclamations la nouvelle découverte, les académiciens de Paris demandent à voir fonctionner le bateau sur la Seine.

..... Donc, Jouffroy abandonne son œuvre et quitte la France ; et la Révolution efface les derniers vestiges de la navigation à vapeur.

L'Académie tant persécutée pour son méfait Jouffroy, n'était peut-être pas aussi coupable qu'on veut bien le dire. Elle avait mis au concours la question de remplacer le vent dans la marche des vaisseaux. Malheureusement elle ne persévéra pas dans cette voie de l'initiative, car, en mettant au concours la question des bateaux à vapeurs, elle remit les bateaux à vapeur en question, tandis qu'il fallait simplement mettre au concours un bateau à vapeur. Aussi qu'est-il arrivé ? Au lieu d'un navire, on lui présenta des morceaux de papier avec lesquels on voulait démontrer que rien ne peut l'emporter sur les rameurs, et que la machine à vapeur n'imprimerait qu'une faible vitesse à l'embarcation.

Le croirait-on? Ce sont ces écrits auxquels le prix fut décerné! Cependant leur auteur Bernoulli, membre d'une illustre famille de mathématiciens, dut s'apercevoir que plusieurs de ses collègues n'étaient pas défavorables au nouveau mode de navigation; car ceux-ci prouvèrent à leur tour qu'au travail des galériens pouvait être substituée avec avantage la vapeur. C'était beaucoup déjà : une machine exécutée eût été préférable; cependant on ne peut pas faire tout à la fois, pensa sans doute la docte assemblée.

Mais le public ne pense pas de même, et il ajoute l'affaire des petits papiers de Bernoulli au bilan d'impopularité des académies en général.

Jouffroy n'avait pas été le seul en France qui s'occupât de la navigation à vapeur; à la même époque deux autres officiers, Auxiron et Follenay, cherchaient à réaliser cette idée; ils obtinrent la promesse d'un privilége sous la réserve de la réussite de leur premier bateau, qu'ils se proposaient de construire.

Bientôt leur petit navire est prêt; mais les bateliers de la Seine le regardent d'un œil jaloux, et au moment décisif, au moment de l'épreuve, il disparaît. Est-ce la fatalité? est-ce l'effet d'une méchanceté barbare? On ne le sut jamais exactement. On disait qu'une lourde pièce de la machine était tombée sur le fond du bateau vers la fin du jour, que sur l'instigation des bateliers les ouvriers chargés de la surveillance s'en étaient allés, et que le bateau avait coulé bas dans la nuit.

De ce malheur en dérivèrent d'autres, puisqu'il est dit qu'un malheur n'arrive jamais seul. Plaintes des actionnaires, mécontentement réciproque, procès : tout semblait accabler nos inventeurs qui se voyaient entièrement délaissés.

Mais la qualité ordinaire de l'inventeur, la condition absolue de son existence même, c'est la ténacité, et Follenay et son compagnon la possédaient au plus haut point. Ils firent condamner leurs actionnaires par les prévôts et échevins des marchands de Paris à verser dans la caisse commune une somme de 15 000 livres pour mettre la machine en état de fonctionner. Mais cette somme était insuffisante, et une fois dépensée ne pouvait plus être renouvelée; l'entreprise s'est alors dissoute sans laisser de traces.

D'autres tentatives eurent encore lieu pour résoudre le problème de la navigation à vapeur. Ainsi, en 1775, le mécanicien Périer construisit un bateau à vapeur; mais sa machine trop faible ne lui permit pas de remonter la Seine, et il l'abandonna.

L'Américain Fulton parvint également à en construire un qui se rompit comme celui de ses prédécesseurs, la veille de l'essai, et coula au fond de la rivière ; en peu d'instants le labeur de plusieurs années fut anéanti. Fulton ne perdit pas courage, et comme sa machine était restée intacte, il la tira de l'eau, la replaça dans un bateau neuf et navigua sur la Seine. Ce fait s'est passé en 1803.

Une invention aussi capitale que celle des bateaux à vapeur n'a pas échappé au génie de Napoléon Ier. Voici la lettre qu'il avait adressée à ce sujet au ministre ; ce document est extrait des travaux de la commission française présidée par le baron Dupin, sur *l'Industrie des nations*, et publiés par ordre de Napoléon III, en 1855 :

Monsieur, je viens de lire la proposition du citoyen Fulton, que vous m'avez adressée beaucoup trop tard, en ce qu'elle peut changer la face du monde Quoi qu'il en soit, je désire que vous en confiiez immédiatement l'examen à une commission composée de membres choisis par vous dans les différentes classes de l'Institut. C'est là que l'Europe savante doit chercher des juges pour résoudre la question dont il s'agit. Aussitôt le rapport fait, il vous sera transmis et vous me l'enverrez. Tâchez que tout cela ne soit pas l'affaire de plus de huit jours. Et, sur ce, je prie Dieu de vous avoir en sa digne garde.

NAPOLÉON.

De mon camp de Boulogne, 21 juillet 1804.

Les circonstances politiques n'ayant pas permis que la navigation à vapeur fût adoptée en France, Fulton se rendit en Angleterre, où le gouvernement l'avait appelé pour lui acheter ses machines infernales, ou plutôt pour les connaître, afin de les annuler au besoin.

Tout en s'occupant de ses expériences sous-marines, dont quelques-unes atteignaient le but proposé, Fulton suivit d'un œil attentif les travaux de l'ingénieur écossais Symington, qui chercha un moyen d'employer les bateaux à vapeur sur les rivières. On avait abandonné l'idée de les utiliser sur les canaux, où ils détruisaient les berges.

Cependant Jouffroy n'avait pas quitté son idée. Constamment elle l'accompagne. Enfin le roi Louis XVIII accorde le privilége anciennement réclamé ; la compagnie se reconstitue, et en 1816 elle lance son bateau sur la Seine, à Bercy. Une société rivale s'établit, et les deux se ruinent mutuellement.

Les Anglais, de leur côté, ne restèrent pas inactifs ; ils se livrèrent à de nombreuses expériences très-intéressantes. Déjà en 1736 Hull prit un brevet pour un bateau à vapeur avec une large roue à l'arrière et pareil à ceux qui voyagent encore à Paris. L'Amirauté britannique repoussa, bien entendu, cette nouveauté.

Quelque temps après cet échec, Patrick Miller, un riche propriétaire écossais, qui consacrait une partie de sa fortune à des recherches sur les constructions maritimes, inventa un bateau dont les roues étaient tournées par des hommes, exactement comme on le voit de nos jours dans nos petites embarcations de plaisance; puis il remplaça les manœuvres par une machine qu'il avait fait construire à l'usine de James Watt. Mais la transmission du mouvement avait eu lieu au moyen de chaînes qui, étant trop faibles, se rompaient, et l'expérience échoua. Miller enleva l'appareil pour le renvoyer à Watt, en le priant de le revendre si cela était possible.

Quittons pour un instant l'Europe et examinons ce qui se passait en Amérique.

Les fleuves, avec leurs rivages couverts de forêts, ne se prêtant pas au halage, ne permettaient pas aux bateaux à voiles de remonter à leur point de départ; on était donc forcé de les démolir dès qu'ils avaient atteint leur destination. Cet état de choses devait provoquer un mode de navigation pouvant s'effectuer en amont aussi bien qu'en aval. Cette invention ne se fit pas attendre.

En 1784, le mécanicien Fitsch offrit au président des Etats-Unis un bateau à vapeur qui navigua sur le Delaware; Washington et Franklin étaient à son bord, et on aurait pu croire que la présence de ces deux fondateurs de l'Union américaine était suffisante pour assurer le succès de cette importante entreprise. Il n'en fut pas ainsi.

Fitsch, après cette première épreuve, forma une compagnie à la tête de laquelle se trouvait Franklin; il obtint un privilége et se mit immédiatement en mesure de construire un grand vaisseau, et par conséquent une grande machine. Au bout d'un an on est prêt et on commence, à Philadelphie, les expériences définitives; tout semble réussir. Les actionnaires cependant, ne pouvant toucher immédiatement des bénéfices, discréditent eux-mêmes l'invention, disant que la machine est trop coûteuse d'entretien, qu'elle exige un nombre considérable d'ouvriers, qu'elle ne donnera jamais une rémunération suffisante, et au lieu d'encourager leur persévérant ingénieur, l'abandonnent à son sort. Il quitte alors l'Amérique et vient en France, où son unique espoir repose sur la protection d'un Français qu'il avait connu en Amérique.

Nous sommes dans l'année de la Terreur. Fitsch est seul, en pays étranger, car son protecteur, le girondin Brissot, avait été guillotiné; au moyen de quelques secours, il parvint à retourner en Amérique. La misère l'y attend et en fait sa proie. Ayant tout perdu, ne possédant plus aucune ressource, il veut en finir avec la vie, et se précipite dans le Delaware, théâtre de ses anciens succès.

Fulton, qui n'avait plus rien à attendre de la vieille Europe, comme nous l'avons vu, s'embarqua pour le nouveau monde, après avoir commandé toutefois à James Watt une machine pour la placer dans un bateau qu'il s'était proposé de construire. Il ne fut pas mieux reçu par ses compatriotes qu'il ne l'avait été en France. Cependant il parvint à organiser un service régulier de navigation à vapeur sur l'Hudson, de New-York à Albany; mais personne ne se présentait pour tenter l'aventure; il voyagea alors seul avec son mécanicien, son chauffeur et ses matelots. Cela fut bien triste; en outre, son navire, appelé *le Clermont*, répandit la terreur et l'épouvante partout. On vit s'avancer dans les ténèbres de la nuit un fantôme qui jetait feu et flammes sur son passage, et les bateliers et les riverains épouvantés fuyaient au loin.

Nos hardis voyageurs arrivèrent sans accident à destination, et ils exposèrent leur navire à la curiosité du public. Ils durent songer à s'en retourner, firent les préparatifs nécessaires et attendirent les voyageurs; après une longue attente, ils en reçurent un, un seul, et bientôt ce mouton de Panurge fut suivi de toute la population. Des steamers s'établirent sur les fleuves principaux et le long de la côte américaine. Le ministre de la guerre des Etats-Unis se décida à s'occuper à son tour de cette importante question, et il confia à Fulton la construction d'une frégate à vapeur munie de faux contre l'abordage et d'appareils pour jeter de l'eau bouillante sur les agresseurs; c'était une véritable machine infernale destinée à protéger le port de New-York.

C'est ici que s'arrête l'invention des bateaux à vapeur; son développement ne fut pas aussi rapide qu'on pourrait le supposer. De nombreux essais eurent encore lieu, surtout en Angleterre, dans le but de combattre les préjugés contre ce mode de communication, malgré la rapidité et l'économie qu'il offre.

Les bateliers, les conducteurs des coches d'eau continuèrent à poursuivre de leurs cris et de leurs imprécations les rares passagers qui se risquaient à adopter cette nouvelle voie de transport ; enfin une terrible explosion d'un steamer sur le Rhône, en 1829, et qui a occasionné la mort d'un grand nombre de personnes, discrédita la navigation à vapeur pour de longues années.

L'époque n'était pas encore venue pour ce genre de locomotion ; partout on disait qu'il était dangereux, qu'il coûtait trop d'argent, que le charbon occupait trop de place, qu'il fallait ajouter au nombreux personnel des matelots encore des machinistes et des chauffeurs, que le vent était une force gratuite, et qu'en définitive le temps qu'on pourrait gagner dans le trajet rapide n'avait déjà pas une si grande valeur. Mais le progrès finit toujours par être reconnu ; en outre, l'application de l'hélice est venue ajouter un nouvel élément de prospérité à cette belle invention, et aujourd'hui les bateaux à vapeur circulent sur toutes les rivières et sur toutes les mers.

Il ne restait plus qu'une lacune à combler : c'était d'effectuer les transports réguliers à travers l'Océan. Il y a déjà quarante ans qu'un steamer américain, parti de Savannah, dans l'Etat de Géorgie, arriva, après une traversée de vingt-cinq jours, à Liverpool ; il retourna, mais il fut démonté, changé en navire à voiles; puis il sombra quelque part, et on perdit de vue ces sortes d'entreprises.

Néanmoins on eut confiance dans l'avenir de la navigation transatlantique. De hardis spéculateurs reprirent cette question en sous-œuvre, et le navire colossal le *Great Western*, de 80 mètres de longueur, fut construit ; puis un autre plus colossal encore, le *Great Eastern*, auquel on a donné le surnom de *Léviathan*, cet animal mystérieux dont il est question dans la Bible. Ils naviguèrent de Londres en Australie et aux Etats de l'Union, posant des câbles électro-magnétiques, organisant des services pour les voyageurs, les marchandises et la poste, et transportant des houilles aux escales de dépôts où les bateaux à vapeur de faible tonnage viennent s'approvisionner en route.

La France ne pouvait pas rester indifférente à la réussite des paquebots de l'Océan. Il s'était formé pendant dix-huit ans plusieurs sociétés pour effectuer ces parcours lointains, et après bien des péripéties une entreprise générale s'est constituée définitivement à cet effet.

En résumé, si nous acceptons l'année 1707, où Papin construisit son premier bateau à vapeur, comme point de départ de cette invention, et l'année 1857 comme terme de ses derniers perfectionnements, nous avons un laps d'un siècle et demi depuis la conception de l'idée jusqu'à son entière réalisation (*).

(*) Jouffroy, né en 1751, ancien officier de l'armée française, entré à l'hôtel des Invalides, mort du choléra à quatre-vingts ans.

Fulton, né dans l'Etat de Pensylvanie, en 1767, mort à cinquante ans. Il inventa aussi des machines à tailler les pierres et à fabriquer des cordes.

Franklin est né en 1706 à Boston, dans les Etats-Unis d'Amérique. Il fut placé dans une imprimerie. A force de travail, il devint bientôt chef d'un établissement typographique à Philadelphie. Sa fortune augmenta avec rapidité ; il créa l'association littéraire destinée à répandre l'instruction parmi les ouvriers. Sa carrière politique fut aussi utile que brillante ; lors de la déclaration de l'indépendance de sa patrie, il fut envoyé comme ministre plénipotentiaire à Paris. Il est mort à quatre-vingt-quatre ans. L'Assemblée nationale française prit le deuil à cette occasion. On lui doit la découverte de l'attraction de l'électricité par des pointes métalliques, ainsi que l'invention du paratonnerre. Il a laissé plusieurs écrits scientifiques et philosophiques.

Pour apprécier le libéralisme de l'ambassadeur, ancien imprimeur, on n'a qu'à lire l'anecdote suivante : « A Philadelphie, il n'y a pas de noblesse, et les citoyens y sont ou commerçants ou ouvriers ; la société des négociants s'étant proposé de donner un bal, résolut, pour s'assurer un rang au-dessus des ouvriers, de ne pas admettre ces derniers ni leurs femmes ni leurs filles. Franklin, consulté sur ce point délicat, trouva que, Dieu étant exclu de cette réunion, elle n'avait pas sa raison d'être. Que voulez-vous dire? lui demanda-t-on. « Dieu, répondit-il, « n'est-il pas notoirement le premier et le plus grand ouvrier de l'univers? L'E- « criture ne dit-elle pas que c'est lui qui a créé toutes choses ? »

Washington, né en 1732 dans l'Etat de Virginie, était chef de l'armée fédérale. Inspiré de sentiments patriotiques et guidé par une prudence et une capacité rares, il sut résister, lors des guerres d'indépendance, aux amiraux anglais. Il fut élu président de la nouvelle république qu'il avait contribué à fonder, puis réélu en 1793. La mort le surprit dans l'exercice de ses hautes fonctions. Il est regardé universellement comme un des hommes les plus sages et les plus probes qui aient jamais gouverné une grande nation.

Et qu'était Washington au début de sa glorieuse carrière?

Un simple géomètre-arpenteur.

Il est bon de donner, chaque fois que l'occasion s'en présente, la vie de pareils hommes comme modèle aux travailleurs, qui souvent s'impatientent et manifestent des aspirations inutiles ou contraires à la vertu. Ils sauront qu'ils ne peuvent arriver aux honneurs et à la fortune que par le zèle, la bonne conduite et l'instruction.

§ 1. — BATEAUX A ROUES.

Les roues propulsives pour bateaux avaient déjà été connues dans l'antiquité, comme nous venons de le voir, mais on ne s'en est pas servi de suite pour la navigation à vapeur. On avait craint que leur effet ne pouvait pas être considérable, vu que les palettes, sortant de l'eau et en soulevant une partie du liquide, perdaient ainsi la majeure partie de leur force; l'expérience ayant appris que cette perte n'est pas considérable, on a fini par les appliquer aux bateaux à vapeur.

La construction des roues propulsives. — Leur diamètre est déterminé tant par la position de leur axe au-dessus de la flottaison, que par les angles de l'entrée des palettes dans l'eau, ou de leur sortie hors de l'eau. On n'est pas encore fixé à cet égard; quelques constructeurs recommandent les petites roues qui travaillent vite, qui sont moins lourdes et ne rejettent pas l'eau. Cependant, pour les grands navires, il faut de grandes roues, car, par le gros temps, les petites roues peuvent être complétement immergées. Aussi les steamers transatlantiques ont des roues colossales d'un diamètre de 12 mètres.

La distance entre les palettes, pales ou aubes, est le *pas de la roue*, qui doit être calculé de façon que l'eau se dégage facilement entre deux aubes consécutives; si ce pas était trop grand, il n'y aurait pas assez d'aubes en activité, et le navire n'avancerait pas suffisamment. La pratique a déterminé un écartement moyen qui est de 1 mètre. Les constructeurs anglais disent qu'il faut autant de palettes qu'il y a de pieds dans le diamètre de la roue, ce qui est exactement la même chose. Il doit y en avoir trois plongeant de 8 à 10 centimètres dans l'eau. Les roues sont au nombre de deux, de chaque côté du bateau; cette disposition maintient la stabilité du navire; sur les petits bateaux des rivières, les roues sont situées à l'arrière; ces embarcations sont alors plus étroites et peuvent facilement franchir les passages dangereux, les *rapides*.

Lorsqu'on marche à la voile, on affole les roues, c'est-à-dire on ne leur donne pas de mouvement utile; elles tournent parce qu'elles se heurtent contre l'eau; on peut aussi les démonter en enlevant toutes les palettes qui trempent dans le liquide, et on fixe la roue.

Les aubes ne travaillent qu'à partir de leur entrée dans l'eau jusqu'à la ligne verticale ; après cela elles soulèvent les vagues pour les rejeter au-dessus du niveau : c'est ce qu'on appelle le *travail oblique ;* en outre, l'action commence par un choc, par des saccades, ce qui cause toujours une perte de force motrice. Ce sont les inconvénients de ces palettes fixes qui ont déterminé l'emploi des palettes mobiles ou articulées, mais dont les avantages sont plutôt théoriques que pratiques ; les aubes articulées sont lourdes, elles demandent de continuelles réparations et offrent moins de solidité que les aubes fixes ; on ne s'en sert pas quand des glaçons sont charriés. Dès qu'une de ces aubes est désarticulée, il faut l'enlever, opération toujours dangereuse en pleine mer.

La vitesse des roues doit être de beaucoup supérieure à celle du bateau, puisqu'elles avancent elles-mêmes avec lui. Pour obtenir le maximum d'effet, la marche des aubes doit être d'un quart supérieure à celle du bateau.

Les avantages et les inconvénients des roues. — Les roues offrent des avantages, dans les fleuves, où l'on utilise leur force en entier. Il n'en est plus ainsi sur mer ; le roulis peut élever une des roues hors de l'eau, qui alors tourne à vide, et immerger complétement l'autre, qui ne produit plus aucun effet ; en outre, le travail de la machine devient très-incertain, puisque la résistance ne s'exerce que d'un côté.

§ 2. — BATEAUX A HÉLICE.

L'idée d'appliquer la vis ou l'hélice à la propulsion des bateaux date de cent ans à peu près. L'ingénieur anglais Bushnell attacha cette vis à un bateau sous-marin, ou plutôt il en attacha deux, l'une verticale pour monter ou pour descendre, l'autre horizontale pour aller en avant ou en arrière.

Tel est le point de départ de l'idée des bateaux à hélice. Nous allons voir maintenant de quelle façon elle s'est développée.

Dallery appliqua l'hélice aux bateaux à vapeur à l'époque où Fulton navigua sur la Seine. L'action de la machine motrice devait être transmise au moyen de cordes ; mais on n'obtenait aucun résultat. Cette circonstance fut connue de tout le monde, et elle jeta une grande défaveur sur les bateaux à vapeur, qui étaient à leur début.

Dallery cependant persévéra dans ses essais, qui absorbèrent ses ressources, et se trouvant ainsi arrêté, il prit un parti héroïque : de ses propres mains il démolit son bateau, et cela juste au moment où Fulton passait devant lui dans son triomphe éphémère. Les déboires de Dallery ne découragèrent pas d'autres mécaniciens de marcher sur ses traces.

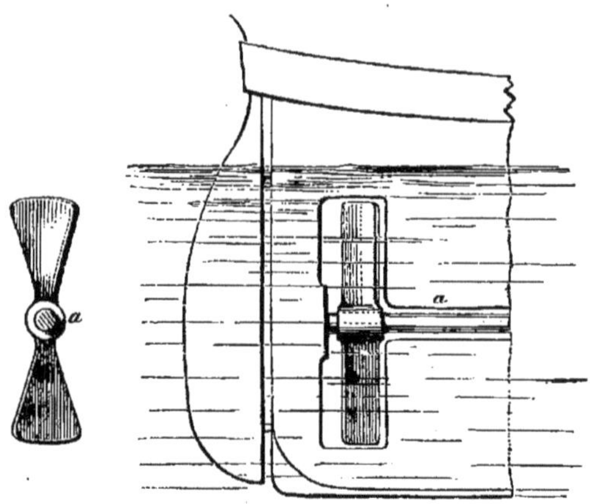

Fig. 397.

Ressel construisit un bateau à hélice dans le port de Trieste en 1826; mais sa machine, après avoir marché dans de bonnes conditions, se brisa par accident, et elle fut abandonnée.

Voici maintenant une sombre image qui se présente : Frédéric Sauvage, devenu fou après avoir regardé de la fenêtre de sa prison à Boulogne, où il était enfermé pour dettes, des Anglais qui faisaient manœuvrer son bateau à hélice ; ces dettes, il les avait contractées pour le construire. Napoléon III le fit placer dans une maison de santé de la rue de Picpus, à Paris. Que pouvait-on faire de plus pour un pauvre vieillard qui n'avait plus la conscience de son œuvre, qui avait perdu la raison? Détournons nos regards de ce triste épisode du martyrologe des inventeurs.

Les efforts de ces hommes d'initiative ont porté leurs fruits, et grâce à l'habileté de quelques ingénieurs, Erickson entre autres, l'hélice est acceptée aujourd'hui comme un puissant appareil de propulsion.

La construction des hélices. — L'eau est un écrou dans lequel tourne une hélice qui fait avancer ou reculer le bateau suivant le sens dans lequel elle agit. L'héliçoïde est la surface de cette espèce de vrille ; l'hélice n'en est que la ligne ; mais dans la pratique on a confondu ces deux termes.

A la suite d'une fausse manœuvre, une partie de l'héliçoïde d'un certain navire a été brisée, et on s'est aperçu qu'il n'en marchait que mieux. Depuis lors, on n'emploie plus des hélices entières, mais seulement des hélices coupées, des ailes qui sont implantées autour d'un cylindre ou moyeu *a* (fig. 397), comme les rais d'une roue de voiture ; elles sont au nombre de deux à six.

La forme des hélices varie à l'infini ; on en connaît plus de cent espèces ; on y remarque l'hélice Boomerang, qui imite l'arme favorite des sauvages de l'Australie, espèce de double glaive dont la poignée est au milieu. Beaucoup d'inventeurs s'attachent encore journellement à l'amélioration de l'hélice ; mais, en attendant mieux, il est admis que celle qui est formée d'une seule révolution réunit les conditions les plus avantageuses, et que cet engin s'il est en cuivre ou en laiton, résiste mieux à la corrosion de l'eau de mer que celui en fer. Dans les navires doublés de cuivre, il est indispensable que l'hélice soit en bronze, à cause des réactions galvaniques. Si l'on cherchait, au point de vue de la construction, un classement des hélices, on pourrait admettre : les hélices fixes et les hélices amovibles, celles qu'on n'enlève pas et celles qu'on démonte pour les hisser dans un compartiment spécial, *le puits*, placé au-dessus du compartiment où elles travaillent, *la cage*. Chacune de ces conceptions offre des avantages qui doivent compenser leurs inconvénients.

Ainsi ce que l'hélice fixe gagne en force par sa grandeur, vu qu'il y a un espace suffisant, elle le perd en travail de réparation, car il faut fréquemment la faire visiter par un plongeur qui nettoie les coussinets et qui enlève les corps étrangers dont elle est souvent embarrassée. Pour arrêter sa marche, on la détache de l'essieu : on la désembraye.

Les hélices amovibles sont plus faciles à réparer ; elles peuvent être ôtées instantanément, quand le bateau doit marcher à la voile ; mais, pour établir leur puits, il faut entailler l'arrière du bateau, qui perd ainsi de sa solidité.

Comme deuxième mode de classement des hélices, nous pouvons les diviser en hélices qui ont un mouvement direct, ou qui marchent avec des engrenages, ainsi que nous pourrons le voir tout à l'heure.

Tels sont sommairement les points essentiels qui concernent la construction d'une hélice; voici maintenant ceux qui se rapportent à ses effets dynamiques. En la tournant, on voit que ses faces reçoivent, par l'eau, une poussée qui est inclinée par rapport à l'axe de rotation; elle se décompose en deux forces, l'une perpendiculaire à l'axe et pressant sur la quille, l'autre parallèle à l'axe et faisant avancer le bateau. Si l'hélice tournait dans un corps solide au lieu de tourner dans le fluide, à chaque tour complet ce navire avancerait d'une longueur égale au pas de l'hélice.

Les causes de perte de travail dans les hélices, de même que dans les roues, sont le *recul* et le *frottement*.

Le recul est la différence entre la vitesse du propulseur et celle du navire; il provient de ce que l'eau cède sous la pression du moteur; c'est la fuite du point d'appui. Il y a aussi des pertes de travail résultant de la force centrifuge qui projette l'eau au-dessus de son niveau.

Néanmoins, la dernière limite de leur perfectionnement semble atteinte, puisqu'elles rendent près de 70 pour 100 de la force motrice.

Ajoutons encore que dans le principe on avait craint que l'hélice n'imprimât à l'eau un mouvement qui rendît le navire moins sensible à l'action du gouvernail; l'expérience a prouvé que cette crainte n'était pas fondée.

Les avantages et les inconvénients de l'hélice. — L'hélice offre des avantages marqués; plongée en entier dans l'eau, elle a un mouvement toujours régulier, à moins que dans les coups de tangage la poupe ne se soulève en l'air; alors l'hélice prend une vitesse extrême, trois cents tours par minute; puis, quand elle revient dans l'eau, la réaction s'opère; la machine s'arrête pour repartir un instant après avec une vitesse folle qui peut la détraquer, au point que le mécanicien ne puisse plus s'en rendre maître. L'hélice est à l'abri des coups de canon; elle permet de faire les navires plus larges, puisqu'on gagne la place des tambours des roues; on peut l'enlever facilement et marcher à la voile; elle descend le centre de gravité et donne plus de stabilité au navire; les batteries peuvent être établies tout le long du bâtiment sans discontinuité.

Par contre, la transmission de la force est coûteuse; quand l'hélice est endommagée, sa visite et ses réparations sont dispendieuses (*).

§ 3. — BATEAU A ROUES ET A HÉLICE.

Il n'y a pas encore des données suffisantes pour pouvoir se prononcer sur l'emploi simultané des roues et de l'hélice ; afin de s'en rendre compte, on s'est livré à une expérience assez curieuse ; on a attaché par la *poupe* ou à l'arrière deux navires de même grandeur et ayant des machines de force égale, l'un à roues, l'autre à hélice; l'hélice a remorqué les roues; mais, en amarrant les bateaux par la *proue* ou à l'avant, ils ne bougèrent pas. On a dès lors songé à combiner la roue avec l'hélice, dans l'espoir que leurs avantages se combineraient, que leurs inconvénients disparaîtraient dans cette fusion ; enfin qu'en cas d'accident, l'un des moteurs remplacerait l'autre.

Cette combinaison ne peut s'appliquer qu'au cas où il y a deux machines, l'une pour les roues, l'autre pour l'hélice : si on divisait le travail du moteur en deux parties, on en diminuerait l'effet total, car on sait que plus on sous-divise les machines, plus on les complique, et plus on augmente les surfaces frottantes et la résistance.

§ 4. — TOUAGE ET TOUEURS.

Pour opérer le touage, ou halage des bateaux à point d'arrêt fixe, on se sert d'une chaîne noyée au milieu d'un fleuve ou d'un canal, et à laquelle se remorque un toueur, ou bateau avec machine motrice. Celle-ci enroule cette chaîne sur un tambour en amont et la déroule en aval.

(*) Dallery est né à Amiens en 1754; il est mort à quatre-vingt-un ans. Sa longue et pénible carrière a été remplie par d'utiles inventions de tout genre; il exerça le métier d'apprêteur de métaux, et tout le bénéfice qu'il en retirait, il le consacra à la réalisation de son escargot: c'est ainsi qu'il appelait l'hélice.

Ressel, né en Bohême en 1793, est mort à cinquante-cinq ans.

Ce n'est qu'aujourd'hui que l'empire d'Autriche se rappelle cet inventeur, et que la ville de Vienne lui élève une statue.

L'idée du touage est déjà ancienne. Le marquis de Jouffroy avait placé dans son bateau à vapeur une petite roue attachée à la machine même et une ancre avec une corde; ces engins devaient servir pour le cas où le courant augmenterait à un degré tel, que la roue du bateau à vapeur à palettes ne pourrait plus le surmonter. On allait en avant, on laissait tomber l'ancre, la petite roue enroulait la corde, et le bateau avançait (*).

Vers la même époque, le maréchal de Saxe, grand promoteur de sciences appliquées, tenta un essai de touage qui fut imité en 1820 à Lyon.

Le toueur était un batelet à fond plat, espèce de radeau ou de manége flottant de 24 mètres de longueur, dans lequel une demi-douzaine de chevaux enroulaient sur des treuils une corde de traction; elle était ensuite ramassée derrière le toueur par un canot, puis reportée en avant à une distance d'un quart de lieue et amarrée solidement sur le rivage. Ce système fut remplacé par une chaîne noyée au fond de la rivière. La révolution de février 1848 en a arrêté l'exploitation. Les crocheteurs, qui portaient d'habitude les marchandises, virent dans le touage une concurrence; ils détruisirent tout le matériel de la compagnie, qui ne s'est pas relevée de ce désastre.

En 1857, on avait établi dans le canal souterrain de Saint-Quentin (département du Nord) un toueur manœuvré par huit chevaux qui tournaient sur un large manége faisant partie du bateau toueur. De 200 en 200 mètres étaient scellés des pitons de fer dans le mur de la banquette de halage; on y accrochait une corde qui s'enroulait sur un cabestan fixé dans le toueur. Dès que le convoi était arrivé à un de ces pitons, un ouvrier détachait la corde et allait dans un batelet la porter au piton suivant. Ces cordes sont remplacées actuellement par une chaîne noyée et la main-d'œuvre qu'exigeait leur continuel déplacement est ainsi économisée. Les chevaux continuent toujours à donner la force motrice. La vapeur ne peut pas être employée dans ce tunnel, à cause de la fumée que les dispositions locales ne permettraient pas d'évacuer.

Le touage à la vapeur et à chaîne noyée est appliqué aujourd'hui en

(*) *Touage*, de l'anglais *to tow*, tirer; c'est un terme de marine qui désigne l'action de tirer (de touer) un bateau au moyen d'un câble attaché à un point fixe dans un port; le câble, qui s'appelle une *toue*, a une longueur de 120 brasses ou 200 mètres.

France par deux sociétés ; l'une possède le trajet en amont de Paris (la haute Seine), l'autre en aval de Paris (la basse Seine). Le trajet total va depuis l'embouchure de l'Yonne à Montereau, jusqu'à l'embouchure de l'Oise.

Il y a aussi un toueur sur le canal Saint-Martin à Paris.

Dans la rivière de l'Elbe, près de Magdebourg, on a posé une chaîne de touage sur 4 kilomètres pour traverser un rapide, avec un toueur à vapeur qui traîne trois bateaux chargés.

Le touage peut avoir lieu de deux manières : la machine à vapeur est installée sur un bateau séparé, ou sur le navire marchand même.

Le toueur remorqueur unique, ou le touage par convoi (fig. 398). — C'est un bateau à fond plat, sans lest. A l'avant et à l'arrière sont établies deux chambres séparées par des cloisons étanches, afin que si le bateau faisait eau, sa sûreté ne soit pas compromise.

Il y a deux gouvernails, vu que le toueur ne se retourne pas. A l'avant et à l'arrière se trouvent deux rouleaux verticaux entre lesquels passe la chaîne *eae*, et c'est sur eux qu'elle exerce sa traction oblique.

La machine à vapeur est placée au centre du bâtiment ; elle est à

Fig. 398.

cylindres inclinés *i* à détente variable et à condensation. Elle exerce un effort de 40 chevaux et donne une vitesse de 6 kilomètres à l'heure en descendant, et de 2 kilomètres en montant, avec 40 tours de l'arbre de couche par minute, et 60 tours dans le second cas. Les deux chaudières *u* sont placées aux extrémités avec leurs soutes à charbon ; elles sont tubulaires et marquées à 5 atmosphères ; elles consomment 100 kilogrammes de houille par heure. Deux chaudières valent mieux qu'une. La charge du bâtiment est mieux équilibrée, le service est plus facile, et, en cas d'accident, on peut à la rigueur marcher avec une seule chaudière pendant quelque temps.

Les treuils qui doivent enrouler la chaîne sont composés chacun de cinq poulies de fonte de même diamètre enfilées sur le même arbre, mais séparées entre elles par des plaques de tôle un peu plus grandes, qui forment des joues de séparation. Le tout est réuni par de forts boulons; c'est donc un seul tambour à gorges parallèles.

Les roues d'engrenage sont montées sur le prolongement de l'arbre de couche; mais elles ne sont pas de même diamètre, afin de pouvoir faire varier la vitesse du toueur indépendamment de la vitesse de la machine motrice; car il importe de pouvoir changer à volonté la vitesse du bateau suivant qu'on monte ou qu'on descend le courant. Ce changement est obtenu au moyen d'un mécanisme de débrayage. Les roues sont fixées sur l'arbre de couche avec de longues clavettes, de manière à pouvoir se déplacer horizontalement, sans cesser de tourner avec lui.

Dans ce système les toueurs ne peuvent pas se croiser; lorsqu'ils se rencontrent en route, l'un cède son convoi à l'autre, puis s'en retourne à vide.

Le bateau-frein Bouquié. — Il est destiné spécialement à maintenir en place la queue du convoi, si le toueur qui est à la tête s'arrête subitement; il se compose d'un bateau ordinaire qui porte une poulie à empreintes sur laquelle passe la chaîne avant de tomber à l'eau. C'est cette poulie qui est le frein; elle agit dès qu'un batelier de service l'empêche de tourner; la chaîne produit alors une pression suffisante pour retenir l'arrière du convoi.

Les toueurs installés sur chaque bateau marchand. — Dans ce système, au lieu de traîner plusieurs bateaux avec un seul remorqueur, chaque bateau devient son propre toueur. A cet effet, on y installe une locomobile qui se remorque elle-même. L'appareil de traction doit être disposé de façon que tous les croisements puissent s'opérer sur une chaîne unique pour la montée comme pour la descente, car plusieurs chaînes finiraient par s'entremêler. Cet appareil se compose d'un arbre à l'extrémité duquel se trouve une poulie, puis de deux roues dentées et d'une roue à volant, laquelle est reliée à la locomobile par une courroie. Cette poulie joue le rôle principal; elle est à mâchoires et peut saisir la chaîne; voici dans quel but.

Quand deux bateaux viennent à se croiser, le bateau montant jette l'ancre, quitte la chaîne et laisse passer le bateau descendant; puis il reprend la chaîne et la replace sur la poulie.

On voit que cette manœuvre du croisement n'est possible que quand la chaîne repose seulement sur la poulie motrice ; elle ne peut pas s'y enrouler. Il y a donc dans sa gorge des parties saillantes, aspérités ou empreintes, qui préviennent le glissement de la chaîne en s'accrochant aux maillons. La poulie est aussi à gorge lisse, mais alors elle porte latéralement six doubles mâchoires mobiles pour lesquelles la chaîne n'a plus besoin d'être calibrée ; on peut lui donner une grosseur variable et correspondant aux difficultés qui sont à vaincre dans les divers passages des cours d'eau.

Pour appuyer la chaîne contre la poulie motrice, on la fait passer à l'arrière sous une poulie directrice qu'on peut enlever à volonté pour laisser tomber la chaîne lors des croisements (système Bouquié).

La chaîne de touage. — Elle est attachée aux deux extrémités de la ligne à parcourir, en amont et en aval. Si elle se casse, le toueur jette l'ancre et les bateliers repêchent avec des gaffes les bouts cassés et les réunissent avec des nabots, maillots mobiles formés avec des goupilles ; quand on chasse ces goupilles à coups de marteau, le nabot s'ouvre.

La chaîne continuellement dérangée est mise en place par le toueur descendant ; comme elle est fortement tendue d'amont en aval, elle finirait par se briser, si on ne la détendait pas. A cet effet, le toueur, qui en descendant tire la chaîne à lui d'aval en amont, la retient sur l'arrière, et quand il y a une longueur suffisante pour lui donner du mou, il la laisse retomber de distance en distance. La tension finit donc par être la même sur tout le parcours.

Pour franchir une écluse avec les toueurs, sans couper la chaîne, on passe celle-ci par-dessus les portes de l'écluse, au moyen d'une poulie fixée sur ces portes. Si le toueur doit entrer dans l'écluse, on ouvre la porte et on abandonne la chaîne dans le sas ; dès qu'il est entré, on repêche la chaîne, et on la replace après avoir fermé la porte d'aval. Cette même manœuvre se répète ensuite à l'amont.

Les avantages des toueurs. — Les avantages sommaires de ce système de traction sur les autres systèmes similaires, halage par hommes, par chevaux, par bœufs, par remorqueurs libres à vapeur, sont les suivants : la navigation est praticable pendant les basses eaux, puisque la chaîne suit le thalweg ; les berges ne sont pas détériorées ; l'usure des agrès des bateaux, cordes, etc., est moindre que dans le halage ordinaire; les départs sont réguliers, car le batelier choisit son jour, attend le toueur au passage et accroche son bateau; la vitesse est plus grande que par la traction à chevaux; aujourd'hui deux bateaux à toueur font autant de voyages que trois bateaux ordinaires autrefois; le prix du transport est moindre (*).

En résumé, le touage offre la régularité, la célérité, l'économie des transports, et n'entrave par aucun obstacle la liberté de la navigation. Malgré ces avantages incontestables, il ne se généralise pas; peut-être parce que, au lieu de le simplifier, on l'a compliqué, et la preuve se trouve dans l'addition de ce bateau-frein, dont on ne parlait pas à l'origine. Du moment qu'on a inventé un système de touage compliqué, on peut aussi bien inventer un touage simplifié. Invention pour invention, c'est à cette dernière qu'il faut s'attacher, si l'on veut atteindre un but pratique; il est indispensable surtout de ne pas perdre de vue que, si les chaînes noyées offrent une très-belle solution d'un problème de mécanique industrielle, elles n'en sont pas une solution indispensable, comme l'est par exemple une locomotive à grande vitesse que rien ne remplace. Ici, au contraire, tous les moyens de transport sur eau conduisent au même résultat, abstraction faite des dépenses d'établissement et d'exploitation des divers systèmes, qui offrent un choix assez varié.

§ 5. — MACHINES DES BATEAUX A VAPEUR.

Toutes les machines à vapeur peuvent être installées dans les bateaux, si l'emplacement qu'on leur assigne le permet; mais en général, on ne se sert que des machines à balancier, à bielle directe ou en retour, à cylindres oscillants et à fourreau.

Le choix dans ces divers systèmes est commandé par la nature du bateau, à savoir s'il est à roues ou à hélice. Il y a cependant une règle uniforme qui est commune à tous les deux : c'est que la machine doit être à condensation, puisqu'on a de l'eau à volonté. La basse pression était seule usitée il y a trente ans. La haute pression peut également être employée; mais on lui adresse de nombreux reproches. Les dé-

(*) Le thalweg — chemin (*weg*) de la vallée (*thal*) — est la ligne la plus profonde dans une rivière, et qui est indiquée par les basses eaux quand elles se réduisent à un simple filet.

pôts salins augmentent dans une forte proportion à la suite de l'élévation de la température, car à 150 degrés les sels se précipitent en masse. On ne bénéficie pas de l'eau de condensation, qui est à peu près pure. Les fuites dans les cylindres, les tiroirs, et dans les presse-étoupes sont difficiles à éviter. Les hautes pressions impliquent la forme cylindrique des chaudières, laquelle ne se prête pas aussi bien que les chaudières de Watt à l'installation dans un bateau, dont la place doit être ménagée autant que possible. Enfin, le reproche le plus grave, c'est qu'une explosion dans les hautes pressions a des effets plus désastreux que dans les basses pressions. Malgré les inconvénients qui viennent d'être signalés, on marche sur les grands fleuves des États-Unis avec 8 à 10 atmosphères. Il est vrai que la perte d'un navire à vapeur est chez les Américains un fait ordinaire qui n'a pas une grande importance à leurs yeux.

La seule différence entre les machines des bateaux et les autres machines à vapeur consiste dans les chaudières, qui, pour les bateaux, exigent une disposition particulière; elles sont traversées, comme les chaudières tubulaires, par des compartiments, tubes ou cloisons, qui ont pour but d'arrêter l'eau que le roulis du navire cherche à déplacer; le métal n'est pas alors mis à nu et ne peut pas aussi facilement rougir. Il faut aussi extraire d'heure en heure, au moyen d'une pompe spéciale, l'eau de mer saturée de sel (32 grammes par litre), afin que ce sel ne se dépose pas et ne forme pas d'incrustations; cette pompe s'appelle *pompe à saumure*.

Pour ne pas perdre le calorique de cette eau de saumure, on la fait passer par un tube qui se trouve enfermé dans le tube alimentaire. L'eau fraîche s'échauffe alors. C'est une petite économie; mais sur mer il faut ménager le combustible, qui ne peut se renouveler qu'aux dépôts établis dans les escales.

Les machines des bateaux à roues (fig. 399). — Le type de ces machines est la machine de Watt à basse pression. Fulton l'avait employée et elle l'est encore aujourd'hui. Les roues, à cause de leur grand diamètre, n'exigent qu'une faible vitesse de rotation, et alors une marche très-douce des pistons suffit. Quant aux dimensions de la machine, elles sont déterminées par la hauteur de l'essieu au-dessus de la quille.

Pour les bateaux à roues, on emploie deux machines au lieu d'une, puisqu'on ne peut pas établir de volant. Les manivelles n, n' de l'arbre *aa* de chaque machine sont disposées à angle droit l'une sur l'autre, afin de franchir les points morts.

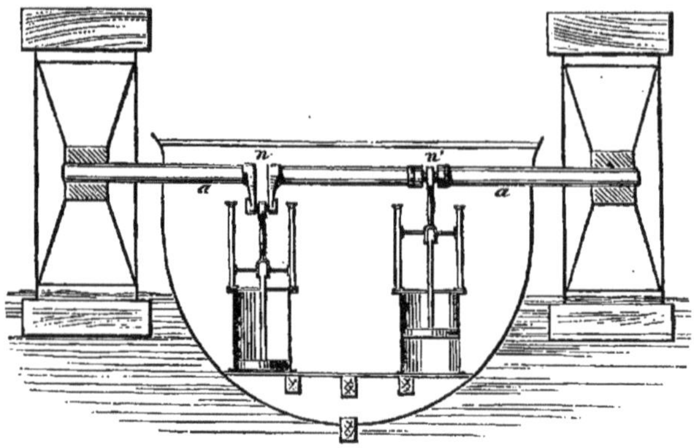

Fig. 399.

Les machines des bateaux à hélice. — Dans ces bateaux, il y a beaucoup d'éléments qui commandent : l'hélice devant avoir son arbre près de la quille, il faut que la machine travaille presque par terre pour que son centre de gravité ne soit pas soulevé. L'hélice n'étant pas grande, comparativement au travail qu'elle exécute, doit marcher très-vite. Cette vitesse peut être obtenue par une machine qui marche vite, et tourne directement l'arbre de l'hélice ; ou par une machine qui marche lentement et agit sur l'hélice par l'entremise d'un engrenage. Dans ce dernier cas, comme pour les roues, tous les systèmes peuvent être employés. Celui à deux cylindres inclinés et agissant sur le même arbre est le plus usité.

Les machines rapides ont un petit cylindre, mais leurs dérangements sont nombreux et graves. L'emploi de l'engrenage rend les mouvements très-réguliers, car la grande roue fait volant sur la petite roue ; mais elles ont beaucoup d'organes, ce qui augmente leurs frottements. En outre, les engrenages sont ici plus dangereux que partout ailleurs ; car une seule dent qui se brise peut entraîner la rupture de toutes les autres. La machine, n'ayant plus de travail à faire, prendrait une vitesse effrayante qui pourrait produire sa destruction complète, et rien ne s'offrirait pour parer à ce malheur. Cependant ce tableau sinistre n'empêche pas l'application des engrenages.

Les conditions spéciales d'établissement des machines de bateaux à vapeur. — Les règles usitées dans la construction des machines à vapeur s'appliquent également aux machines des bateaux, qui demandent encore quelques dispositions spéciales, à savoir :

« Équilibrer toutes les pièces symétriques par leur disposition symétrique ou par des contre-poids ;

« Placer le centre de gravité aussi bas que possible ;

« Donner aux mécanismes des dimensions telles que les ruptures ne soient pas à craindre ;

« Éviter les chances de réparation, qui sont toujours difficiles à opérer en pleine mer ;

« Simplifier tous les organes et les rendre accessibles ;

« Enfin remplacer le fer par l'acier, afin d'augmenter la résistance et de diminuer le poids. »

§ 6. — DIVERS SYSTÈMES DE MACHINES POUR BATEAUX.

Les conceptions relatives aux machines de propulsion des navires sont très-nombreuses, en dehors des roues, des hélices et du toueur. Quelques-unes ont été essayées, mais souvent l'expérience ne leur a attribué aucune valeur ; d'autres ont montré au premier examen leur impraticabilité.

Journellement encore on prend des brevets d'invention pour des propulseurs, et comme il est possible qu'on en découvre encore de nouveaux, il ne sera pas hors de propos de signaler les anciennes tentatives aux chercheurs, afin qu'ils ne fassent pas fausse route en réinventant des systèmes connus, ainsi que nous l'avons déjà fait observer dans d'autres circonstances.

Le propulseur à rame verticale. — C'est une grande rame verticale placée près du gouvernail, et à laquelle on donne un mouvement d'oscillation — elle balaye l'eau pour ainsi dire — d'où résulte une poussée qui doit faire avancer le bateau. On l'avait expérimenté autrefois avec les rames palmipèdes.

Le bateau avec chaîne sans fin. — Pour s'en faire une idée, on n'a qu'à imaginer un bateau dragueur, dont la chaîne avec ses godets serait horizontale. Ici les godets sont remplacés par des palettes. Ce système ne donne pas une grande vitesse ; aussi Fulton, qui le premier l'a essayé, n'y a pas donné suite.

Le grappin. — C'est un bateau de 120 mètres de longueur, ayant au milieu une roue munie de griffes qui prennent leur point d'appui sur le fond du lit de la rivière. A cet effet, les tourillons de l'axe de cette roue sont supportés par un châssis en charpente qui est mobile et qui permet au grappin de descendre ; s'il n'atteignait pas le fond, le bateau marcherait avec ses deux roues à palettes. Il y a six machines à vapeur, dont deux pour les roues et quatre à l'avant et à l'arrière pour la manœuvre du grappin. Trois de ces bateaux à grappins fonctionnent sur le Rhône.

Le cône à turbine. — C'est un cône entouré de rampes à hélice, placé sur le devant du navire, et plongé presque entièrement dans l'eau. Une machine à vapeur fait tourner l'arbre auquel ce cône est attaché. L'eau est projetée circulairement, et au lieu d'avoir à l'avant un gonflement, ou surhaussement du niveau, ou remou, il y a, au contraire, une dépression. L'eau rejetée à l'arrière pressera donc sur le bâtiment et le fera avancer.

Le remorqueur hydraulique. — Le principe de ce moteur, qui a quelque analogie avec le précédent, consiste à puiser de l'eau à l'avant du navire au moyen d'une pompe mue par la vapeur, et à la projeter sous la quille à l'arrière, où elle sort par un canal. La réaction de l'eau contre le navire le fait avancer.

On attribue l'invention de ce bateau à Bernoulli. On l'a essayé en 1793 sur la Tamise. On le propose de nouveau aujourd'hui et on lui donne le nom de *remorqueur hydraulique*.

Le bateau à disques. — Les roues sont remplacées par des disques en bois ou en tôle, et placés des deux côtés du navire. L'adhérence de l'eau suffit — à ce qu'on dit — pour donner à ces disques le point d'appui nécessaire ; ils ne projettent pas l'eau et peuvent dès lors être employés sur les canaux, où la destruction des berges est toujours à craindre.

§ 7. — CONSIDÉRATIONS GÉNÉRALES SUR LA PROPULSION DES BATEAUX.

Le propulseur des bateaux libres, c'est-à-dire ceux qui ne sont pas remorqués, constitue un levier du deuxième genre dont la plus simple expression est la rame. La force est représentée par le bras du rameur, la résistance se trouve dans le bateau, et le point d'appui, c'est l'eau. Pour bien envisager cette question, il faut supposer l'eau solidifiée ; hypothèse facile, car il arrive souvent que les bateliers poussent leur embarcation sur la glace, qui ne leur semble pas assez solide pour s'y aventurer à pied, et ils y rament exactement comme sur l'eau. Le point d'appui présente dans ce cas la fixité voulue ; il est un point résistant.

D'après une autre explication, l'eau est considérée comme résistance et le point du bateau où repose la rame serait le point d'appui, lequel semble ne pas céder, quoique la puissance ou le travail du rameur fasse avancer ce point et avec lui le bateau ; et c'est là le résultat qu'on veut obtenir. Même si le bateau suit le courant, la rame qui repousse l'eau contre le courant détruit sa vitesse, et le point d'appui reste fixe à l'égard d'un point pris sur le rivage. Si le bateau remonte, le point d'appui fuit toujours, et il faut, pour que le bateau puisse remonter, que la vitesse qu'on lui imprime soit plus grande que celle du courant : sans cela le bateau recule. Si les deux vitesses sont égales, le bateau reste stationnaire. On voit cela quand les bateaux à vapeur sont amarrés à leur débarcadère ; les roues travaillent toujours un peu contre le courant pour alléger les cordages, afin qu'ils ne se rompent pas.

Au point de vue de la mécanique rationnelle, le vice capital de ce mode de naviguer avec roues ou hélices est de prendre dans l'eau le point d'appui, qui, au lieu de rester fixe, fuit sous chaque pression de la machine ; on prend alors le point d'appui sur une chaîne de touage.

Pour donner la direction au navire, il faut placer le gouvernail du côté de cette direction même ; l'eau frappe contre le gouvernail et fait tourner le bateau. Mais, pour que l'eau puisse frapper à la remonte comme à la descente, le bateau doit aller plus vite que le courant ; il faut donc qu'il ait une force motrice ; s'il la perd, il va à la dérive, il est entraîné par le courant et aucun changement de marche ne peut plus lui être imprimé par le gouvernail.

En résumé, donner la direction à un bateau est très-simple, quand l'eau est calme ; mais dans les courants contraires, pendant les tempêtes, s'il s'agit d'éviter les rescifs et les bas-fonds, le métier de pilote n'est plus aussi facile; il faut faire preuve d'une grande présence d'esprit, ce qui n'est pas donné à tout le monde.

Le courant même peut aussi servir de force directrice, mais seulement dans le cas où le bateau est attaché à un point fixe ; c'est le cas du *bac* ou *pont volant.*

C'est un bateau plat de forme rectangulaire, dont les parois sont parallèles et droites. A ses deux extrémités se trouvent de petits tabliers ou ponts-levis pour faciliter le transport des charrettes et des bestiaux auxquels les bacs sont principalement destinés. Il y en a deux sortes.

Les uns sont construits pour les rivières de faible courant ; d'une rive à l'autre est tendue une corde sur laquelle les bateliers se halent. Lorsque le fleuve est large et rapide, on échoue dans son milieu une ancre à laquelle on attache le câble ou la chaîne du bac, et qu'on soutient par de petits pontons.

Au moyen de gouvernails on dirige l'embarcation de manière qu'elle se présente obliquement au fil de l'eau. Elle décrit dans sa marche un arc de cercle dont le centre est l'ancre, et le rayon le câble.

En traçant le parallélogramme des forces, on voit que le courant est la résultante, dont une composante tire sur la chaîne et l'ancre, tandis que l'autre composante normale au câble fait aborder le bac au rivage.

Les bacs (d'un mot celtique) appartenaient autrefois aux châtelains qui transportaient leurs vassaux moyennant un droit de péage arbitraire. L'autorité enleva peu à peu l'exploitation de ces ponts volants à la féodalité. Aujourd'hui l'Etat les possède, et il les afferme ou les concède à l'instar des autres voies de communication publique.

CHAPITRE XXI.

MACHINES DE NAVIGATION SOUS L'EAU.

Le désir d'imiter les poissons et de voyager sous l'eau est ancien comme le monde. De tout temps il y a eu des plongeurs; Pline raconte qu'ils avaient l'habitude de calmer la mer et de la rendre limpide en y versant de l'huile.

Mais le peu de minutes que l'homme peut séjourner sous l'eau, le malaise qu'il y éprouve, les difficultés qu'il rencontre dans son travail, les maladies auxquelles il s'expose dans ce rude labeur, ont porté les esprits inventifs à chercher les moyens de diminuer ces graves inconvénients.

La cloche à plongeur est le premier appareil qu'on a imaginé à cet effet; puis sont venus les explorateurs sous-marins, les scaphandres, les tritons.

Avant de les décrire, il convient peut-être de démontrer leurs usages.

Les travaux sous-marins sont très-variés; ils consistent : à fonder les ouvrages d'art, pour lesquels il s'agit d'aplanir le terrain, d'enlever les rocs détachés et de faire sauter ceux qui tiennent encore au sol; à visiter périodiquement ces fondations pour s'assurer qu'elles ne sont pas menacées d'affouillements; à déblayer les canaux et les rivières navigables; à repêcher les navires et les cargaisons; à nettoyer les hélices des bateaux à vapeur, qui souvent sont entortillées dans des herbes flottantes et ne peuvent plus fonctionner; à examiner la pose des câbles des télégraphes électro-magnétiques; à installer des machines infernales contre les ennemis, et par la même occasion à découvrir celles qu'ils auraient pu poser; à ramasser des éponges, du corail, des huîtres avec ou sans perles, et de l'étain, qui se trouve sous forme de sable au fond de certaines mers.

§ 1. — CLOCHES A PLONGEUR.

Les premières notions que nous possédons sur les cloches à plongeur datent de l'antiquité.

Du temps d'Aristote on employait des cloches pour porter de l'air aux hommes qui récoltaient des éponges et des coraux au fond de la mer Egée.

Pendant le moyen âge on ne s'est guère occupé de cloches à plongeur.

Il faut donc nous rapprocher des temps modernes, où des expériences précises ont eu lieu avec ces curieux appareils. Aussi l'histoire nous apprend que deux plongeurs grecs descendaient à Tolède, dans le Tage, devant Charles-Quint, en 1538, sans éteindre le feu qu'ils portaient. Ils s'étaient couverts d'un vaste chaudron renversé suspendu à des cordes et portant un plancher dans l'intérieur.

La cloche à plongeur servit, il y a deux siècles, à retirer les canons de l'Armada, flotte de guerre que Philippe II d'Espagne avait envoyée contre la reine Elisabeth d'Angleterre, et qui fut détruite malgré son nom *l'Invincible*, autant par l'escadre ennemie que par la tempête.

Depuis cette époque, la cloche à plongeur est restée la même, et peu de perfectionnements dans sa construction et sa manœuvre y ont été apportés.

C'est toujours une pyramide tronquée ou un tronc de cône en fonte qui a un poids suffisant pour descendre sans lest au fond. Elle pèse 4 tonnes; on lui donne 2 mètres de hauteur sur 1 mètre et demi de largeur; elle peut loger deux hommes. L'air dont elle est remplie empêche l'eau d'y pénétrer; mais il doit être renouvelé pour la respiration des plongeurs; la pompe qui fournit l'air est installée sur une embarcation ou sur une estacade, d'où l'on guide la cloche au moyen de fortes chaînes. Dans l'eau limpide, la lumière pénètre à l'intérieur par de petites ouvertures garnies de verres très-épais.

En 1820, on l'appliqua pour la première fois en France aux travaux hydrauliques de la digue de Cherbourg.

Cet appareil, que l'on commence à abandonner, est difficile et souvent dangereux à manier. Il sépare complétement du monde extérieur les hommes et ne leur permet pas de se mouvoir librement; leurs signaux se bornent à des coups de marteau contre les parois de la cloche.

Au commencement du dix-huitième siècle, l'astronome anglais Halley inventa aussi un moyen de faire pénétrer l'air dans la cloche; il consiste dans un baril rempli d'air comprimé et qu'on échoue sous la cloche; l'air y passe par un tuyau. En même temps on ouvre un robinet en haut de la cloche, et l'air vicié s'échappe.

§ 2. — BATEAUX A AIR.

Le physicien Coulomb proposa déjà en 1773 l'emploi de l'air comprimé dans un bateau pour monter ou descendre dans l'eau, mais ce n'est que pendant ces dernières années que cette idée fut rendue pratique. On a déjà essayé deux espèces de ces appareils (*).

L'hydrostat sous-marin Payerne.— C'est le premier bateau à air; il fut construit en 1840. On l'essaya au port du Croisic pour déblayer des rochers, et au pont au Double, à Paris, pour les travaux de démolition. C'est une caisse rectangulaire de 70 mètres carrés de base sur 6 mètres de hauteur. Il se compose de trois parties distinctes qui peuvent êtres comparées à celles d'un vaisseau. La cale, ou fond, est ouverte; c'est là que l'on travaille, bien entendu, dans l'air comprimé; puis vient l'entrepont, qui est rempli d'eau servant de lest; enfin le pont, où se trouve la pompe à air au moyen de laquelle on aspire l'eau quand on veut descendre, et on la refoule pour monter; on substitue l'air à l'eau et réciproquement. De la cale on passe sur le pont par une cage d'escalier qui sert, comme un puits de mine avec ses échelles, à donner passage aux ouvriers avec leurs tonnes et leurs outils. La caisse de l'hydrostat est formée de parois en tôle dont l'intervalle inférieur est rempli de pierres comme lest permanent.

Cet hydrostat n'ayant aucune communication avec le dehors, il fallait trouver un moyen de maintenir l'air à l'état respirable. A cet effet, on le forçait, avec des soufflets, à traverser une dissolution de potasse.

(*) Coulomb, né à Angoulême en 1736, mort à soixante et dix ans, intendant des forêts. Par ses nombreuses expériences, il contribua au perfectionnement de l'art de l'ingénieur.

Le nautilus (fig. 400).— Aussitôt que les hommes avec leurs outils et les matériaux de construction sont entrés dans la cloche *a* par le tronc *n*, on le ferme. On fait passer, à l'aide de robinets, l'eau dans la chambre *r* afin que le nautilus descende. Dès qu'il est arrivé au fond, on fait entrer l'air dans la chambre *a* sous une pression qui correspond à la profondeur. Des manomètres indiquent les degrés de pression ; on enlève ensuite la partie mobile du plancher, qui est le fond, et on travaille sur le sol.

Le nautilus communique avec le bateau qui l'accompagne par un tuyau flexible ; si ce dernier se rompait, la sûreté de l'équipage ne serait pas compromise. Avec une pompe on enlèverait par le tuyau *rcr*

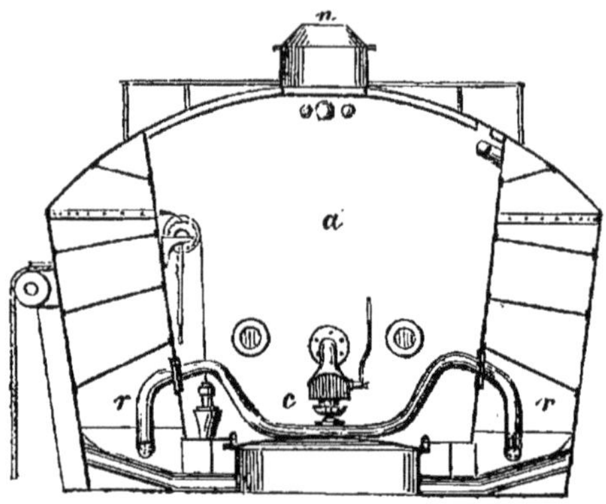

Fig. 400.

l'eau qui forme le lest et le nautilus reviendrait flotter à la surface. Au fond de l'eau, il est retenu par des ancres auxquelles sont attachées des cordes qui passent par des presse-étoupes dans l'intérieur *a*, de façon que les ouvriers peuvent se haler dans la direction voulue.

Le nautilus emprunte son nom à un coquillage qui ressemble à la carcasse d'un navire. Il nage avec rapidité ; quand un danger le menace, il rentre dans sa coquille et se laisse échouer au fond de l'eau. Nous aimons à croire que ce curieux habitant des mers a donné l'idée de cette nouvelle cloche à plongeur.

§ 3. — SCAPHANDRES.

Léonard de Vinci a décrit le premier un scaphandre (composé de deux mots grecs qui signifient *homme-nacelle*), au moyen duquel des plongeurs ramassaient des pièces d'or dans un golfe italien. C'était une espèce de casque ou de cloche qui enveloppait leur tête ; un tube flexible y était attaché et communiquait avec l'atmosphère ; son extrémité reposait sur un flotteur. Nous avons aussi appris qu'un autre essai de scaphandre fut tenté en 1797 dans l'Oder, à Breslau, par le physicien Klingert, de Berlin. L'appareil que portait le plongeur se composait d'un cylindre en fer-blanc qui recouvrait l'homme jusqu'à mi-corps ; les bras sortaient par des ouvertures. Dans ce cylindre, qui avait de petites fenêtres, passaient deux tuyaux ; par l'un entrait l'air frais, par l'autre sortait l'air impur.

Siébé, constructeur à Londres, perfectionna cet appareil, auquel il ajouta une pompe à air ; on s'en sert depuis cette époque dans tous les pays. C'est un vêtement complet, imperméable, en caoutchouc, surmonté d'un casque auquel sont attachés des tubes flexibles par lesquels on refoule l'air, qui s'échappe par une soupape après la respiration. Un manomètre indique la pression de l'air envoyé au plongeur qui a pour lest un plastron en plomb et des semelles épaisses également en plomb.

Heinke, ingénieur civil, a eu l'idée très-pratique d'envelopper la soupape d'échappement de l'air d'un étui qui s'ouvre ou se ferme à la volonté du plongeur ; s'il est en danger au fond de l'eau, il ferme la soupape, il se gonfle et remonte spontanément, irrésistiblement, à la surface ; mais il est indispensable qu'il choisisse bien son point de sortie, pour qu'il ne se heurte pas contre le fond d'un bateau qui peut se trouver au-dessus de sa tête. Par cet ingénieux artifice, il peut régler la vitesse de son mouvement et ne pas se laisser entraîner par le poids du lest. Il faut aussi mentionner le robinet de secours par lequel on donne immédiatement de l'air à l'homme dès qu'il est à terre et avant qu'on ait eu le temps de dévisser le casque, qui est fixé au vêtement par un collier en laiton.

Si par accident les verres ou lunettes du casque se brisaient, malgré le grillage qui les garnit, et que l'eau cherchât à envahir le scaphandre, l'air la refoulerait, et le plongeur aurait le temps de donner le signal d'alarme. Mais lorsque sa vie est compromise et qu'il faut remonter, ce procédé n'est pas assez prompt. On a donc recours à l'expédient que voici. Le cou du scaphandre est entouré d'une espèce de collerette ou de ceinture de sauvetage. Elle se gonfle alors par l'air qui vient du casque et ramène le scaphandre à la surface. Elle est comprimée au moyen d'un poids dont il peut se débarrasser à l'instant.

Malheureusement pour l'avenir de cette nouvelle invention, le danger habituel que court le plongeur provient du manque d'air, et ce collier augmente encore sa détresse.

Un scaphandre peut travailler à une profondeur de 40 mètres pendant quatre heures ; il descend dans l'eau et en sort sur une échelle ; il donne les signaux en tirant un certain nombre de fois sur la corde de sauvetage qu'il s'attache à la ceinture.

Malgré les améliorations successives que les vêtements des scaphandres ont reçues, ils présentent toujours de nombreux inconvénients de principe auxquels on ne saurait guère obvier. Ces inconvénients proviennent tant de l'emploi du casque, qui est encombrant et difficile à enlever, que du gonflement inopportun qui peut se produire, de la gêne des mouvements, du danger d'asphyxie par la cessation du fonctionnement de la pompe, ou de la rupture des tuyaux de conduite, enfin du manque d'un contrôle de ce qui se passe sous l'eau.

En voulant corriger ces appareils, on les aurait encore compliqués ; on a donc eu recours à un moyen radical : on les a enlevés, et les scaphandres se sont transformés en tritons.

§ 4. — TRITONS.

Ce ne sont pas des demi-dieux, mais simplement des matelots, bons nageurs, bien constitués, de la poitrine surtout ; ils portent sur leur dos une caisse remplie d'air comprimé, comme les soldats portent leur sac. Les tritons ne sont pas nus comme ceux de l'antiquité, mais ils sont habillés de laine et de caoutchouc pour le cas où l'eau serait froide ; ils ont un pince-nez véritable qui ferme hermétiquement le nez ; un pince-bouche, qui donne issue à un tuyau communiquant avec la caisse à air. Le triton n'a pas la tête couverte d'une couronne de plantes marines, mais d'un capuchon en caoutchouc ou masque avec deux verres de lunettes.

Ces tritons ont été créés en Amérique ; là ils ont un réservoir d'air comprimé à 17 atmosphères, qui leur permet de séjourner dans l'eau pendant trois heures à 20 mètres de profondeur. Ils portent sous les bras des vessies ou bouées qu'ils remplissent d'air quand ils veulent remonter ; ils n'ont qu'à tourner le robinet d'un tube qui relie ces bouées au réservoir.

Si la profondeur à laquelle travaillent les tritons restait stationnaire, ils n'éprouveraient aucun malaise provenant du poids de l'eau. Mais il n'en est pas ainsi ; ils montent, ils descendent et ils sont alors soumis à une pression qui varie suivant la hauteur du niveau. Il faudrait donc, pour que le plongeur se trouvât dans les conditions vitales ordinaires, que la pression extérieure fût équilibrée par une contre-pression intérieure ; car, cet équilibre étant rompu, des lésions pourraient en résulter ; le sang sortirait de la bouche, du nez, des oreilles comme chez les pêcheurs de perles. On a donc recours à un ingénieux artifice, qui permet au plongeur de régler par sa respiration la quantité d'air.

C'est un réservoir perfectionné composé de deux parties soudées ensemble ; l'une est le réservoir à air, l'autre la chambre à air, dans laquelle le triton respire à l'aide d'un tube flexible. Ce tube est muni d'une soupape qui permet l'expulsion de l'air.

Cette chambre à air et ce réservoir communiquent ensemble par une soupape de distribution qui fonctionne de la manière suivante :

La chambre à air est couverte d'un plateau en bois sur lequel est posée une plaque de caoutchouc. L'eau presse sur ce caoutchouc plus ou moins fort, suivant sa profondeur d'immersion ; le couvercle suit ce mouvement et le communique à la tige de cette soupape de distribution, qui s'ouvre plus ou moins et laisse pénétrer l'air comprimé dans la chambre à air. Dès qu'il y en a en quantité suffisante pour contre-balancer la pression de l'eau, le plateau est repoussé, remonte et entraîne la soupape, qui se ferme. La respiration du plongeur règle donc la marche de ce mécanisme.

Le lecteur voudra bien permettre que je lui présente les deux hommes de talent auxquels nous devons cette nouvelle invention. M. Rouquayrol, ingénieur des mines, avait eu l'idée de placer une caisse à air comprimé sur le dos de ses mineurs chargés d'explorer les galeries des houillères remplies de grisou.

M. Denayrouse, capitaine de vaisseau, ayant eu connaissance de cet appareil, chercha à en munir ses marins-plongeurs.

De l'association de ces deux idées est sorti le triton français, qui serait excellent s'il n'entraînait pas une certaine complication : c'est qu'il faut comprimer constamment l'air au moyen de la pompe du scaphandre, et on est obligé de sacrifier à la régularité de cette compression l'indépendance des mouvements du triton américain.

§ 5. — TUBE PLONGEUR A AIR LIBRE OU PUITS ESPIARD.

Cet appareil tient le milieu entre la cloche à plongeur et le scaphandre. C'est une colossale botte en fer-blanc ou en tôle, qu'au moyen de lest on fait arriver au fond de l'eau; l'ouvrier sous-marin y descend par une échelle, se couche sur la semelle de cette botte, met la tête contre les verres dont la tige est munie et passe ses deux bras dans les manches, en étoffe élastique imperméable, sortant par le talon; il saisit ainsi les instruments, pinces, marteaux, ancres, cordes, etc., avec lesquels il travaille. Dans cet appareil l'homme n'est plus séparé du monde extérieur : il n'a qu'à retourner la tête pour voir le ciel; il peut parler avec ses camarades, prêts à lui obéir au moindre signal.

Il est à regretter que cet appareil, qui envisage le travail sous-marin au point de vue humanitaire, ne soit pas encore entré dans le domaine de la pratique.

§ 6. — BATEAUX SOUS-MARINS.

La navigation sous-marine proprement dite, ou le voyage en bateau ou en canot au fond de l'eau, date de 1550, époque à laquelle l'expérimentateur hollandais Corneille van Drebell, favori du roi Jacques II, inventa une embarcation qu'il savait conduire sous l'eau.

Ce fait est constaté par Robert Boyle. Voici comment, à ce sujet, s'exprime ce philosophe :

« Plusieurs personnes dignes de foi affirment que Drebell construisit pour le feu roi Jacques un navire qui allait sous l'eau, et que ce navire fut essayé dans la Tamise avec un plein succès. Il portait des passagers et douze rameurs. Outre l'arrangement mécanique intérieur, le bateau était pourvu d'une liqueur chimique qui constituait le secret principal de son mode de navigation sous-marine. Car quand Drebell s'apercevait que l'air pur du bateau était consumé ou rendu impropre à la respiration, il n'avait qu'à déboucher un flacon plein de cette liqueur pour rendre rapidement à l'air ses propriétés vitales. »

« Le deuxième essai d'un bateau sous-marin dont nous ayons connaissance, dit le *United Service Magazine of London*, eut lieu en 1774, par Day, de Yarmouth (Angleterre), qui resta sous l'eau pendant quatre heures. Après ce succès, il écrivit à Blake, riche particulier et grand amateur d'aventures, la lettre suivante :

J'ai découvert un procédé par lequel des millions peuvent être gagnés. Cela semble incroyable, et pourtant rien n'est plus simple ni plus facile. Si vous voulez connaître mon secret et vous engager à me donner cent livres sterling pour chaque millier de livres qu'il vous rapportera, il vous appartient. Je ne suis qu'un pauvre ouvrier et n'en puis rien faire sans votre aide.

« A la suite d'une entrevue à Londres avec Blake, Day retourna à Yarmouth muni des fonds nécessaires, à la poursuite de ses expériences. Blake y assista et put constater que son protégé resta pendant douze heures sous l'eau.

« Une troisième descente eut lieu et, comme à la fin de la journée le bateau ne remontait pas, Blake fit part de ses inquiétudes au capitaine de la frégate *Orphée*, stationnée dans le voisinage, en lui demandant de sauver Day et ses compagnons. Tous les efforts tentés furent inutiles, et ni bateau ni plongeurs ne reparurent jamais. »

Fulton, inspiré peut-être des idées précédentes, imagina un système d'attaque sous-marine afin de soustraire toutes les nations à la puissante domination de l'orgueilleuse Angleterre. En 1804, il entreprit à Brest des expériences publiques; avec un bateau-plongeur il fit sauter un navire sacrifié dans ce but. Il resta sous l'eau avec d'autres personnes pendant une heure, sans communiquer avec la surface, et il manœuvra sa chaloupe avec la vitesse d'un mille par heure. N'ayant reçu les encouragements nécessaires ni en France ni en Angleterre, et ne prévoyant pas un grand avenir dans la navigation sous l'eau, il l'abandonna pour ne plus s'occuper que de la navigation sur l'eau, ce qui valait infiniment mieux.

Depuis Fulton, on n'a plus tenté que quelques essais isolés, dont nous citerons deux spécimens.

Le principe de ces bateaux sous-marins est le même que celui du nautilus; nous avons vu qu'en réglant la compression de l'air, on permet à l'eau d'entrer dans ce bateau ou d'en sortir; rendu alors plus ou moins léger, il peut alors monter ou descendre. Pour lui donner une direction dans le sens latéral, le faire naviguer, ce qui était resté un secret, on vient de proposer une machine à vapeur avec hélice. L'air nécessaire à la combustion proviendrait de corps oxygénés mêlés au combustible ; l'air nécessaire aux hommes, l'air respirable, ne serait pas altéré, puisque par le moyen déjà connu des soufflets on le ferait passer dans une dissolution alcaline pour le purifier.

Ces navires sous-marins n'ont pas eu jusqu'à présent beaucoup de succès ; le mal n'en est pas bien grand, car on les a inventés dans une intention méchante : pour glisser des machines infernales ou torpilles sous les vaisseaux ennemis et les faire sauter. Comme bientôt il n'y aura plus d'ennemis nulle part, grâce aux progrès de la civilisation et de l'industrie, qui est son auxiliaire indispensable, ces navires infernaux seront rangés dans les musées à côté des machines de supplice, de torture et de guerre tant anciennes que modernes.

Mais, en attendant le retour à l'âge d'or, nous allons dire quelques mots du *bateau-cigare* et de l'*ictineo*.

Le bateau-cigare Villeroi. — C'est un long cylindre de la forme d'un cigare ; il est entièrement fermé et éclairé par des fenêtres. Pour descendre, on laisse entrer l'eau par des tubes placés à l'intérieur ; pour monter, l'équipage vide ces tubes. Une machine installée dans l'intérieur de cette mystérieuse embarcation fait mouvoir une hélice. On l'a essayé à Noirmoutiers.

L'ictineo. — Tel est le nom que l'ingénieur espagnol M. Monturiol a donné à son bateau, qui a fait en 1862 pendant cinq heures des évolutions dans la rade de Barcelone. Ce navire, dans le genre du précédent, était armé de canons qui tiraient de bas en haut ; il avait également une hélice taillée en vrille coupante, et destinée à perforer les vaisseaux ennemis (*).

(*) Les torpilles sont des espèces de bombes dont l'explosion a lieu généralement au moyen de l'électricité. Elles tirent leur nom de la torpille ; c'est un poisson qui donne des décharges électriques ; on le trouve dans quelques rivières américaines. Il y a deux sortes de torpilles infernales : les *torpilles de choc*, suspendues dans l'eau, qui sautent au moment où un navire les choque ; et les *torpilles dormantes*, qui sont immobiles au fond de l'eau ; on les enflamme de très-loin. Les premières torpilles datent du siége d'Anvers entrepris par le duc de Parme en 1583. Les Anglais les employèrent plus tard devant La Rochelle.

Robert Boyle, philosophe anglais, né en 1620, mort à l'âge de soixante-cinq ans. Il fit des observations importantes sur la nature de l'air et devint un des créateurs de l'école scientifique moderne.

Corneille van Drebell, né en Hollande en 1752, mort à Londres à l'âge de soixante-deux ans. Il inventa le thermomètre et publia deux ouvrages en hollandais sur la physique, qui ont été traduits en français.

CHAPITRE XXII.

MACHINES DE NAVIGATION DANS LES AIRS.

HISTORIQUE.

L'aéronautique ou l'art de voyager dans les airs et d'imiter ainsi les oiseaux, se perd dans la nuit des temps.

Dédale, l'inventeur de la scie, de la hache, des mâts et des voiles, fut envoyé, à la suite d'un méfait qu'il avait commis à Athènes, sa ville natale, dans l'île de Crète, où il bâtit le labyrinthe qui lui servit de prison. Au moyen de plumes attachées avec de la cire, il put se fabriquer des ailes et s'envoler, accompagné de son fils Icare, qui l'avait suivi dans l'exil. Mais Icare s'approcha trop du soleil, la cire fondit, les ailes se détachèrent et il tomba dans la mer Egée, qui s'appelle depuis cette catastrophe la *mer Icarienne*.

Chacun est libre d'expliquer ce mythe à sa façon. Se rapporte-t-il à un homme volant, ou veut-on indiquer l'imprudence des premiers navigateurs qui se servaient de voiles et s'éloignaient des rivages sans avoir le moyen de se guider en pleine mer?

Le projet de s'envoler fut toujours poursuivi, même jusque dans les temps modernes ; les hommes oiseaux s'élevaient, mais leur élan était de courte durée; ils partaient du haut d'une tour, et leurs ailes leur servaient de parachute. C'étaient des châssis en forme de livre dont le dos s'attachait à des bâtons. Ces bâtons se portaient sur les épaules ; on les manœuvrait par les mains et les pieds auxquels ils étaient reliés avec des ficelles. Quand un des pieds descendait, il ouvrait une aile et la main correspondante fermait l'autre aile.

En ce moment la Société aéronautique de Glasgow expérimente l'*oiseau de fer;* c'est une machine à voler. Elle se compose d'un corps cylindrique, chaudière à vapeur à laquelle sont attachées des ailes puissantes, munies de soupapes qui s'ouvrent à la descente et se ferment à la montée. Aux extrémités de la chaudière se trouvent des gouvernails. Cet oiseau, plus lourd que l'air, repose sur un chariot, pour qu'il puisse d'abord courir, prendre son élan et enlever les voitures de voyageurs et les wagons de marchandises, qui sont attachés à la chaudière, je ne sais comment. Le journal anglais d'où j'ai extrait ce récit n'en parle pas. Il dit seulement que, dans le premier voyage aérien, les ailes se sont cassées et qu'à la place du petit modèle, car l'invention n'était encore réalisée que sous cette forme modeste, on va essayer bientôt une machine à voler, grandeur naturelle.

J'ai toujours entendu dire que dans la pratique c'est précisément l'opposé que l'on fait, et que ces sortes d'expériences réussissent quelquefois en petit, rarement en grand ; mais l'aéronautique est un art si merveilleux qu'il ne faut s'étonner de rien.

La navigation aérienne au moyen de ballons date de l'année 1783, où les frères Montgolfier firent à Annonay, dans le département de l'Ardèche, leur première ascension. La contemplation des nuages leur avait inspiré l'idée de les imiter pour monter dans les airs.

Les deux inventeurs ne furent pas très-heureux dans leurs essais primitifs ; ils avaient renfermé dans un ballon de la vapeur d'eau qui se condensait immédiatement, et le ballon restait sur place.

Pendant ces tentatives, ils eurent connaissance de la découverte de nouveaux gaz plus légers que l'air, et ils crurent les produire en brûlant du papier, de la paille et de la laine sous l'aérostat, qui dès lors s'élevait dans les airs. Cependant ils ne se doutèrent pas encore que, par cette combustion, ils n'avaient que raréfié ou dilaté l'air. Ce n'est que plus tard que l'aéronaute Charles substitua à l'air raréfié le gaz hydrogène.

Aucune invention, pas même celle de l'imprimerie, n'eut autant d'éclat que celle des *montgolfières ;* c'est ainsi qu'on appelait les premiers ballons. La phalange des aéronautes s'agrandit ; quelques-uns de ses membres acquirent par des ascensions multipliées une grande fortune ; d'autres, au contraire, furent victimes de leur témérité.

Pilâtre de Rosier perdit la vie, on ne sait de quelle façon, dans la tentative qu'il fit sur les côtes de France pour se rendre dans un ballon en Angleterre. Il fut trouvé mort sur la plage. Il avait voulu imiter le célèbre Blanchard, qui avait réussi à traverser le Pas-de-Calais.

Mme Blanchard ne fut pas aussi heureuse que son mari. Pendant une ascension à Paris, où elle donnait le singulier spectacle d'un feu d'artifice tiré dans le ciel, son ballon s'incendia et sa nacelle tomba sur le toit d'une maison de la rue de Provence, d'où la courageuse femme fut précipitée sur le pavé, où elle se tua.

Malgré cet avertissement d'en haut, les voyages aériens continuèrent dans tous les pays civilisés. Délaissés quelquefois pendant des années, ils furent repris ensuite avec une nouvelle ardeur, suivant les caprices de la mode. Encore très-nombreuses lors de l'Exposition universelle de 1867, dans la ville de prédilection des aéronautes, les ascensions n'excitent plus la curiosité des Parisiens, qui à peine daignent lever la tête quand passe un de ces météores factices.

Cette découverte, merveilleuse au plus haut point, n'a cependant rendu jusqu'à présent que peu de services à la science et à l'industrie. On ne l'a utilisée que pour des expériences de physique, pour le transport de lettres au dehors de villes assiégées et pour la vérification d'opérations militaires. C'est ainsi qu'en 1794 les soldats de la République une et indivisible observèrent dans des ballons captifs, lors de la bataille de Fleurus, les mouvements de l'armée impériale et royale. Mais l'art militaire n'a pas continué de se servir de ce moyen de reconnaissance. Une école aérostatique avait été établie à Meudon, près de Paris ; mais à son retour d'Egypte, Napoléon Bonaparte la fit fermer, et on en vendit tout le matériel.

Cependant dans ces dernières années on essaya encore une fois d'employer les aérostats comme engins de guerre. En 1849, les Autrichiens firent usage de deux cents petits ballons portant des bombes qui devaient incendier Venise la Révoltée. Chaque bombe renfermait 10 kilogrammes de poudre, et était garnie d'une mèche à laquelle on mit le feu au moment du départ.

Mais un vent contraire vint des flots azurés de l'Adriatique et renvoya ces boules malfaisantes dans le camp ami, où elles éclatèrent sur la tête des soldats de Sa Majesté apostolique et romaine (*).

(*) Etienne Montgolfier, né en 1745 à Annonay, mort à cinquante-cinq ans ; architecte à Paris, inventeur du papier vélin.

Joseph Montgolfier, le frère cadet, mort en 1810, administrateur du Conservatoire des Arts et Métiers ; il conçut l'idée de la Société d'encouragement pour l'industrie nationale.

§ 1. — CONSTRUCTION DES BALLONS.

Les premiers aérostats étaient en toile doublée de papier. Aujourd'hui c'est un tissu de soie qui sert à les former; on le couvre d'un vernis afin d'en boucher les pores et d'empêcher le gaz de passer au travers. On emploie également un tissu formé de lames de caoutchouc qui sont interposées entre deux feuilles de taffetas. Un filet entoure le ballon, qui présente ainsi toute sa surface à la traction qu'exerce la nacelle. Ce filet en cordes de chanvre doit être très-solide; ses mailles sont très-petites en haut et beaucoup plus larges en bas, car c'est au sommet qu'il est soumis à la plus forte pression du gaz qu'il contient.

Les ballons ont leur partie inférieure toujours ouverte, car plus ils montent, plus ils se dilatent; il faut donc que le gaz puisse subir une détente proportionnelle à la raréfaction de l'air dans les couches supérieures de l'atmosphère; on ne les gonfle donc qu'aux trois quarts, car s'ils l'étaient entièrement lors de l'ascension, l'excès de la pression intérieure entraînerait la rupture de l'enveloppe. Il est vrai qu'il se perd beaucoup de gaz dans les hautes régions par l'ouverture inférieure, mais cela est inévitable.

Les ballons primitifs étaient remplis d'air dilaté qu'on produisait, ainsi qu'il a déjà été dit, en brûlant de la paille sous l'orifice.

Les accidents causés par ce moyen dangereux ont inspiré à l'aéronaute Charles l'idée d'employer l'hydrogène, et pendant longtemps on se servit exclusivement de ce corps, qui est le plus léger mais aussi le plus diffusible que l'on connaisse; il passe au travers de tous les réservoirs dans lesquels on veut le renfermer, même le caoutchouc, qui est imperméable pour tous les autres gaz.

On sait que plus un fluide est léger, plus il s'écoule facilement par les pores de ses récipients. En outre l'hydrogène est très-dispendieux à fabriquer; aussi on l'abandonna bientôt pour le gaz d'éclairage, qui est pris au premier bec venu; mais il est plus lourd; il faut donc se procurer des ballons plus volumineux pour un seul et même poids à enlever, à peu près le double.

§ 2. — MOUVEMENT DES BALLONS.

Un ballon continue à monter jusqu'à ce que son poids total fasse équilibre à celui du volume d'air déplacé ; alors lancé dans le courant atmosphérique, il en suit toutes les directions, et quelque rapide que soit ce courant, l'aéronaute ne le sent pas plus que nous ne sentons le mouvement de la terre.

Afin de pouvoir descendre, on laisse échapper le gaz par le haut du ballon au moyen de soupapes. Elles sont formées de deux demi-cercles en bois qui s'écartent comme les battants d'une porte, quand on les tire par une corde. On se sert également d'un disque métallique, que des ressorts pressent contre le cercle d'ouverture du ballon.

Pour amarrer le ballon, quand il vient près de la terre, on emporte une longue corde formée de tirants en joncs et toute hérissée, appelée *guide-rope ;* c'est une espèce de râteau qui s'accroche au sol, aux arbres, aux buissons, et détruit peu à peu la vitesse ; il y a bien aussi une ancre, mais elle peut déterminer un arrêt brusque ; la corde devant supporter un effort considérable et instantané se briserait infailliblement.

En résumé, aujourd'hui pour s'élever dans les airs on jette le lest, et pour s'abaisser on laisse échapper le gaz. Lest et gaz s'épuisent, et il en résulte que les ballons se bornent à monter et à descendre, et que le voyage en ligne oblique a généralement lieu au gré des vents.

§ 3. — CALCUL DE LA FORCE ASCENSIONNELLE DES BALLONS.

Le poids que peut soulever un ballon est égal à la différence entre le poids de l'air déplacé et son propre poids. Le poids de l'air déplacé est égal à la capacité du ballon (ordinairement celle d'une sphère) multiplié par le poids de 1 mètre cube d'air. Le poids du ballon est calculé à raison de $0^k,30$ par mètre carré, y compris le poids du filet, plus le poids du gaz. Mais si l'on prenait cette différence exacte, le ballon resterait en équilibre sur le sol. Pour qu'il puisse s'élever, il faut diminuer le poids à emporter, afin de lui laisser une certaine force ascensionnelle, qui est évaluée ainsi qu'il suit :

Diamètre du ballon en mètres........	2	6	10	12
Volume en mètres cubes............	4	110	530	900
Poids à enlever en kilogrammes......	5	140	630	1090
Force ascensionnelle du ballon en kilogrammes....................	2	110	550	990

§ 4. — DIRECTION DES BALLONS.

Le philosophe Roger Bacon, surnommé *le Docteur admirable*, est le premier qui ait admis, au treizième siècle, la possibilité de la création d'un appareil mécanique pour se diriger dans les airs. « On pourra établir des machines pour voler, disait-il, dans lesquelles l'homme étant assis tournerait quelque manivelle (*aliquod ingenium*) qui mettra en mouvement des ailes à l'instar de celles des oiseaux pour battre l'air. »

C'est bien cet *aliquod ingenium* qu'on poursuit encore journellement; mais ce problème de la direction des ballons, qui préoccupe constamment les inventeurs, a rarement été bien défini par la plupart d'entre eux; du moins parmi les nombreux plans qui nous ont été soumis, nous n'avons vu la moindre trace d'une préoccupation au sujet de l'élément essentiel, presque unique, de succès, et qui est le travail mécanique à accomplir, ou la force motrice et son installation. Des détails insignifiants ont été élaborés avec soin, mais l'idée mère a toujours été négligée. On emploiera un moteur quelconque ! C'est ce mot *quelconque* qui nous a toujours exaspéré, car rarement nous sommes parvenu à faire comprendre à MM. les inventeurs que c'est précisément ce moteur qu'il faut trouver, au lieu de chercher des formes inusitées ou des désignations nouvelles pour les anciens aérostats, connus depuis bientôt un siècle.

Il s'agit alors de lutter contre les courants, et de produire dans l'aérostat une force intense dont on changera la direction au moyen d'un gouvernail.

Cette force ne peut provenir que des hommes ou des machines.

Quant aux hommes, ils ne peuvent pas développer assez de puissance pour donner une impulsion à leur ballon, du moment que l'air n'est pas calme, et il ne l'est presque jamais ; il faut en outre dépasser la vitesse du vent , pour n'être pas entraîné.

En ce qui concerne les machines connues, elles sont trop lourdes comparativement à la puissance qu'elles développent. Si l'on augmentait les dimensions du ballon pour enlever des machines plus fortes, on offrirait une prise plus considérable; on obtiendrait une espèce d'embarcation sur laquelle agirait le vent avec d'autant plus d'énergie que la voile serait plus étendue. Donc, en augmentant la force, on augmente la résistance dans la même proportion, et on se trouve alors au même point.

Ces principes n'ayant pas été observés, on n'est pas arrivé à un résultat correct dans les machines aérostatiques qui ont été exécutées jusqu'à présent. Quoi qu'il en soit, nous allons les mentionner sommairement, afin que l'on ne se donne pas la peine de les réinventer.

§ 5. — ESSAIS DE BALLONS DIRIGEABLES.

Voici d'abord une série de petits ballons sphériques attachés les uns aux autres comme les grains d'un chapelet. Chaque ballon doit être dirigé, sur l'ordre d'un commandant, par un aéronaute travaillant à la manivelle d'une roue munie de palettes articulées.

Vient ensuite le ballon avec une seconde enveloppe contenant de l'air comprimé; un tube élastique est en communication avec cette enveloppe et avec une pompe placée dans la nacelle; on peut donc comprimer l'air, ou le laisser échapper à volonté. Ni lest ni soupape ne sont plus nécessaires. Quant à la direction, on emploie les ailes d'un moulin à vent, que l'aéronaute doit manœuvrer, mais uniquement dans le but d'aller se placer dans des courants propices.

On peut encore citer des ballons elliptiques en forme de poisson avec des nageoires, et avec ce moteur quelconque.

Un aéronaute autrichien, Jean Baum, qui était arrivé à quelque célébrité, fut plus explicite; il plaçait dans la nacelle une grande chauve-souris en bois et en toile, dont les ailes étaient manœuvrées par l'équipage au moyen de soufflets.

Nous n'avons plus que trois expériences à mentionner.

En 1850 on a bâti à Paris un vaisseau aérien, composé de quatre aérostats reliés par leur base à une charpente de bois, espèce de pont sur lequel s'élevaient deux vastes châssis garnis de toile; le vent, pour donner la direction, devait, ce qu'il n'a pas fait, frapper sur ces toiles pendant le mouvement de va-et-vient obtenu par le gaz qui s'échappe et le lest qui tombe.

Le ballon avec machine à vapeur. — Deux ans après une nouvelle tentative de la conduite des aérostats eut lieu également dans la capitale, où l'on a vu une machine à vapeur s'envolant dans les airs. Ce ballon mesurait 40 mètres de longueur sur 12 mètres de hauteur; il avait la forme d'un cigare et contenait 2500 mètres cubes de gaz. A son extrémité il portait, en guise de gouvernail, une voile triangulaire qu'on tirait à droite et à gauche avec des cordes. Cet appareil était fixé en dessous à une traverse à laquelle était suspendu un plateau qui supportait le moteur, le combustible et le mécanicien aéronaute.

Cette machine à vapeur avait cela de particulier que sa cheminée était retournée, afin que les escarbilles sortant, par le bas, ne missent pas le feu à l'aérostat. La machine tournait une hélice de 3 mètres de diamètre avec 100 rotations par minute. La chaudière pesait 100 kilogrammes et la machinerie 60 kilogrammes; le ballon avec sa soupape, 320 kilogrammes; le filet, 150 kilogrammes; puis venaient les traverses, le châssis, l'eau, le charbon, enfin l'aéronaute; en totalité 1550 kilogrammes.

Voici comment M. Giffard, l'inventeur de ce système, raconte son voyage, qu'il a entrepris seul en septembre 1852, à cinq heures du soir.

« Je n'ai pas songé un seul instant à lutter directement contre le vent, la force de la machine ne l'eût permis; cela était prévu d'avance et démontré par le calcul; mais j'ai opéré avec le plus grand succès diverses manœuvres de mouvement circulaire et de déviation latérale. L'action du gouvernail se faisait parfaitement sentir, et à peine avais-je légèrement tiré une de ses deux cordes de manœuvre que je voyais immédiatement l'horizon tournoyer autour de moi. Je suis monté à une hauteur de 1800 mètres et j'ai pu m'y maintenir. Cependant la nuit approchait, je ne pouvais rester plus longtemps dans l'atmosphère. Craignant que l'appareil n'arrivât à terre avec une certaine vitesse, je commençai à étouffer le feu avec du sable; j'ouvris tous les robinets de la chaudière; la vapeur s'écoula de toutes parts avec un fracas horrible. J'eus un moment la crainte qu'il ne se produisît quelque phénomène électrique, et pendant quelques instants je fus enveloppé d'un nuage de vapeur qui ne me permit plus de rien distinguer. Je m'occupai immédiatement de regagner la terre. »

Cette expérience ne fut pas continuée; on a préféré aux ballons libres les ballons captifs, qui sont plus sûrs et moins trompeurs.

Le ballon avec hélice. — A la suite du siége de Paris, M. Dupuy de Lôme a également abordé le problème de la direction des aérostats, non pas avec l'espoir de le résoudre immédiatement, comme on l'a dit à tort, mais avec l'intention d'en étudier les principes essentiels de stabilité et de propulsion pour servir d'éléments certains à des essais ultérieurs.

Pour bien naviguer dans les airs, dit le savant ingénieur de la marine, le ballon doit être gonflé à tout instant du voyage aussi bien qu'au départ ; autrement la résistance à vaincre échappe à une évaluation définie. En outre, l'ensemble de l'aérostat doit offrir un axe de moindre résistance dans le sens horizontal et dans une direction sensiblement parallèle à celle de la force poussante, d'où le choix de la forme ellipsoïde.

Le ballon est parti de Paris au mois de février 1872 entièrement gonflé d'hydrogène. Deux tuyaux pendentifs descendent à 8 mètres au-dessous du ballon ; librement ouverts, ils permettent au gaz de s'échapper à mesure de sa dilatation, en gardant un excès de pression intérieure qui prévienne toute déformation sous l'action du vent. Pour obtenir la permanence de la forme en dépit des causes de déperdition de gaz et des diminutions de pression dans les descentes partielles ou totales, M. Dupuy de Lôme a eu recours à un *ballonnet interne*, dans lequel on peut à volonté envoyer de l'air à l'aide d'un ventilateur. Une soupape est réglée de telle sorte que l'air insufflé mal à propos doit s'échapper plutôt que de refouler l'hydrogène au delà du bas des tuyaux ; au cas où le ballon aurait à remonter après une descente partielle, le gaz, plutôt que de se dégager par les pendentifs en se dilatant, chasserait l'air du ballonnet par cette soupape. En volume, le ballonnet est un dixième du ballon ; son jeu permet donc d'atterrir, avec le ballon toujours gonflé, en partant d'une hauteur de 866 mètres.

Le propulseur est une hélice à deux aîles : il est placé à la pointe arrière de la nacelle et fait 25 tours par minute.

La solidarité entre le ballon et la nacelle qui reçoit la poussée de l'hélice doit être obtenue impérieusement. Un ballon de forme oblongue, surtout s'il vient à se dégonfler, a une tendance à *cabaner* de manière à dresser verticalement son axe, dit M. Leclert. M. Dupuy de Lôme a obtenu cette solidarité en reliant la nacelle au ballon par un système de deux filets — ou plutôt, indépendamment du *filet porteur*, il a eu la lumineuse idée de disposer un second filet, qu'il appelle *filet de balancines*, dont les cordages se croisent à l'intérieur du premier, suivant des règles qu'il tire de la théorie des systèmes funiculaires. Ce filet de balancines est l'un des traits dominants de la solution de ce problème.

Une voile triangulaire placée sous le ballon, près de la pointe arrière, sert de gouvernail. La discussion du parallélogramme des vitesses du vent et du ballon fait connaître l'angle de la route résultante sur la direction du vent, ainsi que la possibilité ou le moyen d'atteindre une destination donnée.

L'étoffe du ballon se compose d'un taffetas de soie blanche doublé en nanzouk avec interposition de caoutchouc ; un vernis à base de gélatine donnait une imperméabilité aussi complète que possible.

Les dimensions de l'aérostat étaient les suivantes : longueur, 36 mètres ; diamètre au milieu, 15 mètres ; section en ce point, 173 mètres carrés ; volume, 3 450 mètres cubes.

Le ballon, avec tous ses accessoires et instruments d'observation, pesait 1 776 kilogrammes ;

14 hommes d'équipage, bagages et vivres, 1 148 kilogrammes ;

Colis à porter à destination, 275 kilogrammes ;

Lest disponible, 600 kilogrammes.

Des 14 hommes d'équipage, 8 hommes agissaient sur l'hélice et développaient un travail que l'on peut estimer à plus de 60 kilogrammètres par seconde.

L'expérience s'est faite par un vent fort, d'une intensité croissante ; la vitesse avec l'hélice stoppée était comprise entre 12 mètres et 17 mètres par seconde.

La stabilité a été merveilleuse. Plusieurs personnes pouvaient se déplacer à la fois dans la nacelle, sans produire aucune oscillation. La descente a été fort belle, sans choc, malgré le vent.

Dans le trajet on a pu reconnaître le point d'atterrissement sur une carte ; en effet on descendit, sans avarie aucune, à l'endroit qui avait été désigné.

Maintenant, dit M. Dupuy de Lôme, que, des huit hommes employés à l'hélice, l'un soit gardé comme mécanicien ; qu'on fasse, ce qui se peut, avec le poids des sept autres et du treuil à bras, une machine de 8 chevaux, et alors l'aérostat, doué d'une vitesse propre de 22 kilomètres à l'heure, pourra se dévier du vent d'un angle considérable par les temps ordinaires et souvent même suivre toute route de son choix.

§ 6. — AVENIR DES BALLONS.

Toutes ces tentatives, que nous venons d'énumérer, si elles n'ont pas encore donné des résultats définitifs, prouvent au moins qu'on peut espérer arriver à la direction des aérostats, puisqu'elle n'est pas impossible, malgré les nombreux obstacles qui sont à vaincre et malgré les déceptions qu'on a éprouvées jusqu'à présent. On y parviendra, certes, quand les hommes sentiront le besoin sérieux de voyager dans les airs ; et ce jour-là on inventera une machine légère et puissante à la fois, construite en aluminium, métal nouveau qu'on apprendra à durcir comme l'acier ; la force motrice sera produite par l'électricité de l'atmosphère ou par l'acide carbonique en morceaux, qu'on trouvera moyen d'emporter dans les régions célestes.

A l'encontre de ce qui a lieu d'habitude dans l'industrie, où il se forme des sociétés pour exécuter une idée, des sociétés aérostatiques se sont constituées dans le but de trouver l'idée de la direction des ballons, espérant, qu'en cas de réussite, la mise en pratique serait facile, puisque cette solution est attendue avec une impatience bien naturelle.

Tout en souhaitant un succès complet à ces honorables associations, nous ne pouvons nous défendre d'un certain doute à leur égard. Les inspirations heureuses et fécondes n'appartiennent qu'à des hommes prédestinés, isolés. Dans l'enfantement de leur idée, ils s'adressent à leur génie, comme les croyants dans leur prière s'adressent à Dieu, et les vrais croyants qui prient avec ferveur, ne prient jamais en compagnie, mais toujours seuls.

CHAPITRE XXIII.

MACHINES DE CHIRURGIE.

La mécanique chirurgicale offre, au point de vue de la transformation des mouvements, les problèmes les plus curieux et les plus difficiles, parce que les limites d'espace et de poids sont resserrées et que des combinaisons complexes doivent être produites par des moyens simples. Cependant cet art a toujours été passé sous silence par ceux qui sont chargés d'enseigner la mécanique appliquée. Cherchons à combler cette lacune et à vulgariser en même temps des notions pratiques dont l'humanité souffrante pourra tirer quelque profit.

Les machines chirurgicales appartiennent principalement à l'orthopédie, ou l'art de mettre l'homme mutilé à même de faire des mouvements pareils à ceux qu'il exécutait avec ses membres avant qu'il les eût perdus, ainsi que l'art de redresser ses difformités. La première partie est la *prothèse*, la seconde est l'*orthopédie* proprement dite, puis viendront des appareils mécaniques pour détruire les roideurs articulaires, pour transporter les blessés, et comme nous passons du simple au composé, nous consacrerons le dernier paragraphe de ce chapitre à la lithotritie, qui est l'art d'extraire, en les broyant, les pierres de la vessie de l'homme (*).

§ 1. — PROTHÈSE DES MEMBRES.

La mythologie nous apprend que Pélops, fils de Tantale, fut coupé en morceaux et servi à un festin des Dieux, qui, ayant découvert ce

(*) ***Prothèse*** vient du grec πρὸ, ***à la place de***, et τίθημι, ***poser***.
Orthopédie vient du grec ὄρθος, ***droit***, et παιδεία, ***direction***.
Lithotritie vient du mot grec λίθος, ***pierre***, et τρέπτω, ***je broie***.

crime, jetèrent dans un bassin les membres du jeune prince ; Clotho l'en retira plus beau que jamais ; il ne lui manquait qu'une épaule que la blonde Cérès avait mangée ; Jupiter la remplaça par une épaule en ivoire.

Au musée du Louvre il existe un vase étrusque sur lequel est représenté un homme estropié qui se soutient à l'aide d'un bâton remplissant à la partie inférieure les fonctions d'une jambe de bois.

Si les représentations des membres artificiels sont rares, cela provient de ce que les anciens n'aimaient pas à reproduire dans les œuvres d'art les difformités humaines.

Nous connaissons deux marbres antiques sur lesquels on voit des soldats revenant de la guerre, les uns chargés de butin, d'autres portant dans leurs bagages des jambes de bois ; nous connaissons aussi un morceau de vase antique où figure un Apollon muni d'une jambe artificielle.

Ambroise Paré, le père de la chirurgie en France, est le premier qui ait décrit des appareils prothétiques ; il parle de la jambe du pauvre ou pilon, encore en usage aujourd'hui, et de la jambe articulée en acier du riche (*).

Comme de la mythologie et des Romains nous avons dû passer sans transition à Ambroise Paré, nous devons passer de même du médecin de Catherine de Médicis au comte de Beaufort, dont les inventions, qui ont pour objet de soulager spécialement les amputés nécessiteux, pourraient être qualifiées de *pied du pauvre* et de *bras du pauvre*.

Cet éminent philanthrope avait proposé au comité international des sociétés de secours aux blessés militaires d'étendre son action sur les blessés civils ; mais, les statuts s'opposant à cette innovation, il fonda lui-même une œuvre intitulée : *Assistance aux mutilés pauvres*.

La Société, dit-il, a pour but d'assister les amputés nécessiteux en leur procurant des appareils appropriés à leur mutilation, ou en les secourant par les moyens ordinaires de la charité.

La Société n'intervient que dans le cas où les mutilés ne font partie d'aucune des catégories assistées, soit par les administrations publiques, soit par les sociétés de secours mutuels, ou bien par des administrations privées ; à moins, toutefois, que les secours alloués ne soient reconnus insuffisants.

(*) Ambroise Paré est le père de la chirurgie en France ; mort en 1590. Il était le médecin du roi Henri II et de ses trois successeurs.

Les fondateurs de cette œuvre ont l'ambition de combler une lacune qui existe dans la charité publique. Quand une personne, dont l'unique ressource est le travail, vient à perdre un membre, elle est par cela même vouée à l'infortune, puisque le malheur qui la frappe est irréparable.

Elle est sans doute assistée par la charité ordinaire, mais sa position est exceptionnelle. Les secours temporaires qui mettent les malades à même d'attendre le moment où le travail leur rendra l'aisance sont insuffisants pour ceux qui ne peuvent plus rien espérer de leurs efforts personnels. Il est donc important qu'une société de bienfaisance spéciale prenne leurs intérêts en main, et cherche à atténuer, autant que possible, les terribles conséquences de leur mutilation, par tous les moyens que peut suggérer la sympathie si fertile en combinaisons charitables.

Grâce au concours de près de deux mille souscripteurs, bien des soulagements ont déjà pu être procurés.

Cherchant à propager, chaque fois que l'occasion s'en présente, cette œuvre philanthropique, je la signale aux personnes animées de sentiments charitables. Pour en faire partie, il suffit d'en manifester le désir à M. de Beaufort, à Paris, et d'accompagner la demande de la cotisation annuelle, qui est de 1 franc.

Les adhérents qui appartiendront à cette honorable société s'y trouveront, je l'affirme, en bonne compagnie. Ils auront le droit, le devoir même, de recommander des mutilés pauvres auxquels, de près ou de loin, arriveront des secours.

Qui ne connaît pas un malheureux amputé à soulager? Adressez-le de suite à M. de Beaufort, qu'il ne faut pas remercier de ses soins; il vous répondrait : « C'est moi qui suis votre obligé. »

Nous allons maintenant passer en revue ses divers appareils, ainsi que ceux d'autres inventeurs, afin d'en admirer les ingénieuses combinaisons.

Le pied artificiel. — Les hôpitaux civils et les hôpitaux militaires lui ont donné le nom de *pied Beaufort.*

La légende ci-dessous nous fera comprendre les diverses pièces de cet appareil (fig. 401):

A, jambe de bois ordinaire; B, pied en tilleul avec une mortaise carrée en C qui reçoit le montant en bois de frêne; D, large morceau de liége qui garnit la partie correspondant au talon et au pilon des apppareils ordinaires ; E, gaîne en cuir enveloppant la partie postérieure du pied et formant tige de botte. Une semelle unie et une empeigne complètent la garniture de l'appareil.

Ce pied artificiel s'adapte au montant de la jambe et remplace le *pilon*, sur lequel il a l'avantage : d'allonger le pas, de donner plus d'équilibre à la marche, d'obvier au choc que le corps éprouve lorsqu'il porte sur le sol, par la raison que les points de contact sont amenés par degrés.

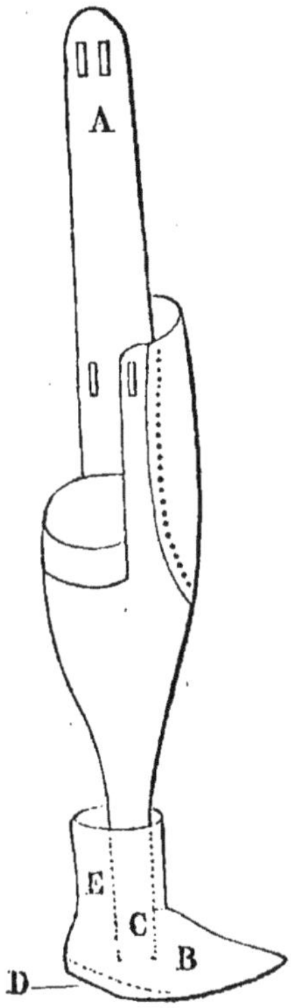

Fig. 401.

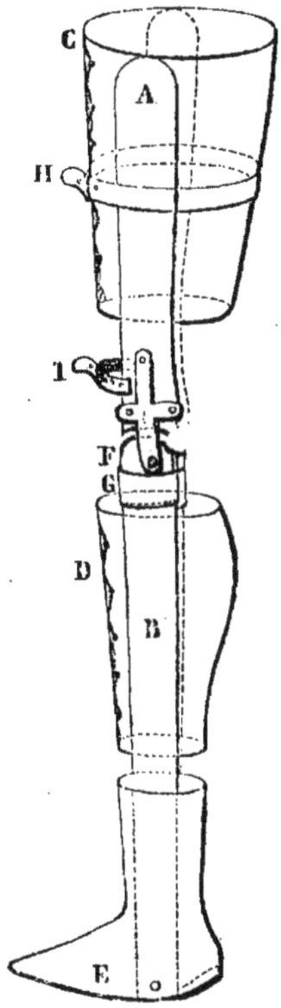

Fig. 402.

La jambe de bois articulée de Beaufort (fig. 402). — A, B, montants en hêtre ; C, D, gaînes ordinaires ; E, pied à base convexe auquel peut être substitué un pilon ; F, articulation du genou ; G, feuilles en tôle ; A, courroie extérieure pour combattre l'écartement des branches ; elle est supprimée quand les attelles sont fixées à l'intérieur de a gaîne supérieure A ; I, courroie pour assujettir l'appareil au membre quand la jambe est fléchie. Cette jambe est articulée au genou au moyen d'une charnière ; elle offre l'avantage d'être plus légère que les jambes artificielles en acier, et de s'approprier au cas d'amputation au-dessus de la cheville. Il faut considérer cette jambe comme une espèce d'étui dans lequel le membre mutilé trouve ses points d'appui, en dégageant l'extrémité du moignon. Une pièce métallique adaptée à ce système l'approprie aux amputations opérées au-dessus du genou, et complète, pour le membre inférieur, les travaux de notre inventeur populaire.

La jambe artificielle Mathieu (fig. 403). — Elle est construite pour les amputations pratiquées dans la continuité des os. Elle se compose d'un embauchoir qui prend son point d'appui sur la cuisse, et d'un jambard qui prend le sien sur la partie supérieure B du tibia. Elle se termine par un pied artificiel articulé qui, d'une part, est mû par un ressort intérieur, et de l'autre par un tendon artificiel AA qui vient se fixer au cuissard par une double courroie. Les mouvements du genou font manœuvrer le pied. Cette jambe est disposée de manière à se passer de point d'appui sur l'ischion.

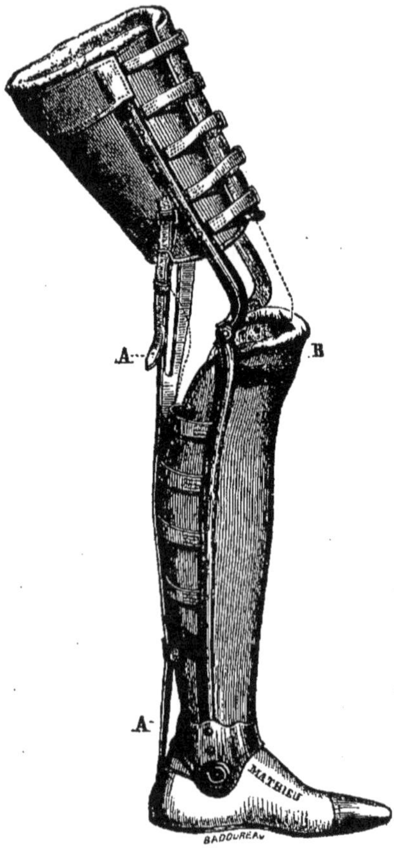

Fig. 403.

Pour établir cet appareil, comme du reste tous ceux dont il est question dans ce chapitre, il faut mouler en plâtre le membre amputé et fournir à l'orthopédiste les mesures nécessaires, qui sont, pour le cas présent, les suivantes : longueur du haut de la cuisse au milieu du genou, du milieu du genou à la cheville, de la cheville au sol ; circonférence du haut de la cuisse, du dessus du genou, du dessous du genou, et de la cheville.

La main artificielle compliquée. — Le créateur de *Faust*, Gœthe, a illustré *Gœtz de Berlichingen avec la main de fer*. C'était une main très-ferme, car, dans une discussion avec des juges, le célèbre chevalier, emporté par la colère, frappa sur la table du conseil et en cassa un morceau. Pour les combats, il se faisait visser son épée dans cette main et portait de terribles coups à ses adversaires. Il n'en portait pas de moins terribles non plus aux marchands qu'il battait et dévalisait sur les grandes routes de l'Allemagne. Aussi ces infortunés se jetèrent aux pieds de l'empereur Ferdinand, lors de son passage par la ville libre de Strasbourg, pour implorer aide et protection contre le fameux Gœtz et son compagnon, qui n'avait qu'une jambe. Sa Majesté, touchée jusqu'aux larmes, chercha à consoler ses fidèles sujets, en leur disant : « Que Dieu vous protége, bonnes gens, et vous ait en sa sainte garde ! Mais que puis-je faire contre ces braves et féaux chevaliers dont l'un n'a qu'une jambe et l'autre n'a qu'une main? Miséricorde divine ! s'ils avaient chacun deux jambes et deux mains, mais ils seraient capables de faire crouler mon empire ! »

La main articulée inventée par M. de Beaufort n'est peut-être pas aussi solide que celle de Gœtz de Berlichingen, mais elle se prête certes à des mouvements plus délicats et plus utiles. Elle est montée (fig. 404) sur un pivot placé en oblique sur le poignet ; elle donne ainsi un mouvement de supination complexe ; car elle s'élève en même temps qu'elle se rapproche du corps, ce qui dispense d'un mouvement spécial pour produire la rotation du poignet.

Les doigts sont maintenus dans un état de flexion par des ressorts en caoutchouc qui, placés dans l'épaisseur de la main, sont fixés à l'intérieur du poignet et aux premières phalanges, comme on le voit dans la figure 405, à la page 302.

Les cordes à boyau BC et DC sont attachées à la surface dorsale de ces mêmes phalanges et sont fixées à une poulie A qui reçoit le mouvement de la corde à boyau F. A cette corde aboutit la courroie motrice L (fig. 404) ; celle-ci, fixée à son extrémité opposée au bouton N placé sur le devant de la ceinture du pantalon, glisse dans une embrasse M portée par l'épaule saine, et, passant sur l'épaule opposée, s'attache enfin à la corde déjà mentionnée dont le trajet s'effectue par l'axe du coude et le centre du poignet, jusqu'à la gorge de la poulie A (fig. 405). Cette disposition permet d'utiliser les divers mouvements du corps lorsque le dos se voûte ou se cambre.

Quand on veut ouvrir la main, on arrondit les épaules en prenant une pose qui tend la courroie L (fig. 404) dans tout son parcours: cette condition préparatoire suffit pour qu'un mouvement imperceptible de l'épaule ou du bras détermine ensuite le jeu des doigts; quand, au contraire, le corps n'offre aucune résistance à la courroie, le bras peut faire librement tous les mouvements, sans affecter la main.

On comprend que la traction qui vient d'être décrite fasse mouvoir

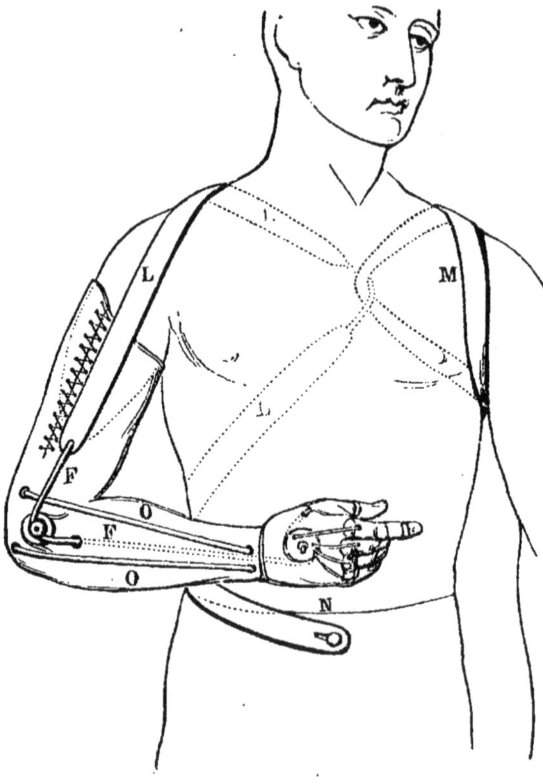

Fig. 404.

les doigts par l'intermédiaire de la poulie A et des cordes BC, DC, agissant d'abord sur l'index par la corde BC qui, à son maximum de tension, s'enroule autour du pivot A (fig. 405).

Rien ne s'oppose donc à ce que la poulie continue à tourner. Les cordons DC, auxquels sont attachés les autres doigts, fonctionnent à leur tour de la même manière; enfin, le pouce est entraîné par la continuation du mouvement de la poulie au moyen de l'attache EC.

Dans ce modèle, les premières phalanges des doigts ont leur longueur normale, contrairement à l'usage qui les articule au tiers de leur longueur, et qui établit ce que l'on appelle de *fausses phalanges*, par le fait desquelles les doigts en se redressant présentent une brisure, c'est-à-dire une difformité.

La figure 406 représente un des doigts vu en coupe longitudinale;

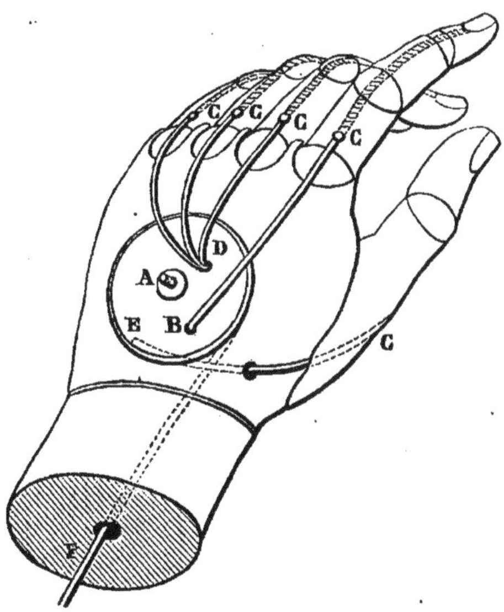

Fig. 405.

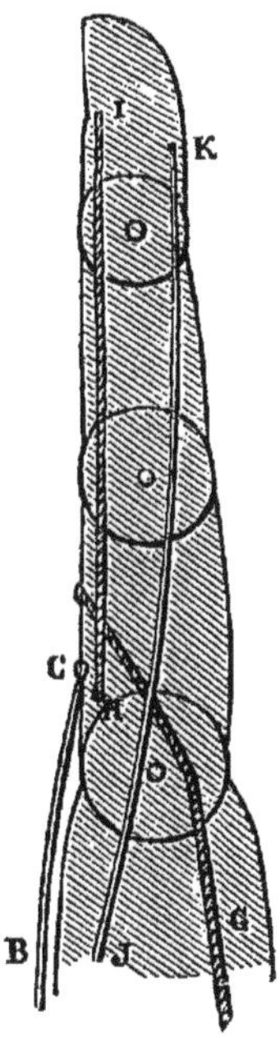

Fig. 406.

G, ressort qui fait fléchir le doigt; HI, ressort tendant à maintenir le doigt redressé; JK, corde dont le point est fixé, par ses extrémités, à la main et à la dernière phalange.

Cette corde, dont le point fixe J est excentrique par rapport à la rotation du doigt, fait fléchir les phalanges supérieures lorsque la première s'abaisse.

Les doigts dans l'état de flexion se touchent à leur extrémité supérieure, tandis qu'ils s'écartent graduellement en se redressant, comme cela a lieu dans la nature.

La main artificielle simplifiée (fig. 407).— Après avoir épuisé toutes ces ressources de la complication — puisque, dans le modèle précité qu'il a présenté à l'Académie de médecine, les doigts artificiels avaient

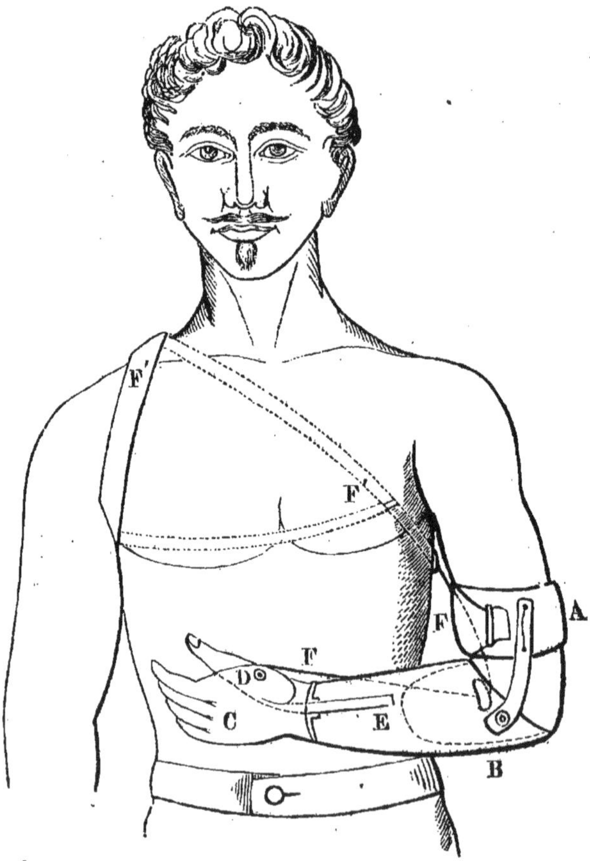

Fig. 407.

des mouvements variés et indépendants les uns des autres — M. de Beaufort a imaginé une main dont la construction atteint la dernière limite de la simplicité. La forme est reproduite par un seul morceau de bois auquel s'adapte un pouce mobile, en tout deux pièces.

Ce système permet non-seulement d'utiliser l'effort imprimé à l'appareil pour le faire agir, vu que la rigidité des doigts exclut toute déperdition de force; mais encore il rend la main artificielle rigide dix fois moins coûteuse que la main artificielle à doigts flexibles. Aussi l'administration donne-t-elle maintenant aux amputés sortant des hôpitaux des bras artificiels, ce qui eût été, dans l'ancien état de ces appareils, une générosité très-dispendieuse, n'ayant d'autre but que de cacher la difformité.

A, brassard et B, gaîne ordinaire; C, main en bois de tilleul; D, articulation du pouce; E, ressort en caoutchouc; FFF, corde de traction se fixant par une de ses extrémité à la face extérieure du pouce, et se terminant, à l'autre, en un étrier qui embrasse l'épaule opposée. Cette corde, qui passe dans une coulisse placée sous le coude, étant un peu plus courte que le bras, se tend dès que la main artificielle est portée vers un objet à saisir. Il suffit alors d'un très-petit mouvement d'épaule en avant pour écarter le pouce des doigts.

L'absence de mécanisme fait que ce modèle n'est pas susceptible de dérangement, et que tout accident peut être réparé au moyen de colle forte et de pointes.

Dans le cas de la désarticulation du poignet, l'embrasse A devient inutile; car une simple courroie à boucle, serrant la gaîne à la moitié de sa hauteur, suffit pour maintenir l'appareil, que, du reste, l'action du tirage tend à relever.

Les bras artificiels pour amputation au-dessus du coude. — Celui de la figure 408 a été inventé par M. de Beaufort. A, B, gaînes ordinaires; C, main d'un seul bloc de bois de tilleul à pouce articulé; D, coude en bois léger, à l'exception de la partie en bois dur dans laquelle pivote le cliquet et qui a environ 1 centimètre d'épaisseur sur 6 de long; E, charnière du coude; F, cliquet; G, étrier en cuir doux assujettissant mieux l'appareil que le prolongement de la gaîne qui dans les modèles ordinaires emboîte l'épaule; HHH, courroie pour fixer l'appareil au corps; elle peut être remplacée par une courroie à boucle attachée à la gaîne supérieure et passant sous l'aisselle du côté opposé; I, passe; JJJ, tirage; K, ressort en caoutchouc. Le coude, au lieu d'être à tenon, est composé de deux morceaux de bois réunis par deux petites charnières fixées à un angle de 45 degrés environ. Le morceau de bois auquel est vissé l'avant-bras se termine en portion de boule à la partie figurant le coude, afin de remplir l'intervalle entre les deux gaînes lorsque le bras se fléchit.

Un cliquet formé d'une languette de bois dur est réuni par un morceau de bois auquel est vissée la gaîne supérieure. Il glisse dans une fente du morceau inférieur traversée par une cheville à laquelle il s'accroche lorsque l'avant-bras fait un angle droit avec l'humérus ; car il présente à sa partie inférieure un plan incliné qui dans l'ascension presse sur un ressort en caoutchouc fixé au-dessus de la cheville transversale. Il se trouve renfermé dans la gaîne inférieure pendant la flexion du bras; dans l'extension, il est recouvert d'un morceau de

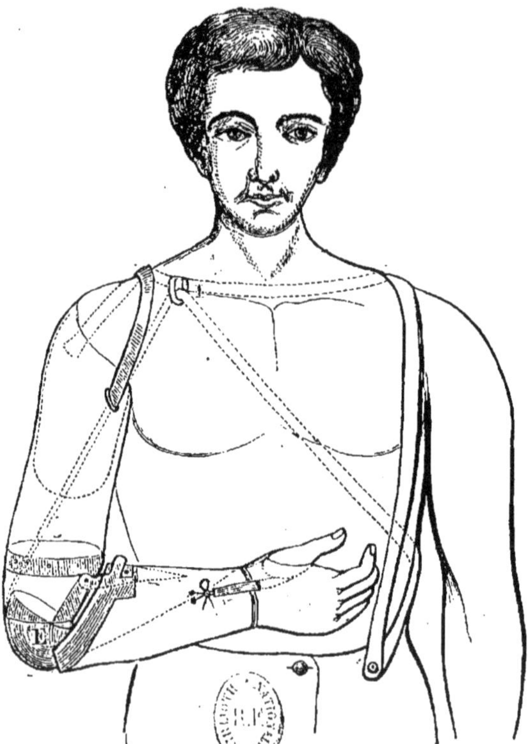

Fig. 408.

cuir fixé à la gaîne supérieure de manière à se conformer aux mouvements de l'avant-bras et à empêcher des parties de vêtement de s'engager entre les gaînes.

Le bras artificiel représenté par la figure 409 a été imaginé par M. Mathieu ; c'est le bras qui a permis à notre célèbre chanteur Roger de reparaître sur la scène.

Le problème était le suivant : faire mouvoir en tous sens, les doigts, le poignet et l'avant-bras ; permettre au bras de s'appliquer sur la poitrine, de pouvoir s'étendre ; l'élever au-dessus de la tête, le porter en arrière, en dehors, etc.

a et *a'*, tirage qui donne la flexion à l'avant-bras sur le bras ;

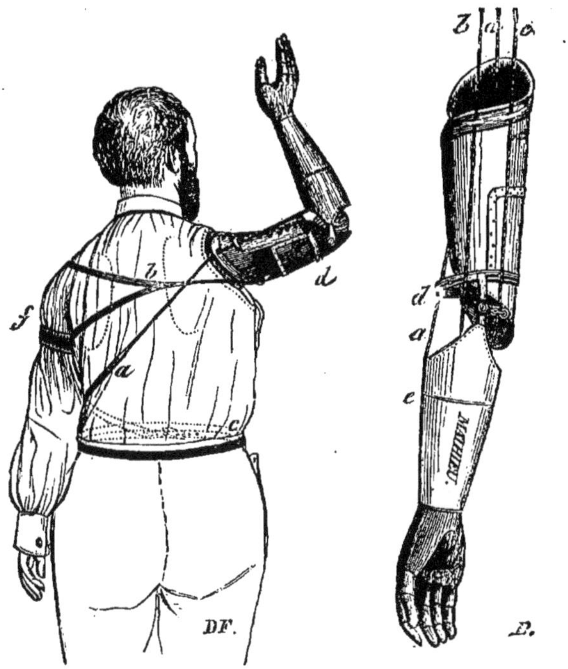

Fig. 400.

c, tirage qui permet les mouvements de supination et en même temps fait ouvrir la main; *b*, tirage qui fait mouvoir la main; *d*, cercles concentriques qui permettent d'exécuter la supination du bras.

Les bras du travailleur. — M. de Beaufort, poursuivant son œuvre toute désintéressée, a voulu faciliter les travaux agricoles des amputés habitant la campagne, et il a imaginé dans ce but un bras de travailleur d'une telle simplicité, que cet appareil peut être raccommodé, construit même au village.

Cet appareil consiste dans un morceau de bois qui, à sa partie supérieure, s'emmanche dans une gaîne destinée à recevoir le moignon du bras, et qui se termine en un bloc dont l'extrémité porte des coches au centre desquelles se trouve une corde. Ces coches sont disposées de façon à recevoir des manches d'outils, fixés d'une manière rigide, ou pivotant, selon que l'attache opère sur deux points ou sur un seul point du manche. Un morceau de bois formant deux fentes

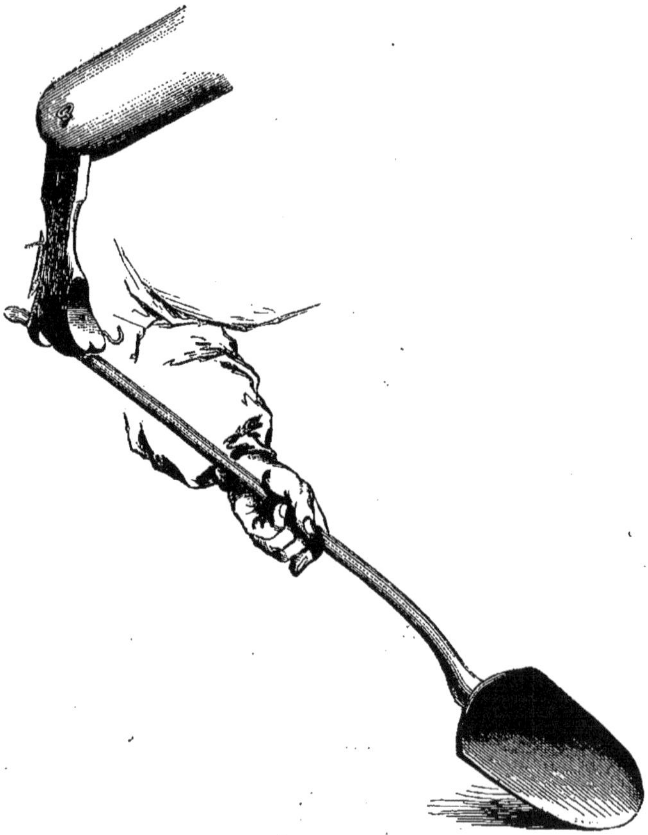

Fig. 410.

décroissantes sur la partie du bloc figurant le dos de la main, dispense de nouer la corde qu'on enroule autour de cet appendice.

Un crochet, dépassant l'appareil en bois, met l'ouvrier à même de porter des objets lourds, ou d'opérer une certaine traction. La partie intérieure du bloc de bois est taillée en spatule, afin de former la paume de la main, et d'aider la main naturelle à ramasser du terreau, du gravier, etc., à exécuter en un mot les multiples travaux, qui ne sont pas bien compliqués, mais qui se répètent constamment.

Cet appareil offre l'avantage d'être complet par lui-même ; il dispense donc de l'emploi des pièces détachées, qui souvent font défaut.

Le dessin (fig. 410) représente la main en bois tenant une bêche que la main naturelle conduit. Cet exemple a été choisi pour faire voir que l'attache laisse au manche de l'outil les mêmes mouvements que donnerait une charnière universelle.

La figure 411 indique le bras du travailleur Mathieu. A, moulage de l'épaule, point d'appui solide ; B, bande qui unit l'appareil à

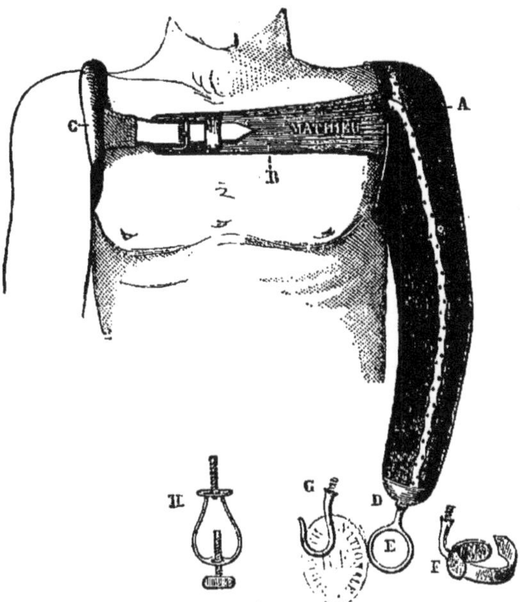

Fig. 411.

l'épaulière du côté droit C ; D, bout de l'appareil sur lequel s'adaptent tous les accessoires H, G, D, E et F.

Ces pièces n'y sont que vissées et peuvent alors être changées très-acilement d'après la nature du travail à exécuter.

La main artificielle Mathieu (fig. 412). — Elle se compose d'un brassard moulé et surmonté d'une espèce de spatule en forme de pelle où la paume de la main vient prendre un fort point d'appui, en formant une sorte de pince, ce qui permet à l'amputé de saisir toute espèce d'objets, et même d'écrire. A, manchon en cuir, prenant

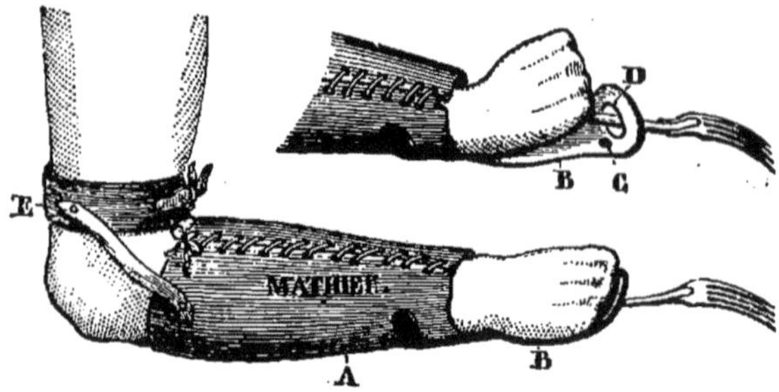

Fig. 412.

l'avant-bras ; B, plaque d'opposition ; C et D, parties fenêtrées servant à maintenir les petits objets ; E, brassard.

Le crochet-pince. — Il offre pour certains travaux de fatigue, tels que l'enlèvement de corps lourds, des avantages que ne présente pas la main artificielle (fig. 413).

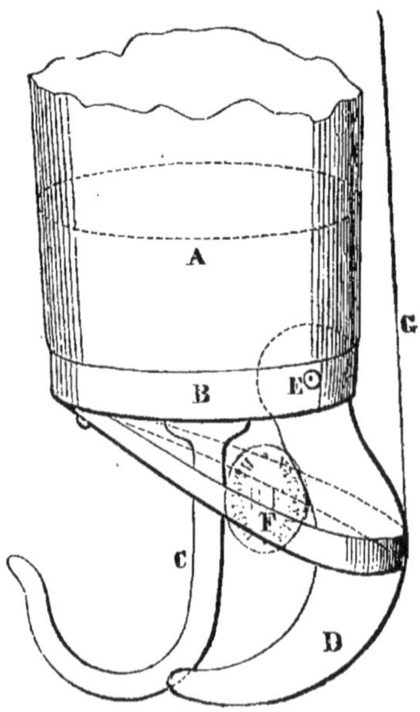

Fig. 413.

A, gaîne en cuir fort ; B, rondelle en bois dur fixée dans la gaîne par des vis ; C, crochet ordinaire ; D, croc en bois dur pivotant en E ; F, ressort en caoutchouc sollicitant le croc D contre le crochet C ; G, corde de tirage.

§ 2. — MACHINES A REDRESSER LES DIFFORMITÉS (L'ORTHOPÉDIE PROPREMENT DITE).

L'orthopédie a pour but de corriger les difformités. A part quelques préceptes laissés par Hippocrate et Ambroise Paré, elle est un art moderne. Depuis quarante ans elle a pris une grande extension, et aujourd'hui les appareils orthopédiques sont très-répandus ; on les emploie contre la déviation du cou, de la colonne vertébrale, des bras, des mains, des jambes et des pieds (pieds bots), quand le simple *decubitus*, ou position naturelle prolongée, ne suffit pas pour arrêter les difformités commençantes.

Dans l'application de ces appareils, parmi lesquels se trouvent de véritables machines, on a recours : à la pesanteur dont l'effet est obtenu par la position du patient, ou par des poids suspendus à des leviers ou à des cordes ; à des forces élastiques provenant de ressorts, ainsi qu'à des forces de tension fixe, obtenues au moyen de treuils ou de manivelles.

L'établissement des appareils et machines orthopédiques demande la coopération simultanée du constructeur et du médecin. Les inventeurs ont souvent produit des mécanismes très-ingénieux ; mais faute d'avoir eu recours aux lumières indispensables d'un homme de l'art, leurs conceptions sont restées imparfaites et incapables d'atteindre le but que la chirurgie se propose ; mais qu'elle n'atteint pas non plus si elle n'est pas secondée par le génie inventif des mécaniciens. En voici un exemple frappant, cité par M. le docteur Bouland, dans le *Moniteur universel* du 12 décembre 1867 :

« Ainsi Hippocrate nous fait connaître les procédés qu'on mettait en usage, de son temps et avant lui, pour remédier à la forme vicieuse de la colonne vertébrale. On attachait le malade sur une échelle par la tête et e haut de la poitrine, ou par les hanches et les membres inférieurs, suivant le siége du mal, et on le précipitait du haut d'un toit ou d'un mât, les pieds en bas ou la tête la première, en lâchant une corde de manière que l'échelle tombât droite sur le sol et éprouvât une secousse qui devait replacer les vertèbres dérangées. Comme

Hippocrate a le soin d'ajouter que ce procédé n'a jamais guéri personne, à sa connaissance du moins, il faut espérer qu'on y a renoncé après lui. On ne doit pas conclure de cette citation que telle était la pratique du médecin de Cos, loin de là. Il prescrivait des extensions et des contre-extensions momentanées, dans la position horizontale, accompagnées de pressions sur la gibbosité ; c'est en principe ce qui se fait de nos jours avec plus ou moins de succès. »

Citons deux spécimens de ces appareils orthopédiques.

L'appareil Mathieu pour traitement des torticolis (fig. 414). — Il se compose d'une ceinture en cuir, moulée sur le corps et sur laquelle s'appuie une tige dorsale EE. Cette tige est consolidée par une

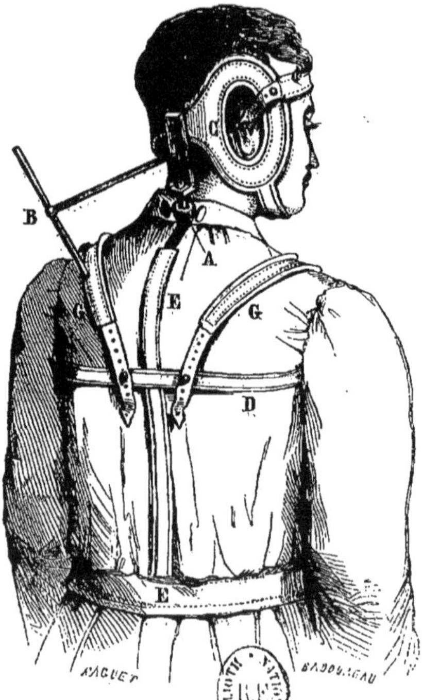

Fig. 414.

traverse D qui passe sous les aisselles et se fixe, en contournant les épaules, au moyen de deux bretelles GG ; elles s'attachent en arrière à la partie supérieure de la tige dorsale près de la nuque. Un mécanisme en genouillère A est disposé de manière à recevoir une boule terminant la tige que supporte la minerve G ; cette dernière sert à fixer la tête.

L'appareil étant bien appliqué, on ajoute dans une douille carrée le levier à double manche B, et à l'aide des deux mains on imprime à la tête les diverses manœuvres que l'homme de l'art juge nécessaires. La séance étant terminée, on place la tête dans une position aussi droite que possible, et on l'y maintient au moyen de trois vis de pression placées sur l'articulation en genouillère A. En r pétant les rotations à l'aide du levier, et en les forçant chaque jour, on finit par arriver à une guérison complète.

Les appareils pour pieds bots (fig. 415). — La partie supérieure de l'appareil ou molletière embrasse le bas de la jambe; elle est réunie par une tige à la bottine dans laquelle le pied est maintenu; cette tige est brisée en AA par une articulation sphérique B, qui permet de saisir le pied dans sa position vicieuse, et de l'amener par la force dans sa position normale; on arrête alors le jeu de l'articulation en tournant les deux vis A et A' au moyen de la clef C.

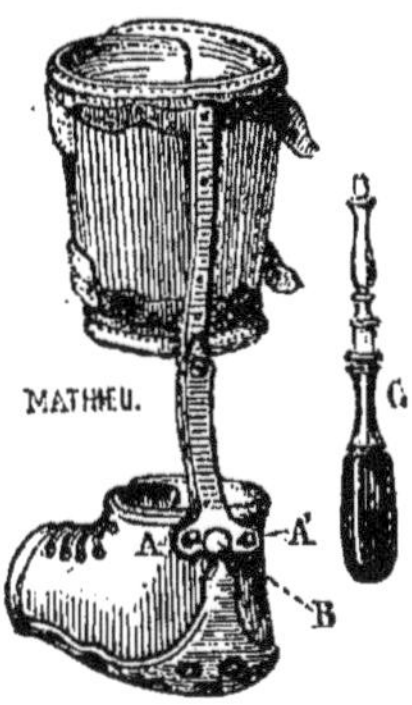

Fig. 415.

Il existe un grand nombre d'appareils pour pieds bots; celui que nous venons de décrire est le dernier modèle auquel on s'est arrêté.

Dans les pieds bots on distingue : le *pied équin*, où le pied, étant dans une tension forcée, ne touche le sol que par les orteils ; le *talus*, où le pied porte seulement sur le talon ; le *varus*, où le pied est dévié en dedans, celui-ci appuyant pendant la marche sur son bord externe ; enfin le *valgus*, où le pied est en dehors, le bord interne du pied offrant seul un point d'appui.

Cette difformité du pied bot est congénitale ou accidentelle.

§ 3. — APPAREILS POUR DÉTRUIRE LES ROIDEURS ARTICULAIRES.

L'appareil Richard pour détruire les roideurs articulaires de l'épaule nous servira de démonstration. Il se compose (fig. 416) d'un fauteuil qui est destiné à immobiliser le torse à l'aide d'une demi-cuirasse F. Un balancier C, pivotant sur un support E, qui est fixé sur le fauteuil, permet au bras sain de communiquer à l'articulation des

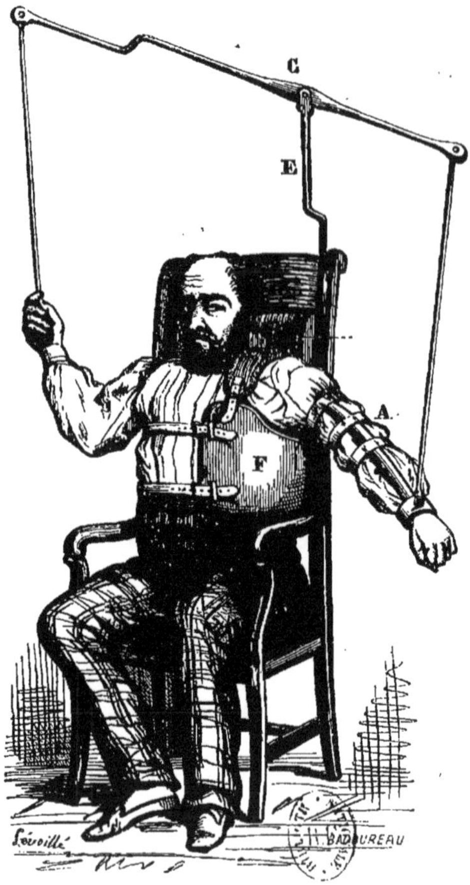

Fig. 416.

mouvements dans tous les sens; le bras correspondant à l'épaule malade est muni d'un petit appareil A qui immobilise le coude.

§ 4. — APPAREILS POUR IMMOBILISER LES HANCHES ET LE BASSIN.

Comme spécimen de ces appareils, nous présentons celui de Bonnet (fig. 417). Il consiste dans une gouttière solide qui embrasse tout à la fois les deux tiers postérieurs des membres abdominaux, et les deux tiers postérieurs du bassin et de l'abdomen. Il se compose d'une charpente en fil de fer très-solide en arrière, et plus mince sur les côtés; elle est recouverte d'une épaisse couche de crins.

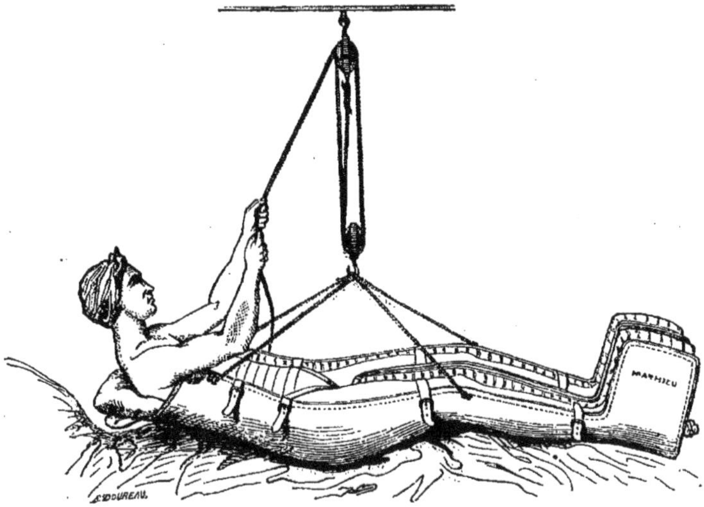

Fig. 417.

Cet appareil a surtout pour but d'immobiliser la hanche quand le malade est au lit.

§ 5. — MACHINES A RÉDUIRE LES LUXATIONS.

Les luxations sont des déplacements ou déboîtements des pièces osseuses dont les surfaces articulaires ont perdu leurs positions naturelles.

Ces luxations arrivent généralement à la suite d'une violence extérieure. Leur traitement, au point de vue mécanique, consiste à opérer la réduction des os déplacés, auxquels on fait subir une traction assez forte pour les ramener à la place naturelle.

L'usage de l'anesthésie et les procédés de douceur ont aboli un grand nombre de machines à réduire les luxations. Elles datent de l'antiquité; elles se composent de treuils et de cabestans. On ne les emploie plus que rarement dans les luxations récentes; mais il n'en est plus de même quand les déboîtements remontent à plusieurs mois. L'usage du chloroforme devient alors impuissant, et il faut recourir à la force pour vaincre la rétraction des tissus fibreux et musculaires. Voici un spécimen de ces machines, qui est connu sous le nom d'*appareil Jarvis*, perfectionné par M. Nélaton.

L'appareil Jarvis (fig 418). — Il est destiné à réduire les luxations du coude.

A, boîte métallique qui sert de pièce à coulisse à B et C ; B et C, pièces dentelées, pouvant s'allonger, ou se raccourcir par le pignon,

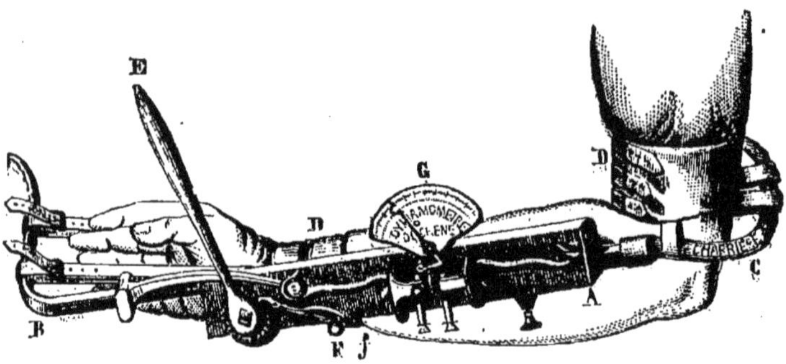

Fig. 418.

mû par la manivelle E ; D, D, bracelets à courroie, qui se fixent d'une part au poignet *f* et au -dessus du coude, et d'autre part à l'extrémité des branches recourbées B et C ; F, cliquet qui permet de retirer l'action de l'appareil ; G, dynanomètre qui indique l'effort exercé par la manivelle E.

§ 6. — MATÉRIEL DE TRANSPORT DES AMBULANCES DE LA SOCIÉTÉ DE SECOURS AUX BLESSÉS MILITAIRES.

Du champ de bataille à l'ambulance, la route est longue pour le blessé. Si elle lui inflige des secousses, des cahots, elle active sa fièvre, elle envenime ses plaies et l'achève. Aussi la question du transport des blessés est-elle au premier rang des problèmes dont la solution préoccupe la science hospitalière.

Nous allons passer en revue les nouvelles inventions qui appartiennent à la *Société de secours aux blessés militaires*.

Les brancards mécaniques pour les blessés. — Les dessins feront suffisamment comprendre les dispositions mécaniques de ces nouveaux brancards.

Le *brancard à dossier mobile* (fig. 419) a des montants en bois, et des poignées en fer qui sont rentrantes. Il a un coussin mobile pour

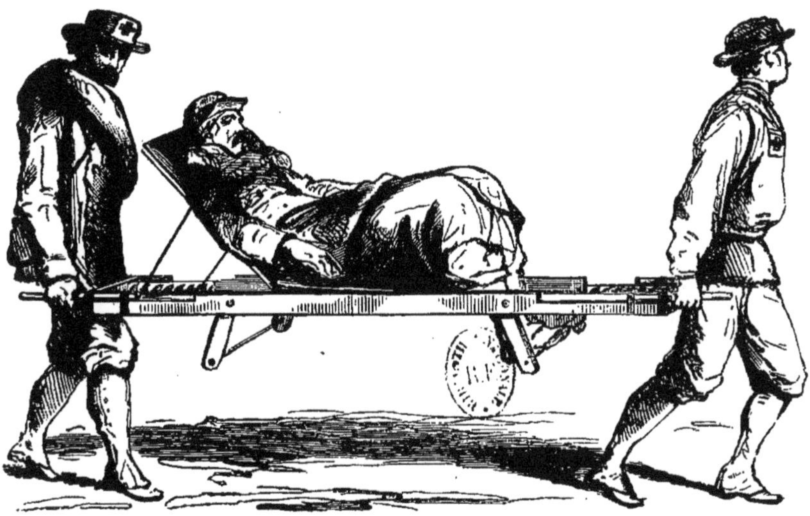

Fig. 419.

soutenir la tête du malade. Ce brancard se place dans des courroies soutenues par des anneaux fixés à un fer à T. Ces fers à T sont eux-mêmes vissés solidement au plafond de la voiture.

Le *brancard mobile articulé* est garni en cuir (fig. 420). Il forme lit, et se place sur une banquette fixée au plancher de la voiture d'ambulance.

Sur cette banquette se trouve un système de rouleaux qui sert à faire glisser le brancard. Celui-ci a aussi des bras rentrants et est complétement construit en bois léger. Il se compose de trois petits châssis d'égale grandeur. Les deux châssis placés aux extrémités sont mobiles et munis d'un cadre en fer qui, venant agir sur une crémaillère, permet à ces châssis de se baisser, ou de se lever plus ou moins, suivant les besoins. On peut donc, à la fois, tenir la tête soulevée et aussi les pieds, s'il y a lieu, par la nature de la blessure.

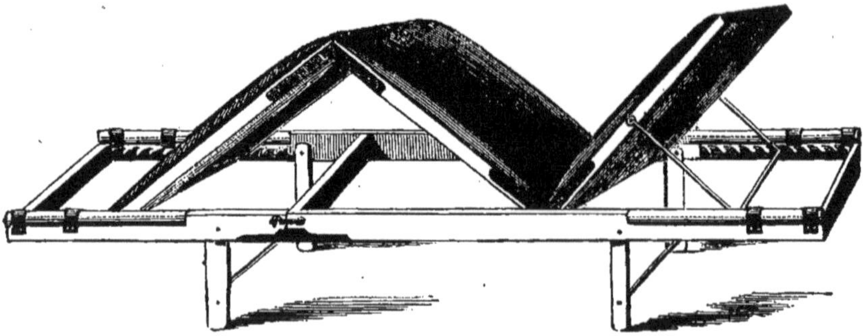

Fig. 420.

Ce brancard, quoique un peu compliqué, ne pèse que 14 kilogrammes.

Le *brancard-lit improvisé* (fig. 421) n'est composé que de bois et de cordes ; il a été inventé par le comte de Beaufort pour suppléer en campagne à l'absence de lits ou de brancards. La disposition des attaches établit un équilibre général et donne une grande solidité à ce

Fig. 421.

modèle. La toile représentée dans le dessin remplace une corde qui serpente librement, excepté à ses extrémités, sur toute la longueur des côtés. L'inventeur a appliqué ce système à un sommier dans lequel la corde cède ou se tend, selon la pression locale, et forme une base élastique sur laquelle est posé un matelas.

Le support élastique de Beaufort (fig. 422). — Il se compose d'un cadre, qui, pesant sur quatre ressorts rivés dans les anneaux de quatre chaînes mobiles, fixées elles-mêmes aux angles d'un cadre extérieur formant socle, offre, de haut en bas, l'élasticité d'un sommier; et, de droite ou de gauche, en avant comme en arrière, obéit, sans aucune secousse, à la moindre impulsion qu'il reçoit. Sur ce cadre est posé un brancard : le blessé, qu'on y couche, se trouve, en dépit des

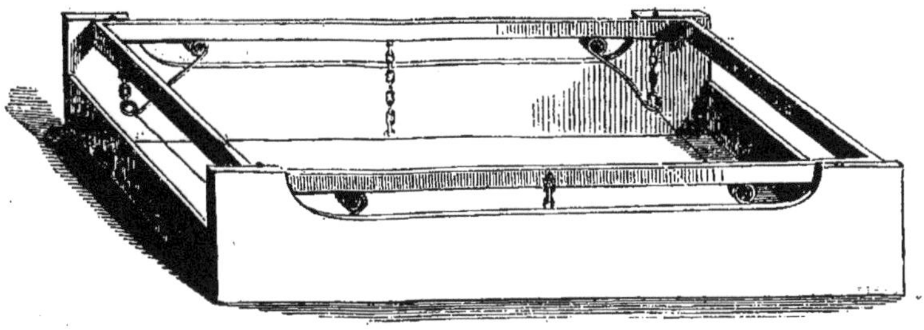

Fig. 422.

cahots et des chocs, bercé d'un mouvement aussi doux que celui d'un hamac.

Le support élastique admet tous les brancards actuellement employés sur les champs de bataille ; il se place dans toute voiture, sans plus d'embarras qu'un colis ; il la transforme, si grossière, si mal suspendue qu'on la suppose, en une voiture de transport excellente pour les blessés.

Les voitures d'ambulance. — Le dessin (fig. 423) représente la *voiture d'ambulance de Beaufort*, dans laquelle sont fixés les supports élastiques qui reçoivent les brancards sur lesquels sont couchés les blessés (fig. 424).

Les voitures spéciales pour le transport des soldats blessés grièvement ayant fait défaut au commencement du siége de Paris, M. de Beaufort imagina pour le service de la Société de secours un véhicule se composant d'un plateau monté sur quatre roues. Sur ce plateau sont fixés quatre supports élastiques destinés à recevoir chacun un brancard. En fixant à quatre le nombre des blessés transportés, le but a été de faire l'expérience dans les limites extrêmes de la pratique.

On n'aurait évidemment admis que le transport de deux blessés, afin de réduire les dimensions des voitures aux mesures ordinaires.

Fig. 423.

Les roues étant basses, le chargement s'opère latéralement sans qu'il soit nécessaire que les brancardiers montent sur le plateau. La couverture est maintenue par des supports fixés le long de la ligne du centre. Les supports latéraux sont mobiles, afin de laisser les côtés tout à fait libres pendant l'opération du chargement. Il y a place à côté du cocher pour deux blessés assis.

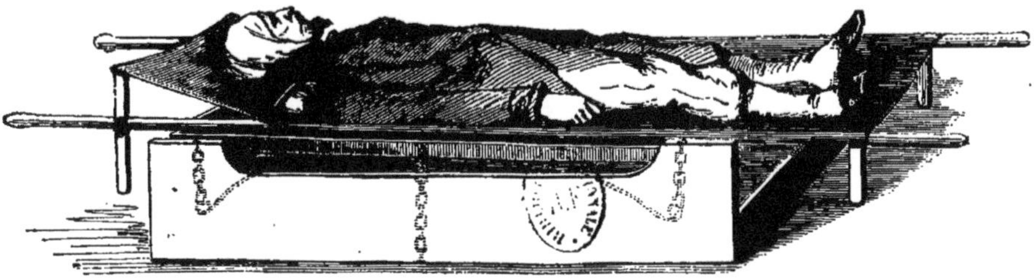

Fig. 424.

La simplicité de ce système permet d'utiliser toutes les voitures basses à quatre roues, en substituant à la caisse un plateau garni de supports élastiques. A la rigueur, on peut employer les véhicules non suspendus. Le principe réunit donc deux conditions importantes surtout en temps de guerre : légèreté et promptitude d'exécution.

La *voiture d'ambulance Mundy* est représentée par la figure 425. On l'a vue pour la première fois en France lors de l'Exposition universelle de 1867; cette voiture ne pèse que 860 kilogrammes. Parfaitement suspendue, elle permet que les blessés ne se trouvent nullement cahotés, même dans les chemins très-mauvais; elle possède un coupé où, à côté du cocher, peuvent rester deux blessés assis. A l'intérieur, quatre blessés se placent facilement.

Pour faciliter l'introduction du brancard sur les courroies, M. le docteur Mundy a eu l'ingénieuse idée d'attacher des deux côtés de la voiture un marchepied ayant toute la longueur de la caisse. Ce marchepied a une forme toute spéciale et est complétement mobile. Il est formé par les parois mêmes de la voiture, qui s'abattent et se relèvent à volonté soutenues par des arcs-boutants en fer. Lorsqu'il est baissé, on le comprend, les infirmiers ont une grande facilité pour faire glisser le brancard dans les courroies. De même il est d'une grande utilité pour pouvoir panser les blessés dans la voiture même et au besoin leur faire des opérations et leur donner des aliments.

Fig. 425.

La voiture possède une impériale avec galerie en fer et bâche imperméable pour recevoir les armes et les bagages.

De chaque côté du coupé se trouvent des réservoirs, l'un pour l'eau et l'autre contenant du vin ou de l'eau-de-vie.

Sous le siége même du cocher se trouve une grande caisse en bois dans laquelle se place le linge à pansements, etc.

Enfin, dans le coupé il y a encore six poches destinées à recevoir les boîtes d'instruments de chirurgie et de pharmacie.

§ 7. — LITHOTRITIE.

La lithotritie est l'art de morceler, par les voies naturelles, dans la vessie, les calculs urinaires et de les réduire en fragments assez petits pour qu'ils soient expulsés avec l'urine par le canal de l'urèthre.

C'est en 1812 que Fournier de Lempdes (reçu docteur en médecine à la Faculté de Montpellier, en 1806) inventa le brisement de la pierre dans la vessie, opération qui ne prit rang dans la science qu'en 1824, lorsque Civiale l'eut employée avec succès sur le vivant.

Le brise-pierre courbe et articulé de Jacobson, en 1829, a commencé une ère nouvelle en lithotritie ; puis vinrent les instruments d'Amussat, de Le Roy d'Étioles, de Heurteloup, de Guillon, etc. Le perfectionnement le plus complet a été réalisé par la méthode du docteur Guillon (*).

La construction du lithotriteur Guillon (fig. 426). — Il y a quelque analogie entre ce brise-pierre et le broyeur américain à casser les minerais (voir les *Machines d'exploitation des mines*). Il se compose de deux pièces séparées *m* et *n* (dessin B) glissant l'une dans l'autre. La branche mobile *m* taillée en crémaillère (dessin A) est abaissée par le levier *a* sur la branche fixe *rn* ayant la forme d'une cuiller. Dans cette cuiller se trouve une lame d'acier *s*, appelée *évacuateur*, destinée à chasser le détritus et à permettre à la branche mâle de s'appliquer exactement sur la cuiller. Sans cet évacuateur, qui est soulevé par la

(*) Le docteur Guillon (né en 1793, en Touraine), ancien chirurgien du roi Louis-Philippe, a enseigné et appliqué, il y a vingt ans, à l'école vétérinaire d'Alfort, la manière d'employer la lithotritie chez le cheval.

clef *o*, la branche femelle, une fois engorgée, deviendrait trop épaisse, et sa sortie pourrait occasionner des lésions (dessin C).

La grosseur de la pierre est indiquée par une échelle placée au-dessous de la petite rondelle vers *c* et qui marque l'écartement des deux branches.

Dans les instruments des autres chirurgiens, la force est transmise par une vis ou un pignon, qui tend à rapprocher les deux branches ; mais ces appareils ne transmettent pas la force aussi puissamment que celui du docteur Guillon ; en outre, ils n'opèrent qu'avec lenteur et leur emploi n'est pas suivi d'une guérison aussi rapide.

Le fonctionnement du lithotriteur. — Dès que le patient est placé dans la position déclive, le bassin plus élevé que la poitrine, et que l'instrument est introduit, la pierre tombe naturellement sur la cuiller. Le lithotriteur est tenu par une des mains de l'opérateur, tandis que son autre main manœuvre ce levier au moyen duquel la branche mâle s'abaisse, saisit le calcul et le broie.

La branche *m* est la *bran-*

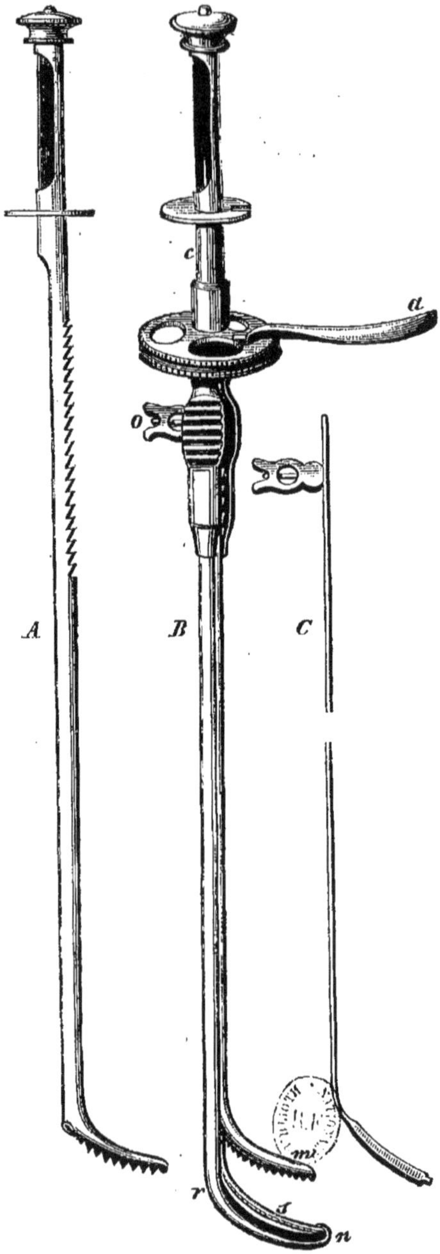

Fig. 426.

che sécatrice, au moyen de laquelle on coupe par morceaux les pierres volumineuses très-dures.

La branche A, dont le bec est moins épais que le bec *m*, est la *branche pulvérisatrice*, qui réduit la pierre en poudre.

Cet écrasement, très-simple et très-expéditif dans les cas ordinaires, quand la pierre est libre, ne l'est plus autant quand elle est *enchatonnée*, c'est-à-dire tenue dans la *muqueuse vésicale* comme une pierre précieuse dans le chaton d'une bague. Au moyen du lithotriteur, on peut la déloger de son alvéole. Par cette admirable opération, pratiquée depuis quarante ans par le docteur Guillon, on guérit le malade en deux ou trois séances de quatre à cinq minutes faites à cinq ou six jours d'intervalle, quels que soient le volume et la dureté de la pierre. Cette méthode devrait remplacer la *taille*, qui est souvent mortelle (*).

L'idée d'employer des instruments spéciaux pour l'exploration de la vessie est ancienne, car dans les fouilles d'Herculanum et de Pompeï on a trouvé des sondes en airain ; mais la lithotritie, ainsi que nous l'avons vu, appartient aux temps modernes.

(*) Au concours Montyon de 1845, l'Académie des sciences a décerné à M. Guillon une récompense de 2000 francs pour l'invention de son brise-pierre pour adulte, et, au concours de 1849, cet illustre corps savant lui a décerné un encouragement de 1000 francs pour l'invention de son brise-pierre pour enfant.

CHAPITRE XXIV.

MACHINES MANUFACTURIÈRES.

Les manufactures sont d'origine moderne ; on n'en trouve ni dans l'antiquité ni dans le moyen âge.

Ce n'est que depuis la découverte de la chimie et l'invention des machines, que l'industrie des manufactures a pris un grand développement.

Au moyen des principes généraux de la mécanique industrielle et des applications précédentes, les machines manufacturières peuvent être étudiées dans leur construction et leur fonctionnement. Mais elles sont trop dissemblables et trop nombreuses pour être soumises à des règles uniformes. Néanmoins il existe certaines données pratiques qu'on peut consulter pour leur établissement et leur classification.

§ 1. — PRÉCEPTES GÉNÉRAUX D'ÉTABLISSEMENT DES MACHINES MANUFACTURIÈRES.

Les règles usitées pour la conception des machines précédentes qui ont des mouvements simples, s'appliquent aussi aux machines manufacturières dont le travail est complexe.

Ces préceptes, qui sont en quelque sorte le résumé de tout ce qui a été dit dans le cours de ce livre, peuvent être formulés ainsi qu'il suit :

« Combiner les mécanismes de façon à obtenir le maximum de travail avec le minimum de force ;

« Répartir d'une manière rationnelle les matériaux de construction et choisir dans ce but pour les organes des formes convenables en y employant un petit nombre de modèles et en se servant par mesure d'économie de ceux qui se trouvent déjà dans les ateliers ;

« Eviter les frottements pour ne pas user les pièces et pour ne pas dépenser sans profit la force motrice ;

« Avoir égard à la facilité d'installation ;

« Rendre le montage aussi simple que possible, afin que même des ouvriers inhabiles ne puissent pas s'y tromper ;

« Obtenir dans le fonctionnement de la machine un équilibre parfait, ce qui est de la plus haute importance, puisque les machines non équilibrées se détraquent, font du bruit, et finalement s'arrêtent. Une machine bien équilibrée est silencieuse, et ne fait d'autre bruit que celui qu'elle est chargée de produire, tel que le choc d'un marteau de forge qui est soulevé avec douceur et qui retombe avec fracas.

« Donc, rendre silencieuses ces machines, ne leur laisser exécuter que des mouvements réguliers, voilà le but que se proposent les constructeurs ; y arriveront-ils ? Oui, quand les principes de mécanique et leurs applications seront vulgarisés parmi les contre-maîtres et les ouvriers ; alors les combinaisons qu'ils sont chargés de réaliser ne resteront plus secrètes pour eux ; ils s'en rendront compte et pourront à leur tour les soumettre au calcul ; ils verront clair dans ce qu'ils feront, et n'auront plus besoin de cacher leur malfaçon, résultat de leur manque de connaissances. Ils se convaincront qu'une machine dépense d'autant moins pour son entretien et sa force motrice que son exécution est plus correcte.

« Etablir une juste proportion des pièces entre elles, ce que l'on peut appeler *la méthode des proportions ou des rapports*. Ces rapports sont indépendants de l'unité de mesure et de la grandeur de la machine ; ils sont constants, et comme ils se fixent dans la mémoire par un usage journalier, ils développent ainsi le sentiment de l'harmonie. Quand une ou deux des principales dimensions sont trouvées, les autres s'en déduisent alors aisément. La fixation de ces rapports est due à une heureuse combinaison de la théorie et de la pratique. La théorie ou le raisonnement groupe des données que la pratique ou le sentiment a fournies. Mais la théorie seule se résumant dans le calcul n'a jamais conduit à un résultat pratique ; on n'a pas encore trouvé la manière d'y faire entrer toutes les données, dont se compose le problème si complexe de l'établissement des machines manufacturières surtout, où, en dehors des mécanismes, il faut connaître la nature des produits bruts qui sont à traiter, pour les assortir, les nettoyer, les séparer, les mélanger, les diviser, les réunir, les étendre, les comprimer, les fléchir, les redresser, les tordre, les détordre, les écraser, les polir, les dépolir, les réduire en poussière, les former en

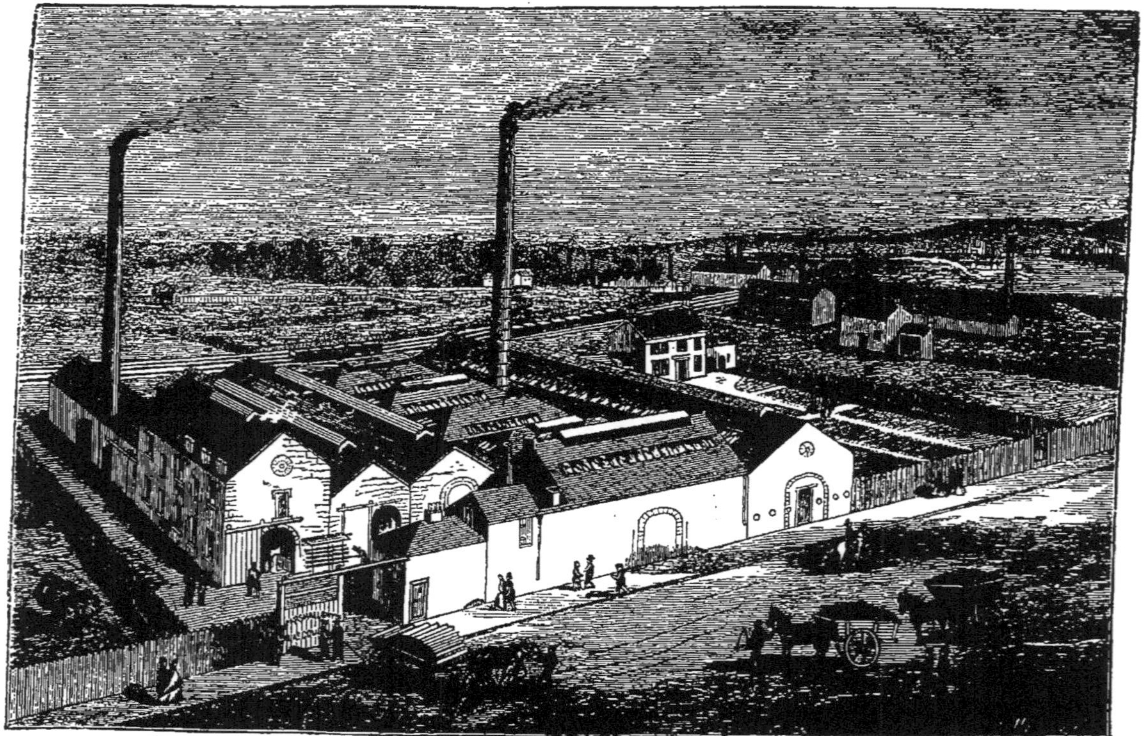

Fabrique de machines à Glasgow.

pâte, en un mot pour faire subir à la matière première toute espèce de préparation mécanique. Si l'on voulait comprendre ces données si disparates dans les équations, d'après un ordre méthodique, et soumettre à l'analyse ces problèmes si compliqués, on n'y parviendrait qu'après de longues études, ce qui ne correspondrait peut-être plus à l'importance du but qu'on se propose.

« Rendre les machines automatiques, c'est-à-dire les combiner de façon qu'elles exécutent elles-mêmes tous les mouvements nécessaires pour produire entièrement le travail qui leur est demandé. L'homme ne doit que les surveiller. Ainsi des presses à imprimer les journaux réclament encore le concours de quelques ouvriers qui placent et déplacent les feuilles de papier. D'un autre côté, il y a des machines emporte-pièce qui par un seul tour de manivelle saisissent un fil de laiton, le coupent, le courbent, le recourbent et le transforment en une agrafe. Les machines à chocolat brisent les fèves de cacao, en confectionnent des tablettes qu'elles enveloppent et qu'elles cachettent.

« Prendre, lors de l'étude d'un projet de machine, pour modèle une machine exécutée, chercher à en simplifier le jeu, en diminuant le volume, le poids et finalement le prix.

« S'appliquer enfin dans une fabrique de machines, autant que possible, à la construction d'un seul type ; adopter alors les mêmes formes, les mêmes organes, les mêmes matériaux. C'est là une condition essentielle pour le perfectionnement des machines et pour la prospérité de l'entreprise. »

Quant à la construction proprement dite de ces machines, qui aujourd'hui sont presque toutes en fer, elle rentre dans l'industrie métallurgique et à ce titre elle a trouvé sa place dans notre livre intitulé *les Métaux*, où sont traités les divers détails de fabrication, de modelage, de moulage, de fonte, de forgeage, de chaudronnerie, etc. La figure ci-contre représente au point de vue pittoresque une fabrique de machines.

§ 2. — ESSAI DE CLASSEMENT DES MACHINES MANUFACTURIÈRES.

La classification des machines manufacturières, à cause de leur grande diversité, peut être multipliée à l'infini ; à chaque point de vue où l'on se place, on en découvre une nouvelle méthode.

Il y a presque autant de ces machines qu'il y a de genres d'objets fabriqués, puisque aujourd'hui on ne cherche qu'à fabriquer à la mécanique.

Dans les endroits où les machines sont réunies en grand nombre, dans les établissements des constructeurs, ou mieux encore dans les expositions industrielles, on peut trouver les éléments d'une classification par la division des industries en groupes.

L'ordre suivant, qui a pour base les matières premières, peut servir à fixer les idées, tout en ouvrant un vaste champ à la critique.

1re SECTION. — **Machines à fabriquer les objets en pierre.** — Machines pour briques, pour tuiles, pour tuyaux de drainage (machines agricoles), machines à tailler les pierres fines et les diamants.

2e SECTION. — **Machines à fabriquer les objets en bois.** — Machines pour poulies, machines à courber les planches, varlopes pour râper les bois de teinture.

3e SECTION. — **Machines à fabriquer des objets en métal.** — Machines à estamper des médaillons, des agrafes, des clous, des cardes, des capsules, des boutons, des balles de fusil, des fils cordonnés en or et en argent. Quant aux presses monétaires, nous en avons décrit les détails des mécanismes à la page 207 du premier volume. La figure 427 représente un modèle de la presse Thonnelier, que M. Cail a perfectionnée, et dont il a livré le premier spécimen à l'hôtel de la Monnaie de Paris. Elle frappe une pièce par seconde, et du même coup les faces et l'exergue.

4e SECTION. — **Machines à fabriquer les étoffes et les habillements.** — Métiers à filer et à tisser la laine, le lin, le chanvre, le coton, la soie. Machines à broyer le lin et le chanvre, à battre le coton, à bobiner la soie, à laver et à dégraisser les tissus, à les sécher, à les empeser, à les calandrer ou satiner, à les encoller; machines à couper les chiffons et les étoffes; enfin machines à coudre, à broder, à tricoter.

5e SECTION. — **Machines à fabriquer le papier et à le façonner.** — Machines à fabriquer le papier sans fin, à sécher le papier; machines à rogner le papier; machines à fabriquer les enveloppes.

6e SECTION. — **Machines à imprimer sur papier et sur étoffes.** — Presses typographiques, presses lithographiques, presses à imprimer en couleurs sur étoffes, machines à régler le papier.

Fig. 427.

7e SECTION. — **Machines à fabriquer les objets en cuir.** — Machines à emboutir le cuir; machines à fabriquer les chaussures à clous ou à vis; machines à fendre les peaux.

8ᵉ SECTION. — **Machines à fabriquer des substances alimentaires.** — Machines à fabriquer du chocolat et des sucreries; machines à sécher les légumes; pétrisseurs; raffineries de sucre.

Les machines destinées à la simple préparation des substances alimentaires, sans en altérer la forme naturelle, comme machines à nettoyer, à séparer, à trier, etc., etc., font partie des machines agricoles.

9ᵉ SECTION. — **Machines des manufactures de tabacs.** — Les diverses machines usitées dans ces manufactures ont pour but de préparer les feuilles de tabac, de les réduire en poudre, de les couper ou de les rouler. Ce sont là les quatre opérations que subit cette plante inutile et indispensable tout à la fois, qui se présente aux nombreux consommateurs sous les quatre formes connues : de la *poudre* à priser, du *scaferlaty* à fumer, des *cigares*, et des *rôles* à mâcher.

Pour donner une idée des machines manufacturières, nous consacrerons les deux derniers paragraphes de ce livre à la description des appareils mécaniques usités dans les raffineries de sucre et dans les imprimeries.

§ 3. — PREMIER SPÉCIMEN DE MACHINES MANUFACTURIÈRES (MACHINES DES RAFFINERIES DE SUCRE).

Dans l'origine de la fabrication des sucres, les machines destinées à extraire le suc des cannes étaient des moulins semblables à ceux qu'on emploie pour le cidre. Au centre d'une aire circulaire s'élevait un pivot avec une pièce en charpente qui servait d'axe à une meule verticale ; un cheval, attelé à la partie de l'axe qui sortait de la meule, la tournait. Les jus, plus ou moins concentrés, étaient évaporés dans des chaudières ouvertes. A ce matériel ancien on a substitué aujourd'hui, presque partout, le matériel nouveau que nous allons passer en revue, et dont nous indiquerons tous les détails, comme exemple de démonstration de ces sortes d'établissements.

La râpe à betteraves (fig. 428). — Elle peut réduire en pulpe 180 tonnes de betteraves en vingt-quatre heures au moyen de trois sabots.

Elle a pour principe la commande des pousseurs par des cames en spirale donnant une vitesse constante aux sabots dans leur marche en avant ; de cette égalité dans la vitesse résulte une égalité dans la finesse de la pulpe produite, ce qui ne pouvait s'obtenir par les sys-

Fig. 438

tèmes anciennement adoptés et pratiqués encore par certains constructeurs. Une disposition de leviers et contre-poids permet aux sabots de reculer rapidement, ce qui accélère l'entrée de la betterave dans l'espace libre.

Cette râpe se fait remarquer par divers perfectionnements, entre autres, l'application à l'arbre du tambour de paliers graisseurs du système Avisse (fig. 429), à longs tourillons plongeant dans l'huile ; ce qui a pour effet de supprimer l'échauffement de l'arbre et les arrêts qui en étaient la conséquence. Un couteau placé sur la trémie de cette râpe divise les trop grosses betteraves avant leur introduction entre le tambour et les sabots pousseurs.

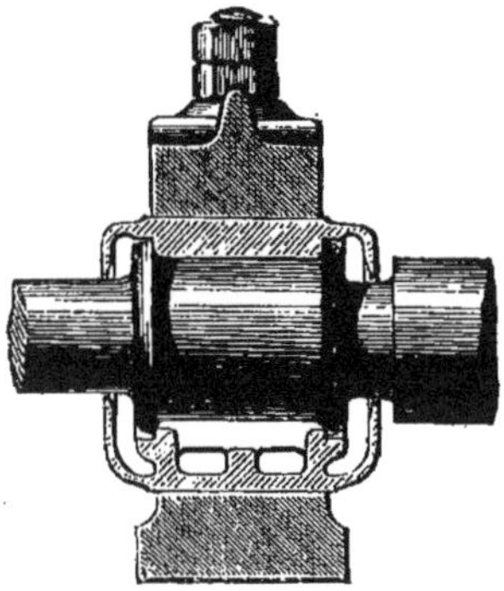

Fig. 429.

A gauche, sur le même dessin, on voit le *pelleteur mécanique pour ensacher la pulpe*, qui est destiné à remplir de pulpe de betterave les sacs en laine qui sont portés sous les presses. Il économise le travail permanent de deux ouvriers, dont la fonction était très-pénible, et il permet une marche plus rapide et plus régulière dans l'ensemble des appareils de l'atelier des presses.

Fig. 430.

Le modèle (fig. 430) est celui de la *râpe Champonois*, qui a des lames fixes, contre lesquelles les betteraves sont poussées par la force centrifuge.

La presse préparatoire (fig. 431). — Elle est destinée à la préparation des sacs de pulpe de betteraves qui sont soumis à la presse hydraulique. La pression des tables est limitée par une vis sans fin; celle-ci est commandée par une roue d'angle se débrayant seule, lors-

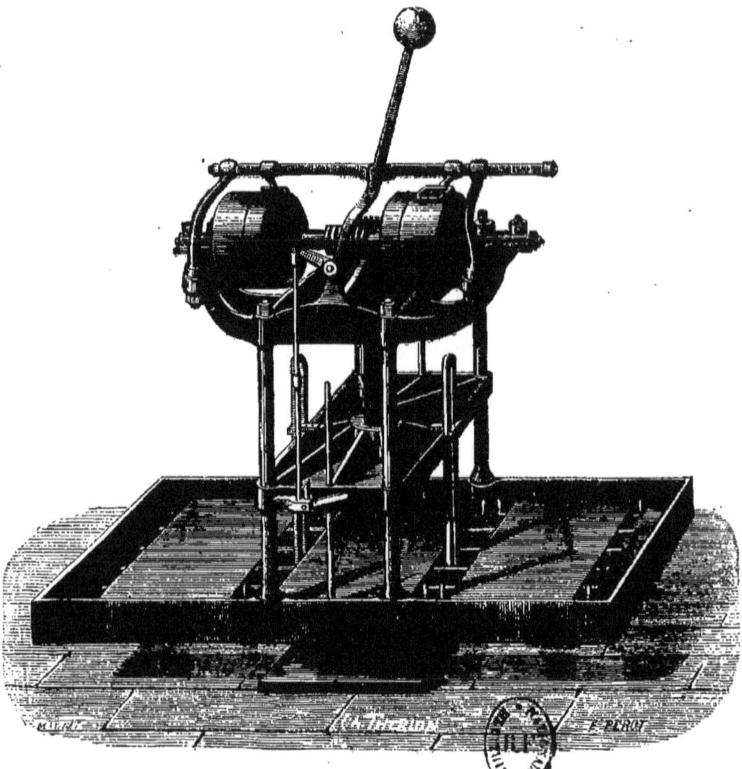

Fig. 431.

que le plateau est arrivé en haut de sa course. Cette presse préparatoire donne une première pression aux sacs de pulpe, et leur fait rendre la moitié de leur suc. L'opération, qui est très-prompte, prépare les sacs, et permet d'en faire tenir un grand nombre sous les presses hydrauliques, qui complètent l'extraction du jus.

Le système à six corps de pompes pour six presses hydrauliques. — Il est destiné à introduire l'eau sous les pistons des presses hydrauliques. Chacune des pompes qui le composent est à double piston de diamètres différents, et dont l'action successive est réglée par des soupapes et des contre-poids, de telle façon que le plus gros piston

Fig. 432.

fonctionne d'abord, si la nature de la pulpe permet au début un rapide écoulement du suc. Le plus petit piston fonctionne ensuite et diminue, par son moindre débit, la vitesse d'ascension du plateau des presses; il laisse ainsi à la fin de l'opération toute facilité pour la sortie du jus (fig. 432).

Une soupape à contre-poids est disposée de manière à arrêter l'action du petit piston, lorsque la pression a atteint son maximum. Si elle vient à diminuer, la soupape se ferme, la pompe continue à agir d'elle-même et maintient d'une manière constante la pression maxima sur la pulpe.

L'appareil d'évaporation à triple effet Derosne. — Le principe de cet appareil est basé sur l'emploi du calorique latent d'une même

Fig. 433.

quantité de vapeur primitive qui passe successivement dans plusieurs liquides pour les vaporiser, et dont les condensations ont lieu à la suite l'une de l'autre.

Ces évaporations successives exigent que ces liquides se trouvent chacun dans des conditions spéciales de pression, afin que leur ébullition se fasse à des températures plus ou moins grandes ; on obtient ces résultats par des degrés de vide différents opérés dans chaque chaudière.

La vapeur est d'abord employée à faire marcher les machines motrices de la sucrerie ; son calorique est ensuite recueilli, afin de servir aux évaporations. A cet effet, elle est envoyée dans le tambour tubulaire de la première chaudière (fig. 433) ; là, elle se met en contact avec l'extérieur des tuyaux verticaux contenus dans ce tambour, où se trouve le liquide à évaporer. Un vide de $0^m,20$ de mercure existe dans cette première chaudière, ce qui fait que l'ébullition et la vaporisation peuvent avoir lieu au-dessous de 100 degrés. La vapeur d'échappement des machines, quoique détendue, peut donc suffire à ce chauffage. Elle se condense dans l'intérieur du tambour, et on peut admettre que la chaleur latente dégagée met en vapeur, dans la chaudière tubulaire, un poids d'eau du jus égal aux cinq sixièmes environ de celui de la vapeur chauffante ; le sixième restant passe dans l'eau de condensation.

La vapeur du jus produite dans la première chaudière se rend à son tour dans le tambour tubulaire de la deuxième chaudière, que nous voyons sur le dessin d'ensemble (fig. 434) ; celle-ci est d'un diamètre plus grand que la première, afin de présenter plus de développement de surface de chauffe, la vapeur ayant moins de tension. Le vide dans cette chaudière est porté à $0^m,50$ de hauteur de mercure. L'ébullition et la vaporisation peuvent donc s'y entretenir avec la vapeur provenant du vide antérieur ; on obtient, dans cette deuxième chaudière, une quantité de vapeur correspondant aux cinq sixièmes de la vapeur provenant de la première.

La troisième chaudière, dans laquelle on entretient un vide de $0^m,70$ à $0^m,72$, et qui est d'un diamètre plus grand que la deuxième, se met en ébullition, à une très-basse température, avec la vapeur provenant de la deuxième chaudière.

Puis, la vapeur d'ébullition de cette troisième chaudière, envoyée dans un condensateur, est condensée par une pluie d'eau froide injectée près de la pompe à air, laquelle est destinée à entretenir le vide dans toutes les capacités de l'appareil et à en extraire l'eau de condensation et les gaz provenant de l'évaporation des jus. (voir page 344).

Il résulte de cet emploi multiple des vapeurs successives une éco-

Fig. 434.

nomie considérable sur le combustible qui serait nécessaire si l'évaporation était produite par de la vapeur prise directement au générateur.

Le calcul de cette économie peut s'établir approximativement ainsi :

En supposant que 1 kilogramme de charbon serve à produire, dans les appareils à vapeur perfectionnés tels que les générateurs tubulaires, 8 kilogrammes de vapeur, on a dans ce système :

Vapeur produite dans le générateur, pour usage de la force motrice, pour 1 kilogramme de charbon................	8 kilogr. 00 de vapeur.
Ces 8 kilogrammes de vapeur vont évaporer dans la première chaudière de l'appareil 8 kilogrammes × 5/6 =.............	6 — 66 —
Ces $6^k,66$ vont produire dans la deuxième chaudière une évaporation de $6^k,66$ × 5/6 =.........................	5 — 55 —
Ces $5^k,55$ produisent dans la troisième chaudière une évaporation de $5^k,55$ × 5/6 =.	4 — 62 —
Total de l'effet obtenu de 1 kilogramme de charbon.........................	24 kilogr. 83 de vapeur.

Ces 24 kilogrammes de vapeur eussent demandé dans l'effet direct, 3 kilogrammes de charbon; d'où l'on conclut à une économie de 68 pour 100 environ sur le combustible.

La chaudière à serpentins superposés (fig. 435). — Elle sert à cuire en grains dans le vide les sirops qui sortent de l'appareil d'évaporation précédent et qui ont besoin d'être concentrés pour être amenés au point de cuite convenable. Il faut, pour empêcher la transformation d'une partie du sucre en mélasse, soustraire les sirops à l'action des hautes températures; on y arrive en entretenant dans la chaudière à cuire un vide de $0^m,65$ du mercure.

Il faut aussi, pour former le grain dans la chaudière même, pouvoir faire une première cuisson jusqu'à la consistance de cuite ordinaire, puis continuer l'opération par l'introduction successive de petites quantités de sirop en surcharge, qui déterminent, par leur différence de température, une cristallisation des sirops précédemment amenés au point de cuite.

La chaudière est munie à cet effet de trois serpentins superposés, dans chacun desquels ou peut introduire séparément et successivement la vapeur qui est employée au chauffage.

Il en résulte qu'au fur et à mesure que l'opération s'avance, le grain formé, ayant tendance à se précipiter au fond de la chaudière et venant ainsi couvrir les surfaces inférieures de cristaux mauvais

Fig. 435.

conducteurs de calorique, l'ébullition des sirops qui surnagent devient possible avec les serpentins supérieurs.

Cette introduction successive de vapeur dans les serpentins, à partir du fond, a encore l'avantage d'éviter des surfaces chauffées en dehors du liquide et d'empêcher la caramélisation qui se produirait sur les bords de ces surfaces.

La faculté de produire le grain dans la chaudière même a donné d'excellents résultats; les sucres produits par ce moyen sont plus faciles à purger, sont plus beaux et donnent un rendement plus élevé par hectolitre de matière cuite.

Les lunettes fenêtres dont est muni cet appareil dans toute la hauteur de sa calandre permettent au cuiseur de se rendre un compte facile et exact de la marche de son opération.

Il est construit en tôle et fonte avec des serpentins en cuivre rouge et est employé indifféremment pour les sirops de betteraves ou pour ceux de canne; il peut produire 60 hectolitres de matière cuite en grains dans une opération qui dure en moyenne huit heures, avec des jus bien épurés.

Fig. 436.

La chaudière tubulaire à cuire dans le vide (fig. 436). — Elle est

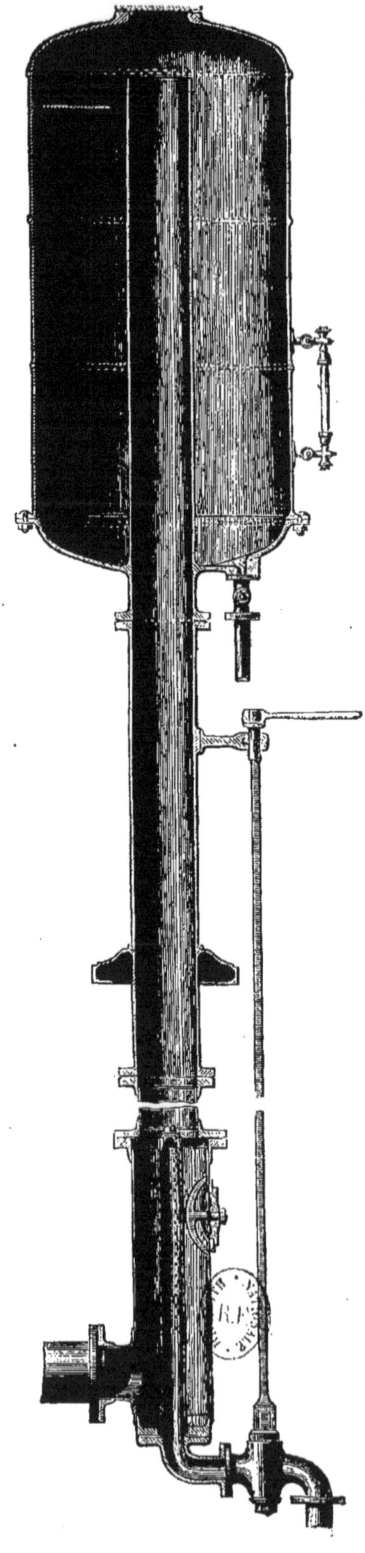

Haut de l'appareil.

Fig. 437.

employée avec avantage dans la cuisson des deuxième et troisième jets en sucrerie et dans celle des bas produits en raffinerie.

Cette chaudière peut donner 60 hectolitres de matière cuite par opération ; elle est construite en cuivre dans les parties en contact avec le sirop ; le tambour tubulaire est en fonte, les tubes sont en laiton et les plaques qui les relient aux extrémités sont en bronze.

Le condenseur à injection (fig. 437). — Il sert à condenser par une pluie d'eau froide les vapeurs sortant des chaudières d'évaporation. Il forme vase de sûreté dans sa partie supérieure, par une disposition qui consiste à faire arriver la vapeur des appareils dans un espace annulaire ; elles y perdent leur vitesse, avant de s'engager dans le conduit, où elles abandonnent ainsi les particules liquides et sucrées qu'elles pourraient contenir, et qui sont recueillies pour être traitées de nouveau.

Ce condenseur n'a qu'une injection d'eau froide laquelle se trouve à la partie inférieure, près de la pompe à air ; ce qui permet à ce condenseur, au moyen du vide qui y est entretenu, d'aspirer directement l'eau destinée à condenser les vapeurs, lorsqu'elle se trouve près du sol ; on évite ainsi la pompe qui servait à remonter cette eau jusqu'à la hauteur des anciennes injections au niveau de la partie supérieure des appareils.

La pompe à air horizontale (fig. 438). — Elle est destinée à entretenir le vide dans les condenseurs des appareils d'évaporation. Elle est à double effet et actionnée directement par la tige prolongée du piston à vapeur. Cette tige, supportée par quatre presse-étoupes, suspend les pistons et aucun grippement ne peut résulter du poids de ces pistons. Les deux presse-étoupes du cylindre à air portent une boîte constamment alimentée d'eau et qui garantit contre toute rentrée d'air ; les clapets d'aspiration sont métalliques et battent sur des siéges en caoutchouc ; ceux de refoulement sont en caoutchouc et au nombre de quatre, afin de réduire les dimensions de chacun d'eux et leur assurer ainsi un fonctionnement et une durée plus considérables.

Cette pompe à air est une application des principes énoncés dans le paragraphe des machines aspirantes (t. I, p. 241). Elle n'a qu'une seule fonction, c'est d'aspirer l'air dans des capacités entièrement fermées et de le laisser échapper dans l'atmosphère.

Fig. 438.

L'appareil d'évaporation Wetzel (fig. 439). — Il se compose d'un tambour entouré de tubes et que la vapeur chauffe ; ce tambour passe dans un bain de jus de sucre ; le tambour tourne, l'évaporation se

Fig. 439.

produit sur la surface de ces tubes, et c'est ainsi que le jus se concentre.

Cet appareil est employé dans les colonies pour le sucre de canne.

Le filtre presse (fig. 440). — Il est destiné à l'évaporation des écumes de sucre ou d'autres résidus sucrés liquides. C'est un cylindre composé de rondelles en tôle perforées et garnies de toile. Elles portent à leur partie inférieure des robinets par lesquels s'écoule le jus de sucre que la vapeur a pressé à travers ces toiles. Quand le baquet

Fig. 440.

est rempli, on le roule hors l'appareil pour y placer un autre. Les appendices correspondant aux robinets servent à mouvoir ces rondelles.

La chaudière à carbonater Périer Possoz (fig. 441). — Elle sert actuellement dans les raffineries à la défécation et à la première carbonatation, opération dite *carbonatation trouble*, ce qui nécessitait autrefois deux chaudières spéciales. La forme carrée, adoptée pour ces chaudières, a permis d'en augmenter la capacité pour une surface d'emplacement donnée, et l'emploi de la tôle en a réduit le prix par rapport aux anciennes chaudières à déféquer que l'on construisait en cuivre.

La disposition donnée aux serpentins de vapeur et de gaz, la proportion donnée à leurs surfaces, ont permis de limiter le temps des opérations au minimum; et les facilités qu'offre la manœuvre des divers robinets de ces chaudières, la simplification de la vidange qui se fait par un simple tampon, réduisent la main-d'œuvre à la dernière limite possible.

Pour abattre les mousses qui se forment en abondance par suite

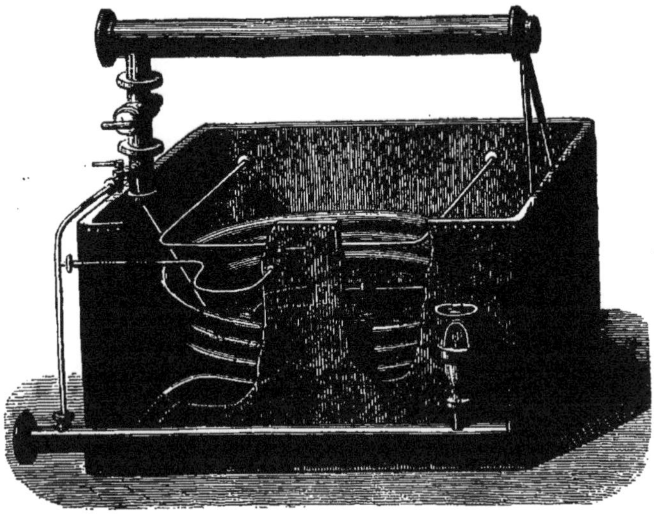

Fig. 441.

de l'injection de l'acide carbonique dans le jus, on emploie un jet de vapeur lancé, par un tuyau percé de petits trous, au-dessus du liquide en ébullition. L'enlèvement de cette mousse était obtenu à l'aide de corps gras jetés dans la chaudière, ce qui présentait un inconvénient de fabrication et donnait lieu à des dépenses.

La soufflerie horizontale à acide carbonique (fig. 442). — Elle aspire dans le four à chaux le gaz acide carbonique pour l'envoyer dans les chaudières à carbonater.

Cette soufflerie est, à l'instar de la pompe à air précédente, une application des principes énoncés dans le paragraphe des machines soufflantes (t. I, p. 248).

Elle a une double fonction : c'est d'aspirer le fluide dans des capacités fermées et de le souffler dans d'autres capacités également fermées.

Fig. 442.

L'appareil à force centrifuge pour le clairçage des sucres (fig. 443). — Cet appareil, dont l'introduction dans la sucrerie indigène et coloniale en 1849 a été l'un des progrès importants de la raffinerie, est construit sur le modèle de Cail, pour les inventeurs Rohlfs-Seyrig. On peut citer comme dernier perfectionnement, l'em-

Fig. 443.

brayage se faisant par l'intermédiaire d'un ressort qui applique le cône de l'arbre horizontal sur le pignon en cuir de l'arbre vertical et donne ainsi à l'embrayage une certaine élasticité.

La pompe centrifuge des sucreries (fig. 444). — Nous connaissons déjà les pompes centrifuges. Le modèle que nous donnons ici est employé principalement dans les raffineries et il se recommande par quelques dispositions spéciales que voici :

L'arbre qui traverse la turbine de part en part est supporté à ses extrémités par deux paliers graisseurs.

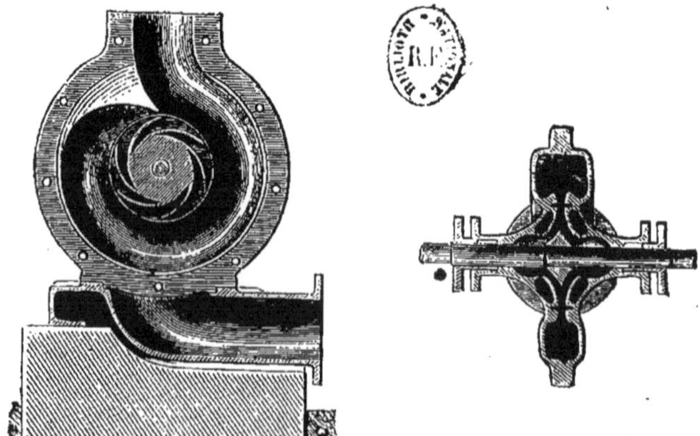

Fig. 444.

Cette pompe est munie d'une lanterne et d'une valve d'aspiration ; ce dernier organe, qui dépend d'un flotteur, a pour but d'empêcher la pompe de se désamorcer lorsqu'elle aspire l'eau dans une capacité à niveau variable, qui ne peut pas être alimentée régulièrement.

§ 4. — SECOND SPÉCIMEN DE MACHINES MANUFACTURIÈRES (PRESSES A IMPRIMER).

Les machines employées pour les impressions sont très-nombreuses ; leur disposition dépend de la matière sur laquelle on imprime. Nous pouvons distinguer les espèces suivantes :

L'impression des papiers peints. — Elle s'opère au moyen de planches de bois gravées en relief; on emploie autant de planches qu'il y a de couleurs dans le dessin. Chaque planche, après avoir reçu la couleur convenable, est appliquée sur le papier; la pression des mains, ou un coup de marteau, suffisent pour produire l'impression ; on se sert aussi de rouleaux, comme pour les étoffes.

L'impression sur les tissus. — On y emploie des rouleaux en cuivre de 0^{m},15 de diamètre. Les dessins à produire sont gravés en creux sur ces cylindres, autant de fois qu'ils peuvent les contenir. Le rouleau est mis en mouvement par un appareil de laminoir. Le bas du pourtour du rouleau plonge dans un bain de couleur, mais cette couleur est enlevée par une racloire élastique partout où il n'y a pas de dessin. L'étoffe se déroule avec la même rapidité que le cylindre.

L'impression en taille-douce.—Elle comprend l'emploi d'une planche de métal gravée en creux ; une encre épaisse est posée dans les traits. Cette planche est pressée par des rouleaux en bois sur le papier, et on obtient ainsi les estampes. Cet art fut inventé à Florence en 1450.

Les presses lithographiques. — Pour imprimer en lithographie, on place la pierre dans une caisse appelée *chariot*, où elle est maintenue par des vis et des coins. On y pose le papier, que l'on couvre d'un châssis en cuir. Ce chariot est alors tiré au moyen d'une manivelle, et passe sous un *râteau* en bois qui opère l'impression. Tel est le rôle de la mécanique dans cette opération.

Les presses typographiques. — La typographie est l'art de repro-

Fig. 445.

Fig. 446.

duire les écrits ou les dessins par des caractères en métal fondus et assemblés, et par des empreintes en métal appelées des *clichés*. L'imprimerie se compose de deux éléments distincts : la composition et le tirage.

La composition est l'assemblage des lettres dont l'ensemble doit reproduire le manuscrit appelé *copie*. Les machines destinées à remplacer les *compositeurs* n'ont pas réussi jusqu'à présent. C'étaient pour la plupart des espèces de claviers dont les touches *levaient* la lettre pour la faire tomber dans le *composteur*, instrument qui sert à composer les lignes.

Le tirage a lieu au moyen de presses mises en action par des machines à vapeur ou à gaz. Au moyen de rouleaux, l'encre est étendue sur la composition ou *forme*. La feuille de papier blanc est étendue sur un cadre ou tympan, qui est couvert d'un châssis pour les marges qui doivent rester blanches. L'ouvrier le renverse sur la forme et fait avancer celle-ci au moyen d'une manivelle sous la presse. La direction de ce travail est exercée par le prote (πρότος, premier).

La première presse fut inventée, pour nous, par Gutenberg. Les Chinois ont connu l'art de l'impression avant les Européens.

La figure 445 représente le spécimen d'une presse automatique ; tous ses mouvements sont commandés par une machine motrice.

La figure 446 représente le spécimen d'une presse à imprimer les journaux. On vient d'introduire de notables perfectionnements dans ces presses, en vue d'augmenter le tirage. A cet effet, on se sert du papier sans fin, qui est roulé en tambour et qu'une grue dépose sur la machine, où il se déroule, attiré par les cylindres. En route, il passe sur un rouleau humide qui le trempe ; une scie le coupe, puis la feuille détachée arrive sous la presse. Elle se place sur un cylindre garni d'un lit d'étoffe, tandis qu'un autre cylindre en métal formé de clichés l'imprime dans sa rotation.

Des ouvrages spéciaux, tels que les portefeuilles de dessins industriels, la collection des brevets d'invention, sont consacrés à la description détaillée des machines manufacturières ; nous sommes forcé de renvoyer à ces recueils pour ne pas dépasser le cadre actuel de ce livre.

APPENDICE

LÉGISLATION

CONCERNANT

LES MACHINES A VAPEUR

Rapport du ministre sur la fabrication et l'établissement des machines et chaudières à vapeur.

SIRE,

Dans le grand travail de révision auquel, d'après les ordres de Votre Majesté ont dû être soumis les divers règlements qui régissent l'industrie, les machines à vapeur ne pouvaient être oubliées. La vapeur est aujourd'hui l'agent presque unique de l'industrie. A l'exception des usines établies sur les cours d'eau, il n'y en a en quelque sorte pas une seule qui n'ait la vapeur pour force motrice, et en dehors des établissements industriels proprement dits, nous la retrouvons donnant le mouvement aux vaisseaux de guerre et de commerce, ainsi qu'aux locomotives des chemins de fer. Chaque jour augmente le nombre des machines à vapeur existant en France. En 1850, il y en avait 6 832 ; en 1863, le nombre s'en élevait à 22 516 représentant une force de 617 890 chevaux-vapeur, ou de 1,853 670 chevaux de trait, ou encore de 12 975 690 hommes de peine, c'est-à-dire supérieure à celle de tous les hommes en état de travailler qui existent dans le pays.

La vapeur est donc, ainsi qu'on l'a dit si justement, une puissance de premier ordre ; mais on doit reconnaître que c'est une puissance qui a ses dangers, et que l'on ne doit en faire usage qu'avec certaines précautions dont l'oubli peut occasionner les plus funestes conséquences.

L'on s'explique donc qu'à l'époque où la machine à vapeur était encore peu connue, et le nombre des hommes en état de la conduire peu considérable, l'on ait assujetti l'emploi de ces machines à des prescriptions nombreuses et sévères, de nature à prévenir les accidents : c'est ainsi que, dès l'année 1810, elle a été rangée parmi les établissements insalubres et incommodes; c'est ainsi que plus tard, et sous l'impression d'accidents qui avaient coûté la vie à un grand nombre de personnes, ont été successivement rendues, en 1823, en 1828, 1829 et 1830, diverses ordonnances déterminant les mesures de sûreté auxquelles devait être subordonné l'emploi de la vapeur, et, en dernier lieu, l'ordonnance du 22 mai 1843, qui régit encore aujourd'hui la matière et qui a constitué un véritable progrès sur les règlements antérieurs.

Mais le temps a marché ; l'industrie de la construction des machines a fait les plus remarquables progrès ; la vapeur s'applique aujourd'hui dans une foule de circonstances où l'on ne supposait pas qu'elle dût jamais trouver sa place. Les appareils destinés à la recevoir se transforment de mille manières, en raison des usages variés auxquels ils sont destinés ; les matériaux eux-mêmes dont les appareils sont formés se fabriquent de nos jours dans des conditions de qualité et de prix auxquelles on n'avait pas encore atteint ; enfin, les ouvriers propres à la conduite des machines sont plus expérimentés et plus nombreux : de là résulte que l'administration, pour suivre l'industrie dans ses progrès, a dû, usant de la faculté que le règlement lui-même lui conférait, accorder certaines dérogations aux conditions de sûreté que ce règlement prescrivait.

Mais ces concessions limitées et partielles étaient devenues insuffisantes, et chaque jour révélait l'utilité de modifications essentielles dans les règlements actuels ; ces modifications ont été mises à l'étude ; l'administration a ouvert sur toute la surface de l'empire une vaste enquête ; les ingénieurs chargés de la surveillance, les préfets, les constructeurs, les industriels ont été consultés. Les résultats de cette enquête ont été analysés et discutés avec le soin le plus scrupuleux par la commission centrale des machines à vapeur instituée près de mon département. A la suite de délibérations approfondies, cette commission a proposé un règlement nouveau qui dégage l'industrie d'entraves devenues inutiles. Le conseil d'État a adopté ce nouveau règlement, et je viens à mon tour, Sire, le soumettre avec confiance à la haute sanction de Votre Majesté, après y avoir introduit, sous son inspiration directe, quelques modifications de détail destinées à le rendre encore plus simple et plus libéral.

Qu'il me soit permis d'indiquer en peu de mots à Votre Majesté les points principaux sur lesquels le nouveau règlement diffère du règlement actuel.

Aujourd'hui, toutes les pièces, en quelque sorte, d'une machine à vapeur sont réglementées : non-seulement les chaudières et les tubes dans lesquels la vapeur se produit sont soumis à des épreuves pour constater la résistance du métal dont ils se composent, mais encore toutes les pièces qui sont destinées seulement à contenir la vapeur produite, les cylindres en fonte des machines, les enveloppes mêmes de ces cylindres, doivent subir ces épreuves ; pour le fer, l'acier ou le cuivre, l'épreuve est du triple de la pression à laquelle la vapeur doit fonctionner ; pour la fonte, cette épreuve atteint jusqu'au quintuple.

Ce n'est pas tout : le constructeur, quel que soit le métal qu'il doive employer, que ce soit du fer de qualité ordinaire ou de l'acier le plus solide, est assujetti a des conditions d'épaisseur dans lesquelles il doit obligatoirement se renfermer ; en un mot, il n'a, pour ainsi dire, aucune liberté dans le choix des matériaux qu'il emploie, dans l'agencement des pièces qui doivent composer la machine, et si, depuis longtemps déjà, l'administration n'avait, ainsi que je l'ai déjà dit, tempéré la rigueur des règlements, l'industrie eût été paralysée dans son essor, au grand préjudice de l'intérêt général.

La machine est construite; elle a été vérifiée dans ses parties essentielles; sa chaudière, ses cylindres, ont été éprouvés et poinçonnés par les ingénieurs chargés de sa surveillance; ces ingénieurs ont constaté qu'elle est munie de tous les appareils de sûreté prescrits par les règlements; il s'agit maintenant d'en faire emploi, et c'est alors que commence une nouvelle série de formalités.

Les machines à vapeur sont rangées, je l'ai dit, parmi les établissements insalubres et incommodes; elles ne peuvent dès lors être autorisées qu'après une enquête dans laquelle sont entendus les intéressés; à la suite de l'enquête les ingénieurs se rendent sur les lieux, le plan à la main, pour constater si les conditions d'emplacement et de distance soit aux habitations voisines, soit à la voie publique, sont observées; sur leur rapport enfin, l'autorisation est accordée, s'il y a lieu, par un arrêté du préfet, qui détermine les mesures de détail auxquelles le permissionnaire est tenu de se conformer.

Ajoutons que les arrêtés pris par les préfets peuvent être attaqués par les tiers devant la juridiction contentieuse, et l'on verra de suite combien la législation actuelle, par les pertes de temps qu'elle impose à l'industrie, lui apporte de gêne et de préjudice.

Sans doute, si ce mécanisme compliqué était nécessaire pour garantir la sécurité publique, comme il pouvait l'être il y a peu d'années encore, il faudrait s'y résigner; mais aujourd'hui la machine à vapeur est tellement entrée dans les habitudes et dans les nécessités de l'industrie, qu'on peut, sans inconvénient pour l'intérêt général, supprimer plusieurs des obligations préventives qui ont été jusqu'ici imposées aux industriels.

C'est dans cet ordre d'idées qu'a été conçu le règlement nouveau : il maintient l'épreuve pour les chaudières, mais il la supprime pour les cylindres et autres pièces accessoires; de plus, il réduit l'épreuve au double de la pression effective de la vapeur dans la chaudière, tandis qu'elle est triple aujourd'hui de cette pression, et en outre, au delà d'une pression de 6 atmosphères, il admet que la charge d'épreuve ne dépasse dans aucun cas le double de cette pression.

Quant à l'exécution même de la chaudière, à la nature et à la qualité des matériaux employés, à l'épaisseur des parois, elles seront laissées désormais à la disposition du constructeur sous sa responsabilité.

En ce qui concerne les machines elles-mêmes, elles seront à l'avenir dispensées de l'autorisation préalable; en d'autres termes elles seront déclassées comme établissements insalubres et incommodes; il suffira d'une simple déclaration faite au préfet du département: le règlement lui-même détermine les conditions diverses auxquelles le propriétaire est tenu de se conformer, et chacun dès lors, pourvu qu'il exécute ces conditions, est en droit d'établir chez lui une machine à vapeur sans avoir besoin de réclamer un arrêté préfectoral qui ne pouvait, malgré toute la célérité possible, intervenir le plus souvent qu'après un délai de plusieurs mois.

Enfin, les conditions mêmes imposées d'une manière générale aux propriétaires d'appareils à vapeur offrent de notables adoucissements sur la situation actuelle.

Dans le régime en vigueur, les chaudières sont divisées, au point de vue des dangers qu'elles peuvent présenter pour le voisinage, en plusieurs catégories, qu'on obtient en multipliant leur capacité totale par le chiffre de la pression de la vapeur dans leur intérieur. La première catégorie comprend les chaudières dans lesquelles le produit de la capacité par la tension excède 15; la seconde celles où le produit varie entre 7 et 15 ; la troisième celles où il varie de 3 à 7, et la quatrième enfin, celles où il n'excède pas 3.

Les chaudières de première catégorie ne peuvent être établies dans aucune maison d'habitation ni dans aucun atelier, sauf, par exception, pour un atelier, le cas où la chaleur des foyers de cet atelier pourrait être utilisée au chauffage des chaudières.

Toutes les fois qu'il y a moins de 10 mètres de distance entre une chaudière de première catégorie et les maisons d'habitation ou la voie publique, il faut construire un mur de défense d'au moins 1 mètre d'épaisseur, dont le préfet règle la longueur et la hauteur pour chaque cas particulier. Ce magistrat détermine en même temps, s'il y a lieu, la direction de l'axe de la chaudière.

Pour les chaudières de seconde catégorie, elles ne peuvent être placées dans un atelier que lorsque cet atelier ne fait pas partie d'une maison d'habitation ou d'une fabrique à plusieurs étages ; si elles sont à moins de 5 mètres de distance, soit des maisons d'habitation, soit de la voie publique, il y a là encore l'obligation du mur de défense de 1 mètre d'épaisseur, sans préjudice des autres conditions à régler par le préfet comme pour les chaudières de première catégorie.

Les chaudières de la troisième catégorie ne peuvent être également placées dans un atelier que lorsque cet atelier ne fait pas partie d'une maison d'habitation, mais le mur de défense n'est pas exigé.

Enfin, pour les chaudières de la quatrième catégorie, elles ne sont assujetties à aucune restriction spéciale qui mérite d'être mentionnée.

Dans le nouveau règlement, l'interdiction d'établir une chaudière de première catégorie dans une maison d'habitation est maintenue, mais elle ne subsiste plus pour les ateliers qu'autant qu'ils sont surmontés d'étages, et on ne considérera pas comme un étage au-dessus de l'emplacement de la chaudière une construction légère dans laquelle ne se fera aucune élaboration exigeant la présence d'employés ou d'ouvriers à poste fixe.

Pour ces mêmes chaudières, le nouveau règlement décide d'une manière absolue qu'on ne pourra les établir à moins de 3 mètres de distance d'une maison d'habitation appartenant à des tiers ; mais il ne stipule rien pour la voie publique, et de plus, au delà de 3 mètres, il ne prescrit la construction d'un mur de défense que dans certains cas où la sûreté du voisinage est plus spécialement intéressée.

Au delà de 10 mètres, l'établissement des chaudières de première catégorie n'est plus assujetti à aucune condition particulière.

Les chaudières de seconde catégorie pourront être désormais placées dans l'intérieur de tout atelier, et sans aucune condition de mur de défense, pourvu que l'atelier ne fasse pas partie d'une maison habitée par d'autres que le manufacturier, sa famille, ses employés, ouvriers ou serviteurs.

Les chaudières de troisième catégorie, enfin, peuvent être établies dans un atelier quelconque, même faisant partie d'une maison habitée par des tiers.

Il suffit sans doute, Sire, du simple énoncé qui précède pour montrer toute l'étendue de la liberté que le nouveau règlement laisse à l'industriel ; il n'aura plus à subir ces longs délais qu'exige toujours, quoi qu'on fasse, une instruction administrative ; il trouvera dans le règlement lui-même les conditions qu'il doit remplir, et l'exécution lui en sera laissée sous sa responsabilité et sous la réserve d'une simple déclaration à faire au préfet ; il était impossible d'aller plus loin sans abandonner cet autre intérêt que le gouvernement ne doit jamais négliger, celui de la sécurité publique.

Quant aux détails du règlement en lui-même, j'ai peu de chose à en dire : il se divise en quatre titres.

Le premier traite des épreuves auxquelles les chaudières devront être soumises : il indique comment ces épreuves devront se faire et quelle en sera la charge.

Il définit en outre les divers appareils de sûreté dont les chaudières devront être munies (art. 5 à 9).

Ces appareils ne diffèrent pas, quant à leur nature, de ceux qui sont en usage aujourd'hui ; mais, tandis que le règlement actuel en fixait les dimensions, les détails d'exécution et d'emploi de la manière la plus minutieuse, le règlement nouveau se borne à indiquer, au moins pour la plupart de ces appareils, les conditions générales auxquelles ils doivent satisfaire, et laisse l'industriel libre de les construire, disposer et employer comme il voudra, pourvu que le but auquel ils doivent satisfaire soit atteint.

Le titre II règle la forme et les conditions de la déclaration à faire par celui qui veut établir à demeure une chaudière à vapeur. Cette déclaration, faite au préfet (art. 10), doit contenir les indications nécessaires pour permettre à l'autorité et aux ingénieurs chargés de la surveillance, de constater si les chaudières sont toujours dans les conditions réglementaires ; ces indications ne se rapportent d'ailleurs qu'à des faits que le propriétaire ne peut pas ignorer, et par suite il lui sera toujours facile de les fournir.

Le titre II règle également les conditions que doit remplir toute chaudière à vapeur vis-à-vis du voisinage, et c'est là évidemment la partie la plus importante du nouveau règlement, puisque c'est elle qui doit faire, par des dispositions générales applicables à tous les cas, ce que faisait dans chaque cas particulier l'arrêté du préfet, en vue de sauvegarder la sécurité publique et les intérêts des propriétés voisines des machines à vapeur.

J'ai d'ailleurs, dans la première partie de ce rapport, indiqué les conditions spéciales applicables aux chaudières de chaque catégorie, et je n'ai plus besoin d'y revenir ici.

Qu'il me soit permis seulement de signaler à Votre Majesté la disposition (art. 18) d'après laquelle les conditions d'emplacement fixées par le règlement cessent d'être obligatoires lorsque les tiers intéressés renoncent à s'en prévaloir, et celle (art. 19) qui oblige à munir les chaudières de toute catégorie d'un appareil fumivore d'une efficacité suffisante. L'inconvénient de la fumée est celui qui est le plus incommode aux voisins, et depuis assez longtemps déjà l'administration est dans l'usage de prescrire, à tous ceux qui veulent établir des machines à vapeur, de brûler la fumée de leurs foyers ; il existe aujourd'hui divers appareils qui réalisent, au moins d'une manière approximative et à peu de frais, ce grand avantage ; il est juste d'en faire jouir le public d'une manière générale au moment où l'on accorde à l'industrie des facilités aussi larges que celles qui doivent résulter du nouveau règlement.

Il paraît équitable toutefois d'accorder un certain délai pour se mettre en règle, quant à l'emploi d'un appareil fumivore, aux propriétaires de chaudières à vapeur auxquels cette condition n'a pas été imposée par leur acte d'autorisation ; un paragraphe spécial est ajouté à cet effet à l'article 19; le délai qu'il accorde aux usiniers est de six mois.

Le titre III énonce les dispositions auxquelles doivent satisfaire les machines locomobiles et les machines locomotives. Les prescriptions qui concernent les locomobiles ne diffèrent pas sensiblement de celles qui sont édictées par les règlements actuels; et quant aux locomotives, on se réfère purement et simplement aux règlements d'administration publique qui règlent les conditions de la circulation de ces machines sur les chemins de fer. Il est seulement ajouté à l'article relatif aux locomotives un paragraphe qui prévoit le cas où elles viendraient ultérieurement à circuler sur les routes de terre; ce cas échéant, les conditions de cette circulation seraient fixées par un règlement spécial.

Le titre IV enfin désigne les fonctionnaires et agents de divers ordres qui seront chargés de la surveillance des chaudières à vapeur; il indique les mesures à observer en cas d'accident, de telle façon que la justice puisse être ainsi à même de constater à qui doit en remonter la responsabilité.

Telles sont, Sire, les dispositions principales de la nouvelle réglementation qui me paraît devoir être adoptée pour les chaudières à vapeur; elles ouvrent pour l'industrie une ère de liberté et de progrès, tout en satisfaisant dans la mesure du nécessaire à ce qu'exige la sûreté publique, et je prie Votre Majesté de vouloir bien remarquer que ces dispositions ne concernent que les chaudières autres que celles qui sont placées sur des bateaux. Pour ces dernières, il pourra y avoir lieu sans doute de modifier en quelques points les règlements actuels; mais, à raison de la destination principale des bateaux à vapeur, qui est le transport des personnes, et de la gravité des accidents dont, par là même, ils peuvent être le théâtre, il est impossible de ne pas les astreindre à des mesures de précaution spéciales. Tout ce qui les concerne doit donc faire l'objet d'un examen particulier.

Décret impérial relatif aux chaudières à vapeur autres que celles qui sont placées à bord des bateaux (25 janvier 1865).

TITRE I.

Dispositions relatives à la fabrication, à la vente et à l'usage des chaudières fermées destinées à produire la vapeur.

Article premier. Sont soumises aux formalités et aux mesures prescrites par le présent décret les chaudières fermées destinées à produire la vapeur, autres que celles qui sont placées à bord des bateaux.

Art. 2. Aucune chaudière neuve ou ayant déjà servi, ne peut être livrée par celui qui l'a construite, réparée ou vendue, qu'après avoir subi l'épreuve prescrite ci-après.

Cette épreuve est faite chez le constructeur ou chez le vendeur, sur sa demande, sous la direction des ingénieurs des mines ou, à leur défaut, des ingénieurs des ponts et chaussées, ou des agents sous leurs ordres.

Les épreuves des chaudières venant de l'étranger sont faites, avant la mise en service, au lieu désigné par le destinataire dans sa demande.

Art. 3. L'épreuve consiste à soumettre la chaudière à une pression effective double de celle qui ne doit pas être dépassée dans le service, toutes les fois que celle-ci est comprise entre un demi-kilogramme et 6 kilogrammes par centimètre carré inclusivement.

La surcharge d'épreuve est constante et égale à un demi-kilogramme par centimètre carré pour les pressions inférieures et à 6 kilogrammes par centimètre carré pour les pressions supérieures aux limites ci-dessus.

L'épreuve est faite par pression hydraulique.

La pression est maintenue pendant le temps nécessaire à l'examen de toutes les parties de la chaudière.

Art. 4. Après qu'une chaudière ou partie de chaudière a été éprouvée avec succès, il y est apposé un timbre indiquant en kilogrammes, par centimètre carré, la pression effective que la vapeur ne doit pas dépasser. Les timbres sont placés de manière à être toujours apparents après la mise en place de la chaudière. Ils sont poinçonnés par l'agent chargé d'assister à l'épreuve.

Art. 5. Chaque chaudière est munie de deux soupapes de sûreté chargées de manière à laisser la vapeur s'écouler avant que sa pression effective atteigne, ou, tout au moins, dès qu'elle atteint la limite maximum indiquée par le timbre dont il est fait mention à l'article précédent.

Chacune des soupapes offre une section suffisante pour maintenir à elle seule, quelle que soit l'activité du feu, la vapeur dans la chaudière à un degré de pression qui n'excède dans aucun cas la limite ci-dessus.

Le constructeur est libre de répartir, s'il le préfère, la section totale d'écoulement nécessaire des deux soupapes réglementaires entre un plus grand nombre de soupapes.

Art. 6. Toute chaudière est munie d'un manomètre en bon état, placé en vue du chauffeur, disposé et gradué de manière à indiquer la pression effective de la vapeur dans la chaudière. Une ligne très-apparente marque sur l'échelle le point que l'index ne doit pas dépasser.

Un seul manomètre peut servir pour plusieurs chaudières ayant un réservoir de vapeur commun.

Art. 7. Toute chaudière est munie d'un appareil d'alimentation d'une puissance suffisante et d'un effet certain.

Art. 8. Le niveau que l'eau doit avoir habituellement dans chaque chaudière doit dépasser de $0^m,1$ au moins la partie la plus élevée des carnaux, tubes ou conduits de la flamme et de la fumée dans le fourneau.

Ce niveau est indiqué par une ligne tracée d'une manière très-apparente sur les parties extérieures de la chaudière et sur le parement du fourneau.

La prescription énoncée au paragraphe 1er du présent article ne s'applique point :

1° Aux surchauffeurs de vapeur distincts de la chaudière ;

2° A des surfaces relativement peu étendues et placées de manière à ne jamais rougir, même lorsque le feu est poussé à son maximum d'activité, telles que la partie supérieure des plaques tubulaires des boîtes à fumée dans les chaudières de locomotives, ou encore telles que les tubes ou parties de cheminée qui traversent le réservoir de vapeur, en envoyant directement à la cheminée principale les produits de la combustion ;

3° Aux générateurs dits *à production de vapeur instantanée* et à tous autres qui contiennent une trop petite quantité d'eau pour qu'une rupture puisse être dangereuse.

Le ministre de l'agriculture, du commerce et des travaux publics peut, en outre, sur le rapport des ingénieurs et l'avis du préfet, accorder dispense de ladite prescription dans tous les cas où, à raison soit de la forme ou de la faible dimension des générateurs, soit de la position spéciale des pièces contenant de la vapeur, il serait reconnu que la dispense ne peut pas avoir d'inconvénients.

ART. 9. Chaque chaudière est munie de deux appareils indicateurs du niveau de l'eau, indépendants l'un de l'autre et placés en vue du chauffeur.

L'un de ces deux indicateurs est un tube en verre disposé de manière à pouvoir être facilement nettoyé et remplacé au besoin.

TITRE II.

Dispositions relatives à l'établissement des chaudières à vapeur placées à demeure.

ART. 10. Les chaudières à vapeur destinées à être employées à demeure ne peuvent être établies qu'après une déclaration au préfet du département. Cette déclaration est enregistrée à sa date. Il en est donné acte (*).

ART. 11. La déclaration fait connaître :

1° Le nom et le domicile du vendeur des chaudières ou leur origine ;

2° La commune et le lieu précis où elles sont établies ;

3° Leur forme, leur capacité et leur surface de chauffe ;

4° Le numéro du timbre exprimant en kilogrammes, par centimètre carré, la pression effective maximum sous laquelle elles doivent fonctionner ;

5° Enfin, le genre d'industrie et l'usage auxquels elles sont destinées.

ART. 12. Les chaudières sont distinguées en trois catégories.

Cette classification est basée sur la capacité de la chaudière et sur la tension de la vapeur.

On exprime en mètres cubes la capacité de la chaudière avec ses tubes bouil-

---

(*) MODÈLE DE DÉCLARATION.

(A faire sur papier timbré et à adresser à M. le préfet.)

Le soussigné demeurant à a l'honneur de déclarer à Monsieur le Préfet du département de qu'il l'intention d'établir à une machine à vapeur verticale sortant des ateliers de M. constructeur mécanicien à , n° , rue . La chaudière, à foyer intérieur et à un bouilleur vertical ayant une surface de chauffe de mètres carrés décimètres carrés, et une capacité totale de mètre cube décimètres cubes, est timbrée à kilogrammes et fait par conséquent partie de la catégorie.

Cette machine, de la force de chevaux, est destinée à mettre en mouvement une

N le 18 .

Signature.

Faire légaliser la signature.

A Monsieur le Préfet du département

leurs ou réchauffeurs, mais sans y comprendre les surchauffeurs de vapeur ; l'on multiplie ce nombre par le numéro du timbre augmenté d'une unité. Les chaudières sont de la première catégorie quand le produit est plus grand que 15 ; de la deuxième, si ce même produit surpasse 5 et n'excède pas 15 ; de la troisième, s'il n'excède pas 5.

Si plusieurs chaudières doivent fonctionner ensemble dans un même emplacement et si elles ont entre elles une communication quelconque, directe ou indirecte, on prend pour former le produit, comme il vient d'être dit, la somme des capacités de ces chaudières.

ART. 13. Les chaudières comprises dans la première catégorie doivent être établies en dehors de toute maison et de tout atelier surmonté d'étages.

N'est point considéré comme un étage au-dessus de l'emplacement d'une chaudière une construction légère dans laquelle les matières ne sont l'objet d'aucune élaboration nécessitant la présence d'employés ou ouvriers travaillant à poste fixe.

Dans ce cas, le local ainsi utilisé est séparé des ateliers contigus par un mur ne présentant que les passages nécessaires pour le service.

ART. 14. Il est interdit de placer une chaudière de première catégorie à moins de 3 mètres de distance du mur d'une maison d'habitation appartenant à des tiers.

Si la distance de la chaudière à la maison est plus grande que 3 mètres et moindre que 10 mètres, la chaudière doit être généralement installée de façon que son axe longitudinal prolongé ne rencontre pas le mur de ladite maison, ou que, s'il le rencontre, l'angle compris entre cet axe et le plan du mur soit inférieur au dixième d'un angle droit.

Dans le cas où la chaudière n'est pas installée dans les conditions ci-dessus, la maison doit être garantie par un mur de défense.

Ce mur, en bonne et solide maçonnerie, a 1 mètre au moins d'épaisseur en couronne ; il est distinct du parement du fourneau de la chaudière et du mur de la maison voisine, et est séparé de chacun d'eux par un intervalle libre de $0^{m},30$ de largeur au moins.

Sa hauteur dépasse de 1 mètre la partie la plus élevée du corps de la chaudière, quand il est à une distance de celle-ci comprise entre $0^{m},30$ et 3 mètres. Si la distance est plus grande que 3 mètres, l'excédant de hauteur est augmenté en proportion de la distance, sans toutefois excéder 2 mètres.

Enfin, la situation et la longueur du mur sont combinées de manière à couvrir la maison voisine dans toutes les parties qui se trouvent à la fois au-dessous de la crête dudit mur, d'après la hauteur fixée ci-dessus, et à une distance moindre que 10 mètres d'un point quelconque de la chaudière.

L'établissement d'une chaudière de première catégorie à la distance de 10 mètres ou plus des maisons d'habitation n'est assujetti à aucune condition particulière.

Les distances de 3 mètres et de 10 mètres fixées ci-dessus sont réduites respectivement à $1^{m},50$ et 5 mètres, lorsque la chaudière est enterrée de façon que la partie supérieure de ladite chaudière se trouve à 1 mètre au moins en contre-bas du sol du côté de la maison voisine.

ART. 15. Les chaudières comprises dans la deuxième catégorie peuvent être placées dans l'intérieur de tout atelier, pourvu que l'atelier ne fasse pas partie d'une maison habitée par des personnes autres que le manufacturier, sa famille et ses employés, ouvriers et serviteurs.

Art. 16. Les chaudières de troisième catégorie peuvent être établies dans un atelier quelconque, même lorsqu'il fait partie d'une maison habitée par des tiers

Art. 17. Les fourneaux des chaudières comprises dans la deuxième et la troisième catégorie sont entièrement séparés des maisons d'habitation appartenant à des tiers; l'espace vide est de 1 mètre pour les chaudières de la deuxième catégorie et de 0m,50 pour les chaudières de la troisième.

Art. 18. Les conditions d'emplacement établies par les articles 14 et 17 ci-dessus cessent d'être obligatoires, lorsque les tiers intéressés renoncent à s'en prévaloir.

Art. 19. Le foyer des chaudières de toute catégorie doit brûler sa fumée.

Un délai de six mois est accordé pour l'exécution de la disposition qui précède aux propriétaires de chaudières auxquels l'obligation de brûler leur fumée n'a point été imposée par l'acte d'autorisation.

Art. 20. Si, postérieurement à l'établissement d'une chaudière, un terrain contigu vient à être affecté à la construction d'une maison d'habitation, le propriétaire de ladite maison a le droit d'exiger l'exécution des mesures prescrites par les articles 14 et 17 ci-dessus, comme si la maison eût été construite avant l'établissement de la chaudière.

Art. 21. Indépendamment des mesures générales de sûreté prescrites au titre Ier de la déclaration prévue par les articles 10 et 11 du titre II, les chaudières à vapeur fonctionnant dans l'intérieur des mines sont soumises aux conditions spéciales fixées par les lois et règlements concernant l'exploitation des mines.

TITRE III.

Dispositions relatives aux chaudières des machines locomobiles et locomotives.

Art. 22. Sont considérées comme locomobiles les machines à vapeur qui peuvent être transportées facilement d'un lieu dans un autre, n'exigent aucune construction pour fonctionner sur un point donné et ne sont effectivement employées que d'une manière temporaire à chaque station.

Art. 23. Les chaudières des machines locomobiles sont soumises aux mêmes épreuves et munies des mêmes appareils de sûreté que les générateurs établis à demeure; toutefois, elles peuvent n'avoir qu'un seul tube indicateur du niveau de l'eau, en verre. Elles portent, en outre, une plaque sur laquelle sont gravés, en lettres très-apparentes, le nom du propriétaire, son domicile et un numéro d'ordre si le propriétaire en possède plusieurs.

Elles sont l'objet d'une déclaration adressée au préfet du département où est le domicile du propriétaire de la machine.

Art. 24. Aucune locomobile ne peut être employée sur une propriété particulière à moins de 5 mètres de tout bâtiment d'habitation et de tout amas découvert de matières inflammables appartenant à des tiers, sans le consentement formel de ceux-ci.

Le fonctionnement des locomobiles sur la voie publique est régi par les règlements de police locaux.

Art. 25. Les machines à vapeur locomotives sont celles qui, sur terre, travaillent en même temps qu'elles se déplacent par leur propre force.

Art. 26. Les dispositions de l'article 23 sont applicables aux chaudières des machines locomotives.

Art. 27. La circulation des locomotives sur les chemins de fer a lieu dans les conditions déterminées par des règlements d'administration publique.

Un règlement spécial fixera, s'il y a lieu, les conditions relatives à la circulation des locomotives sur les routes autres que les chemins de fer.

TITRE IV.

Dispositions générales.

Art. 28. Les ingénieurs des mines, ou, à leur défaut, les ingénieurs des ponts et chaussées, ainsi que les agents sous leurs ordres, commissionnés à cet effet, sont chargés, sous la direction des préfets et avec le concours des autorités locales, de la surveillance relative à l'exécution des mesures prescrites par le règlement.

Art. 29. Les contraventions au présent règlement sont constatées, poursuivies et réprimées, conformément à la loi du 21 juillet 1856, sans préjudice de la responsabilité civile que les contrevenants peuvent encourir, aux termes des articles 1382 et suivants du Code Napoléon.

Art. 30. En cas d'accident ayant occasionné la mort ou des blessures graves, le propriétaire ou le chef de l'établissement doit prévenir immédiatement l'autorité chargée de la police locale et l'ingénieur chargé de la surveillance.

L'autorité chargée de la police locale se transporte sur les lieux et dresse un procès-verbal, qui est transmis au préfet et au procureur impérial.

L'ingénieur chargé de la surveillance se rend également sur les lieux dans le plus bref délai, pour visiter les chaudières, en constater l'état et rechercher les causes de l'accident. Il adresse sur le tout un rapport au préfet et un procès-verbal au procureur impérial.

En cas d'explosion, les constructions ne doivent point être réparées et les fragments de la chaudière rompue ne doivent point être déplacés ou dénaturés avant la clôture du procès-verbal de l'ingénieur.

Art. 31. Les chaudières qui dépendent des services spéciaux de l'Etat sont surveillées par les fonctionnaires et agents de ces services. Leur établissement reste assujetti à la déclaration prévue par l'article 10 et à toutes les conditions d'emplacement et autres qui peuvent intéresser les tiers.

Art. 32. Les conditions d'emplacement prescrites pour les chaudières à demeure par le présent décret ne sont point applicables aux chaudières pour l'établissement desquelles il aura été satisfait à l'ordonnance royale du 22 mai 1843.

Art. 33. Les attributions conférées aux préfets des départements par le présent décret sont exercées par le préfet de police dans toute l'étendue de son ressort.

Art. 34. L'ordonnance royale du 22 mai 1843, relative aux machines et chaudières à vapeur autres que celles qui sont placées sur des bateaux, est rapportée.

Quant à l'interprétation de ce décret, ainsi que des lois concernant les contraventions aux règlements sur les machines à vapeur, nous devons nous en référer au livre intitulé : *Législation des machines à vapeur* par M. Vidal, ancien élève de l'École polytechnique, avocat à la Cour de cassation de Paris.

Toutes les lois, ordonnances et instructions relatives aux machines à vapeur fixes, locomobiles et locomotives sont classées par ordre chronologique et commentées dans l'important recueil, véritable travail de bénédictin, publié par M. Lamé-Fleury, ingénieur en chef des mines.

TABLE DES MATIÈRES.

TOME PREMIER.

CHAPITRE I.

PRINCIPES DE LA MÉCANIQUE APPLIQUÉS AUX MACHINES.

CHAPITRE II.

ORGANES DES MACHINES.

CHAPITRE III.

MACHINES DE PRÉCISION.

CHAPITRE IV.

MACHINES A DÉPLACER LES FARDEAUX.

CHAPITRE V.

MACHINES DE COMPRESSION DES SOLIDES ET DE PERCUSSION.

CHAPITRE VI.

MACHINES A ÉLEVER LES LIQUIDES.

CHAPITRE VII.

MACHINES A MOUVOIR LES GAZ.

CHAPITRE VIII.

MACHINES D'EXPLOITATION DES MINES.

CHAPITRE IX.

MACHINES A ENLEVER LES TERRES.

CHAPITRE X.

MACHINES A PERFORER ET A ABATTRE LES ROCHES.

CHAPITRE XI.

MACHINES A TRAVAILLER LES PIERRES.

CHAPITRE XII.

MACHINES D'AGRICULTURE.

CHAPITRE XIII.

MACHINES OUTILS.

CHAPITRE XIV.

MACHINES MOTRICES A FORCES NATURELLES.

TOME SECOND.

CHAPITRE XV.

MACHINES A VAPEUR.

CHAPITRE XVI.

MACHINES MOTRICES A GAZ.

CHAPITRE XVII.

MACHINES A ÉLECTRICITÉ.

CHAPITRE XVIII.

MACHINES DE TRANSPORT SUR LES CHAUSSÉES.

CHAPITRE XIX.

MACHINES DES CHEMINS DE FER.

CHAPITRE XX.

MACHINES DE NAVIGATION SUR L'EAU.

CHAPITRE XXI.

MACHINES DE NAVIGATION SOUS L'EAU.

CHAPITRE XXII.

MACHINES DE NAVIGATION DANS LES AIRS.

CHAPITRE XXIII.

MACHINES DE CHIRURGIE.

CHAPITRE XXIV.

MACHINES MANUFACTURIÈRES.

APPENDICE.

TABLE DES MATIÈRES

PAR ORDRE ALPHABÉTIQUE

CONTENUES DANS LES DEUX VOLUMES.

LISTE ALPHABÉTIQUE

DES PERSONNES CITÉES DANS LES NOTICES BIOGRAPHIQUES.

LIVRES DE M. EMILE WITH

QUI SE TROUVENT A LA LIBRAIRIE DE J. BAUDRY

LES INVENTEURS ET LEURS INVENTIONS

LES MÉTAUX

MINES, MINEURS ET INDUSTRIES MÉTALLURGIQUES

MANUEL
DE LA CONSTRUCTION DES CHEMINS DE FER

2 VOLUMES AVEC UN ATLAS

LES ACCIDENTS SUR LES CHEMINS DE FER

PRÉFACE PAR AUGUSTE PERDONNET

Paris. — Typographie A. Hennuyer, rue du Boulevard, 7.

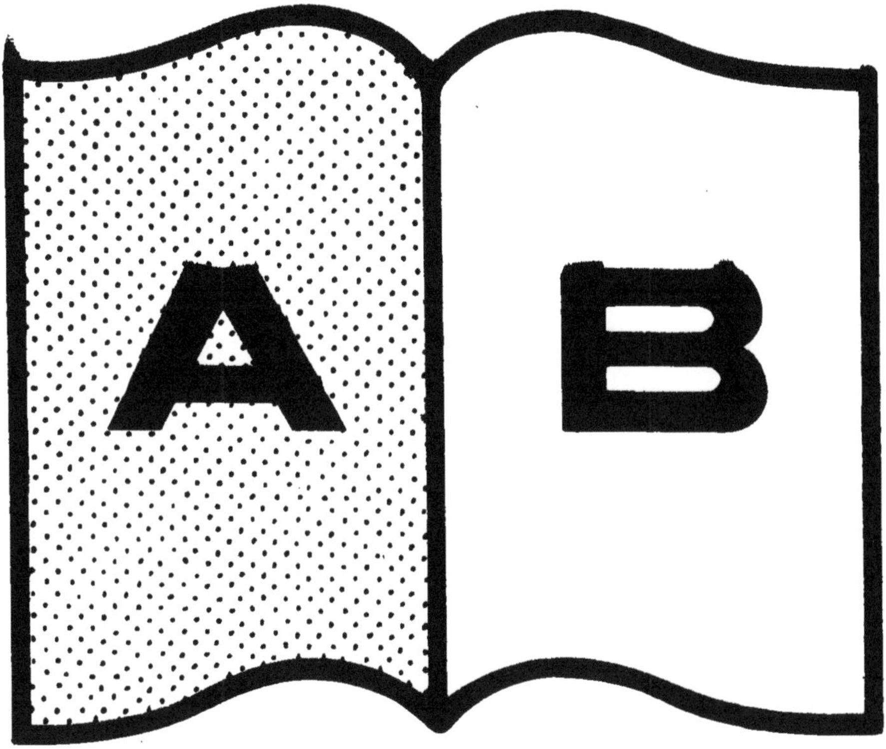
A
B

www.ingramcontent.com/pod-product-compliance
Ingram Content Group UK Ltd.
Pitfield, Milton Keynes, MK11 3LW, UK
UKHW031831260826
14628UKWH00001B/325

9 782013 418027